Mariott Stollsteiner

Das A.R.T.-Prinzip

Mariott Stollsteiner
mit Thomas R. Huber

Das A.R.T.-Prinzip

Vom Nutzen der Kunst im Unternehmen

GABLER

Bibliografische Information der Deutschen Nationalbibliothek
Die Deutsche Nationalbibliothek verzeichnet diese Publikation in der
Deutschen Nationalbibliografie; detaillierte bibliografische Daten sind im Internet über
<http://dnb.d-nb.de> abrufbar.

1. Auflage 2008

Lektorat: Ulrike M. Vetter

Gabler ist Teil der Fachverlagsgruppe Springer Science+Business Media.
www.gabler.de

Umschlaggestaltung: Nina Faber de.sign, Wiesbaden
Druck und buchbinderische Verarbeitung: Krips b.v., Meppel
Gedruckt auf säurefreiem und chlorfrei gebleichtem Papier
Printed in the Netherlands

ISBN 978-3-8349-0658-8

Inhalt

Einführung

> Alles muß Lebensmittel werden. Kunst aus allem Leben zu ziehn. Alles zu beleben ist der Zweck des Lebens.
>
> Lust ist Leben. Unlust ist Mittel zur Lust wie Tod Mittel zum Leben. Alle Zufälle unseres Lebens sind Materialien, aus denen wir machen können, was wir wollen. Wer viel Geist hat, macht viel aus seinem Leben. Jede Bekanntschaft, jeder Vorfall wäre für den durchaus Geistigen erstes Glied einer unendlichen Reihe, Anfang eines unendlichen Romans.
>
> Novalis, „Fragmente"

> Die Liebe und die Arbeit sind die beiden einzigen wahren Dinge in unserem Leben. Sie gehören zusammen: Sonst ist es schief. Die Arbeit ist selbst eine Form der Liebe.
>
> Marilyn Monroe

Und jetzt müsste ich Ihnen eigentlich ein Märchen erzählen ... Denn alles Schreiben an einem Buch kommt mir auch vor wie der berühmte „Sprung in den Brunnen" der Goldmarie im Märchen von Frau Holle: Ich weiß, ich kann mein Anliegen verfolgen, also meiner Spindel auf der Spur bleiben, aber im Sprung ist mir überhaupt noch nicht klar, wo und wie dieses Unterfangen enden wird. Den Mut dafür, dennoch den Sprung zu wagen, ziehe ich aus der belebenden Erfahrung der Arbeit der letzten 20 Jahre. Im Sinne von Novalis entdeckte ich in ihr ein Prinzip, durch das alles belebt, alles zum „Lebensmittel" wird und jedes Ereignis, jede Erfahrung zum Ausgangspunkt für neue, innovative Wege werden lässt.

Das A.R.T.-Prinzip ist ganz leicht – Sie können es jeden Tag in jeder Situation üben – und zugleich äußerst anspruchsvoll, da es stetige Pflege verlangt und Mut erfordert. Gelingt es Ihnen, das A.R.T.-Prinzip zu verinnerlichen, ihm treu zu bleiben, verwandelt es Ihr Bewusstsein nachhaltig, und es kann passieren, dass Sie einiges in Ihrem Leben verändern wollen und manch neuen „Sprung in den Brunnen" wagen werden.

A.R.T. steht für Aktion – Reflexion – Transformation und bezeichnet einen Dreischritt, mit dessen Hilfe Sie sich Ihren Gedanken, Gefühlen und Handlungen, Ihren Wahrnehmungen, Einschätzungen, Urteilen und Entscheidungen, sowie den Beziehungen zu Ihren Mitmenschen bewusst zuwenden und in dieser Zuwendung einen kreativen Abstand von ihnen nehmen. Sie wechseln die Perspektive und gehen in die Reflexion. Die Erkenntnisse aus diesem Schritt nehmen Sie mit, wenn Sie wieder in die Aktion zurückkehren, und sind nun in der Lage, diese zu verwandeln.

Das A.R.T.-Prinzip ist ein Selbst-Entwicklungsweg durch und mit Kunst, der im Arbeitsleben optimal geübt und verwirklicht werden kann. Mitarbeiter/innen entdecken in sich die selbstverantwortlichen Gestalter/innen und Innovator/innen, Führungskräfte werden zu Ermöglicher/innen, die in ihren Wirkungskreisen ungeahnte Potenziale freisetzen. Doch das A.R.T.-Prinzip ist keine Managementstrategie. Es arbeitet mit künstlerischen Mitteln und mit der Auseinandersetzung mit zeitgenössischer Kunst. Es wirkt integral und aktiviert die individuellen Fähigkeiten jedes einzelnen Menschen.

Was Sie vielleicht bereits vermuteten, als Sie am Anfang dieses Kapitels Novalis in unmittelbarer Nähe zu Marilyn Monroe trafen: Dieses Buch ist keine Lernfibel, keine linear aufgebaute Anleitung von Schritt A bis Schritt Z, sondern ein Buch, das einfach neugierig machen soll. Denn das A.R.T.-Prinzip ist primär auch ein Lernen durch Erfahrung. Das Lernen beginnt nicht im Kopf, sondern startet mit dem Herzen. Erst wenn im Erleben das Herz erwärmt wird, kann nach der Reflexion das Gedachte auch den Willen impulsieren. Ein kaltes Herz blockiert den Weg vom Kopf zur Hand. Meine Absicht ist es, anhand von Beispielen aus meiner mittlerweile über zwanzigjährigen Beratertätigkeit in Wirtschaftsunternehmen darzustellen, in welch unterschiedlichen Arbeitssituationen der Dreischritt Aktion – Reflexion – Transformation angewandt und wie effizient und problemlos die Erkenntnisse in den Transfer gebracht werden können.

Meine Arbeit in Wirtschaftsunternehmen hat ihren Ursprung in der Kunst. Mein eigener Weg führte gewissermaßen von ART zu A.R.T. Nach meinen Studien der eurythmischen Bewegungskunst und der Kunstgeschichte bemerkte ich schnell, dass mein eigentliches Interesse in der Transformation des Gelernten und damit der Transformation meiner Selbst lag. Aus Kunstgeschichte wurde eigenes bildnerisches Schaffen von Installationen und Metallskulpturen, aus der Auseinandersetzung mit der Eurythmie entwickelten sich Performances, in denen ich elementare Formen der Bewegung erprobte.

Als sich dann ein Unternehmer für Tier- und Pflanzenheilmittel an mich wandte, eröffnete sich mir eine wunderbare Chance, das bisher Gelernte und Erfahrene in wirtschaftlichen Prozessen neu zu greifen und für Menschen in Arbeitsprozessen verfügbar zu machen. Mein eigenes künstlerisches Schaffen war und ist geprägt von der permanenten Reflektierung der Arbeit und meiner eigenen Person als künstlerisch Arbeitender. Das ist die Grundvoraussetzung für jede Weiterentwicklung und Innovation, und genau hier befindet sich die Brücke zwischen Kunst und Wirtschaft.

Der Dreischritt von Aktion – Reflexion – Transformation macht uns beweglich und eröffnet uns aus der Reflexion des Gegebenen heraus das Zukünftige. Er ist die Grundvoraussetzung für jede nachhaltige Innovation. Die in diesen Tagen von McKinsey veröffentlichte Studie „Deutschland 2020" prognostiziert, dass nur ein entschiedener Paradigmenwechsel in der Wirtschaft das für die Sicherung der Lebens- und Sozialstandards nötige Wachstum sichert (zitiert nach http://www.mckinsey.de/html/profil/initiativen/d2020.asp). Bereiche wie Hightech, Gesundheit, Logistik und Handel bieten die besten Chancen für kräftiges Wachstum und steigenden Bedarf an Arbeitsplätzen. Voraussetzung dafür ist jedoch, so die Autoren der Studie, ein grundlegendes Umdenken: Reine Produktivitätssteigerungen sind kaum noch möglich; an deren Stelle müssen verstärkt grundlegende Strukturreformen und ein deutlicher Innovationsschub treten.

Genau hier setzt das A.R.T.-Prinzip an. Es führt zu einer grundlegenden Reflexion und Neudefinierung von Hierarchiestrukturen ebenso wie zur Aktivierung von Innovationspotenzial in allen Bereichen eines Unternehmens. Wenn ein Unternehmen sich auf diesen Prozess einlässt, so verändert dies das Wesen des Unternehmens unmittelbar. So wie jeder einzelne in ihm arbeitende Mensch aufhört, eine lediglich operativ definierte Rolle zu spielen, und sich stattdessen eine eigene Identität innerhalb des Unternehmens schafft, in der nicht nur eine Teilkompetenz, sondern sein integrales Fähigkeitenwesen zur Entfaltung kommt, so bildet das Unternehmen als Gesamtorganismus eine neue starke Identität aus.

1 Das A.R.T.-Prinzip
Innovation und Veränderung durch Künstlerisches Handeln

Mitten im Leben ...

Veränderung beginnt oft spielerisch. Wir alle haben schon erlebt, wie wir gerade in jenen Situationen tief gehende Erfahrungen machten, in denen wir nicht darauf vorbereitet waren. Es sind die Situationen, in denen wir auf das was kommt unvorbereitet sind, in denen etwas anderes plötzlich wie ein flüchtiger und dennoch machtvoller Sonnenstrahl in unser Leben tritt und alles in einem anderen Licht zeigt. Diese Erlebnisse können mit leichter Hand Fenster in unserem Bewusstsein öffnen, durch die wir die Welt und uns selbst in ihr mit anderen Augen sehen.

Nehmen Sie an, Sie kehren von einer Reise zurück an Ihren Arbeitsplatz. Obwohl sich äußerlich nichts verändert hat, sehen Sie mit dem Abstand, den Sie in der Zeit Ihrer Abwesenheit gewonnen haben, die Dinge und Ihre Verknüpfung in die täglichen Prozesse wie von außen, wie „mit anderen Augen". Plötzlich dringen Strukturen und Handlungsmuster, die in der Routine „einfach so" selbstverständlich gepflegt werden, in Ihr Bewusstsein, und Sie beginnen, manches davon in Frage zu stellen. Ein anderes Beispiel: Stellen Sie sich vor, Sie gehen eine Straße entlang, ein harter Arbeitstag liegt hinter Ihnen, Sie freuen sich auf einen schönen Abend. Und plötzlich weht aus einem offenen Fenster über Ihnen ein aus Teenagerzeiten vertrautes und lange nicht mehr gehörtes Lied heraus. Es trifft Sie wie ein Blitz, und es ist gut möglich, dass Sie in den Tiefen Ihrer Seele beginnen, ein wenig über Ihr bisheriges Leben und seine Orientierung nachzudenken. Wo standen Sie damals, was waren Ihre Ziele – und wo stehen Sie heute, wohin führt Ihr Weg? Oder noch ein ganz alltägliches Beispiel: Sie sprechen mit einem Kollegen, einem Mitarbeiter, mit dem Sie ständig zu tun haben und plötzlich gebraucht dieser Mensch eine Redewendung oder macht eine

Bemerkung, die, so ist Ihr spontaner Eindruck, „so gar nicht zu dem passt". Unvermittelt wird aus dem Arbeitspartner ein menschliches Individuum, das ungeahnte Entwicklungsmöglichkeiten in sich trägt – unter anderem die, sich in einer Routinesituation einmal anders zu verhalten und Sie damit in die Reflexion zu bringen: Wie nehme ich den anderen wahr? Was erwarte ich von ihm?

Mit diesen drei Beispielen möchte ich Ihnen ein Gefühl dafür geben, wie viele Chancen das Leben uns beinahe alltäglich gibt, unser Denken, Fühlen und Handeln zu reflektieren. Das Künstlerische Handeln, so wie ich es in meinen Seminaren in unterschiedlichsten Kontexten mit den Menschen übe und auf Situationen des Alltags anwendbar mache, ist nichts anderes als die Arbeit mit diesen Potenzialen, die in uns allen stecken – mit dem Ziel, sie uns bewusst und jederzeit verfügbar zu machen.

Am Anfang steht manchmal eine Wette

In einem der Unternehmen, die ich regelmäßig mit meinem Team berate, einer großen SB-Warenhauskette, hatte ein Teilnehmer vor Beginn eines Seminars erhebliche Zweifel, ob ihn denn dieses „Künstlerische Handeln" in irgendeiner Form weiterbringen könne. Das Seminar ist ein Modul, welches die Vernetzung von Abteilungen innerhalb eines Unternehmens optimiert, indem alle Mitarbeiter/innen zu Lernpartner/innen werden.

Dieser Teilnehmer nun, eine Führungskraft aus dem mittleren Management, war sich seiner starken Vorbehalte sicher. Er fand die Vorstellung zutiefst naiv und absurd, dass ihm etwa jemand aus der Nachbarabteilung etwas Neues über seinen Bereich sagen oder ihm sonst irgendeine Erkenntnis vermitteln könnte. Besonders skeptisch war er angesichts der Ankündigung, es werde in diesem Seminar mit künstlerischer Methodik an der Wahrnehmung gearbeitet. In diesem Punkt war er sich ganz sicher: „Entweder kann man das, oder man kann es nicht – da gibt es nichts zu lernen!" Und so ging er mit seinem Chef, der ihn zur Teilnahme aufgefordert hatte, eine Wette ein: „Wetten, dass ich da zwar hingehen werde, aber in zwei Stunden wieder zurück bin. Ich habe für Spielchen keine Zeit, da bin ich lieber in meiner Abteilung und arbeite." Sein Einsatz war eine Flasche Champagner. Sein Chef ließ sich gerne auf diese Wette ein, denn er hatte und hat großes Vertrauen in die Entwicklungsfähigkeit jedes Menschen.

Als das Seminar begann, wussten wir nichts von der Wette. Mir fiel auf, dass dieser Teilnehmer recht zurückhaltend war. Unsere Workshops beginnen grundsätzlich nicht mit langen theoretischen Erörterungen, sondern mit einer Aktion. Unsere erste Übung war eine Vorstellungsrunde mit einer scheinbar ganz einfachen Aufgabe: „Gehen Sie mit Ihrem Nachbarn ins Gespräch und fragen Sie ihn nach seiner Lieblingsfarbe. Schildern Sie diese danach in der Runde so bildhaft und konkret wie möglich." Der Teilnehmer schien wie vor den Kopf gestoßen: Er wähnte sich in einem Unternehmensseminar, und wir kommen nun mit Lieblingsfarben daher; seine Kolleg/innen sagen plötzlich Sätze wie: „Mein Nachbar liebt Blau, ein Blau, wie er es einmal auf den Seychellen erlebt hat, als er ins Meer schaute." Oder: „Ein Blau so tief wie der Sommerhimmel an einem Spätnachmittag im Saarland." Oder: „Ihre Lieblingsfarbe ist Rot. Und zwar ein Rot, das sie auf einer Reise durch die marokkanische Wüste erlebte, als die Sonne auf die Felsklippen zwischen den Dünen schien." Da war er schon etwas beeindruckt, hielt sich aber noch dezent zurück.

Bald folgte dann eine zentrale Wahrnehmungsübung. Wir baten die Teilnehmer/innen, durch eine fremde Abteilung des Warenhauses zu gehen und hinterher das dort Wahrgenommene so vollständig wie möglich aufzuzeichnen. Angesichts der Vielfalt der Ergebnisse, die alle das Gesehene wiedergaben, aber eben jedes auf andere Weise und mit anderen Schwerpunkten, kam nun sein innerliches Bollwerk ins Wanken. Es platzte aus ihm heraus: „Das kann doch nicht sein! Wir haben doch alle das Gleiche gesehen, und jetzt haben wir hier alle völlig verschiedene Bilder!" Unvermittelt stieg er nun voller Eifer in den Prozess ein. Es wurde ihm schlagartig klar, dass er, um seinen eigenen Ort neu sehen zu können, gerade denjenigen braucht, der sich in seiner Abteilung überhaupt nicht auskennt und sie mit einem Blick ganz von außen wahrnimmt. Er verstand: Wahrnehmung wird durch Gewohnheit beschränkt. Wir fühlen uns zwar ganz wohl, weil wir meinen, wir sähen alles, aber wir haben in der Beschränkung nur noch eine sehr partielle Weltwahrnehmung. Unser Teilnehmer ist ein sehr ehrgeiziger Mensch und eine erfolgreiche Führungskraft in diesem Unternehmen. Sein Wunsch ist es, seine Abteilung optimal zu führen. Hier wurde er nun ganz wach: „Was passiert hier? Was gibt es da für ein Prinzip und warum kenne ich das noch nicht? Ich muss jetzt noch mal raus in die Abteilung und nachschauen, ob das wirklich so ist."

Am Abend erzählte er uns von seiner verlorenen Wette und auch, dass er sie gerne verloren hat. Seit jenem Erkenntnismoment übt er mit seinen eigenen Mitarbeiter/innen genau dies regelmäßig im Arbeitsalltag. Er hatte erkannt, dass es die beste Methode ist, um operative Prozesse zu optimieren. Dieses künstlerische Erleben macht keinen Umweg über weitschweifige Erörterungen, die erst einmal in zehn verschiedenen Theorien erklären, warum man jetzt nur 50 Prozent der Situation wahrgenommen hat. Es wird auch niemand mit Gefühlen des Versagens und der Schuld belastet. Das künstlerische Erleben weist den Weg in einen permanenten Lernprozess, den jeder Einzelne für sich weitertreiben kann. Sein Fazit lautete: „Dieses Prinzip ist einfach, schnell und sehr präzise. Es berührt mich da, wo ich im Erlebnis bin und nicht in der Theorie." Wichtig war für ihn, dass moralisch wertende Fragen hier überhaupt keine Rolle spielen. Das Denken nach dem Prinzip von „Ich habe Recht und du hast Unrecht!" hat ihn nie wirklich interessiert. Umso mehr interessierte ihn dieses Prinzip, das auf praktischem Tun und Erleben, gezielter Reflexion des Erreichten und darauf aufbauender Veränderung desselben basiert und weder von tiefen Versagenserlebnissen noch von hierarchischen Direktiven abhängig ist.

Dies ist das Fundament unserer Arbeit und insgesamt des A.R.T.-Prinzips: einen Lernraum zu schaffen, der niemanden bloßstellt, sondern den Menschen Vertrauen in ihre Potenziale gibt. Der den Teilnehmer/innen eine Schnittstelle bietet, an der sie sich in ihren ureigenen Fähigkeiten angesprochen fühlen und so in der Lage sind, den eingeleiteten Prozess selbst in die Hand zu nehmen. Für uns war die Begegnung mit diesem Menschen ein sehr schönes Erlebnis. Wenn jemand noch nicht die Begeisterung für Veränderung verloren, sie „verlernt" hat, kommt die Erkenntnis blitzartig: In der künstlerischen Methode steckt ein unglaubliches Potenzial, sofort Veränderung zu erreichen!

Mit Großvater auf der Wiese

Neugier auf Neues und Lust am Lernen, so wie ich sie bei diesem Seminarteilnehmer erlebte, haben uns allen den Weg in die Welt eröffnet und uns zu den Menschen gemacht, die wir heute sind. Seine Beweglichkeit und spontane Begeisterung riefen mir Bilder aus meiner Kindheit in Erinnerung. Ich bin auf einem Bauernhof aufgewachsen und besonders über meinen Großvater mit dem Leben und Arbeiten in der Natur vertraut geworden. Ich erinnere mich, wie ich eines Morgens im Sommer meinem Großvater beim Mähen – von Hand und mit der Sense – zusah. Fasziniert beobachtete ich die ruhigen und doch kraftvollen Schwünge durch das hohe, noch taunasse Gras, das zischende Geräusch und die wunderbar gleichmäßigen fächerförmigen Grasmatten nach dem Schnitt – alles so ebenmäßig, rhythmisch.

Das wollte ich auch lernen und fragte: „Opa, wie geht das?" Er antwortete kurz: „Nimm einfach mal die Sense in die Hand!" Ich war damals neun oder zehn Jahre alt, und er gab mir diese riesige Sense und ließ mich probieren. Jeder, der schon einmal von Hand gemäht hat, weiß, wie schwierig das ist. Schnell stak die Sense in der Erde fest. Bald hatte ich in meinen ungenauen Schwüngen die ersten Steine erwischt – und schließlich fielen gar keine Halme mehr, so stumpf und voller Dellen war die Sense geworden. Ich war sehr enttäuscht: Was mich so faszinierte, dieses schöne gleichmäßige Ergebnis meines Großvaters, hatte ich nicht im Ansatz erreicht. Was tun? Die meisten Erwachsenen hätten spätestens hier dem Treiben Einhalt geboten und mehr oder weniger verärgert dem Kind die arme Sense aus der

Hand genommen. Nicht so mein Großvater. Er sagte nur: „Komm mit!", und zeigte mir in der Werkzeugkammer eine frisch geschärfte Sense. Der Unterschied zu meinem malträtierten Gerät war offensichtlich. Wir mussten das wieder in Ordnung bringen.

Also zeigte mir Großvater geduldig, wie man die Sense mit dem Hammer dengelt. Wieder ließ er es mich selbst machen. Ich lernte, wie viel Präzision, Feingefühl und Geduld diese Arbeit erfordert. Jeder verpatzte Schlag an der falschen Stelle produziert eine neue Delle. Als wir das geschafft hatten, brachte er mir noch den Umgang mit dem Wetzstein bei. Als die Sense dann endlich wieder scharf war, schickte er mich nicht etwa ins Haus zum Spielen, sondern ging mit mir auf die Wiese und ließ mich wieder probieren. Schritt für Schritt – learning by doing – begriff ich, dass beim Mähen nicht nur die Arme arbeiten, sondern die richtige Bewegung aus dem ganzen Körper kommen muss. Ich lernte, im Ausfallschritt zu stehen. Ich lernte den richtigen Schwung und begriff, dass diese Arbeit fast etwas Tänzerisches haben muss, wenn sie gelingen soll. Damals habe ich gelernt, dass ich Zutrauen in mich haben kann, weil ich, wenn ich etwas lernen will, nicht für meine Fehler bestraft werde. Es war eine tiefe Erkenntnis für mich: Ich bin kein böses Kind, weil ich die Sense stumpf gemacht habe. Ich muss in dieser Situation eben noch mehr lernen, nämlich, wie die Sense wieder scharf wird. Das war einer der vielen Impulse in meinem Leben, die mich zu der tiefen Überzeugung brachten, dass ich über Begeisterung, über Dranbleiben, über Aktion und über Reflexion der Aktion die Welt ein Stück weit verändern kann.

Ich liebte es als Kind, in den Himmel zu schauen und in den Wolken meine Fantasiewelten zu imaginieren. Ich sah Tiere, ich sah Märchenschlösser, ich sah Prinz Sansibar auf seinem edlen Ross, wie er Prinzessin Amira begegnet. Ich weiß noch genau, wie schön es war, neben meiner Großmutter auf der Bank vor dem Haus zu sitzen, ihr die Wolken zu erklären und ihr verborgene Geschichten zu erzählen. Wie oft hören Kinder von Erwachsenen in diesen Situationen Sätze wie „So ein Blödsinn, das sind doch nur Wolken!" und verlieren so das Zutrauen in die gestaltende Kraft ihrer Fantasie! Meine Großmutter jedoch hörte aufmerksam zu und ließ mich durch interessiertes Nachfragen meine Geschichten immer weiter entwickeln.

Diese beiden Situationen haben für mich exemplarische Bedeutung, sowohl für meine persönliche Biografie als auch ganz allgemein für die Entwicklung der Potenziale, über die wir alle verfügen können. Sie bezeichnen die beiden Hemisphären unserer Kreativität: zum einen das ganz konkret Operative, die irdische Aktivität nach dem Prinzip: „Wenn es nicht funktioniert, dann denk' nach und probier' aus, wie es funktionieren könnte!" Zum anderen unsere inneren Bilder, die Erkenntnis, dass ich es bin, die die

Wolken gestaltet, und dass meine Bilder mich tragen und mir Kraft geben. Nicht nur in den Wolken zeigt unsere imaginative Kraft uns Wege der Gestaltung auf. Überall in unserem Leben können uns Intuition und Imagination Möglichkeiten der Veränderung im Gegebenen zeigen, wenn wir ihnen das nötige Vertrauen widmen. Wenn wir dieses Vertrauen in unsere eigenen Kräfte haben, erkennen und respektieren wir auch die Potenziale unserer Mitmenschen auf einer ganz anderen Ebene.

Begegnung mit Klee

Diese frühen Erlebnisse sind eine wichtige Grundlage meiner weiteren Entwicklung. Sie sind es auch, die meine ersten Begegnungen mit der Kunst entscheidend vorbereitet haben, weil darin schon so viel von künstlerischem Erleben und Handeln angelegt wurde. Hier liegt wohl auch der Grund, dass Kunst für mich nie etwas Distanziertes darstellte. Kunst war nicht nur mit viel Wissen und Verstand erfassbar, sondern etwas, das mir immer ganz nah war. Ich konnte nie die üblichen Trennungen zwischen Leben und Kunst, zwischen Kunst und Wirtschaft oder natürlich auch zwischen Leben und Wirtschaft nachvollziehen. Für mich wird dies alles von einer Trias aus Denken, Fühlen und Handeln durchlebt, welche dem Gesetz von Aktion – Reflexion – Transformation gehorcht.

Erfahrungen von Grenzüberschreitung in der bildenden Kunst hatte ich sehr früh. Ich erinnere mich an eine Begegnung mit den Bildern von Paul Klee im Kunstmuseum Basel im Alter von 16 oder 17 Jahren. Was mich damals an diesen Werken so berührte und seither auch nie mehr losließ, war einerseits ihre klare kompositorische Ordnung, andererseits ihre leuchtende Transparenz und ihre Heiterkeit. Bereits als Jugendliche hatte ich das Gefühl, dass dieser Künstler etwas darstellte, was meine Seele immer schon wusste: „Die Welt hört nicht an der Materiegrenze auf."

Die Bilder waren für mich nie nur eine visuelle Erfahrung. Ich fühlte immer schon unmittelbar körperlich, wie mich manche Werke im Kopf, andere wieder im Herzen oder in der Bauchregion ansprechen, oder wie ich vor einem Bild plötzlich ganz fest den Boden unter meinen Füßen spüre. Bei Klee nahm ich seit jeher Klangakkorde wahr, einzelne Töne, die, mal dissonant, mal eher harmonisch, in einer ganz charakteristischen Beziehung zueinander stehen. Immer ist da für mich auch eine alles durchdringende tänzerische Bewegung spürbar, die sich aus den Bildern direkt auf mich überträgt, die ich erlebe, wie sie in den Bildern wirkt und den Museumsraum erfasst. Meine Wahrnehmung richtet sich auf ganz klare Qualitäten: Ist die Muskulatur hier gelockert oder kontrahiert? Ist der Körper eher gestreckt oder eher gebeugt? Bewegen sich die Arme spitz und eckig, bis in die Fingerspitzen gespannt, oder rund und fließend?

Das sind Ausdrucksqualitäten, die sich niemals auf den rein körperlichen Aspekt beschränken. Die sinnlich körperliche Resonanz versetzt unmittelbar meinen Geist in Schwingung und verändert mein Denken. In diesen Momenten komme ich mit meinem „Fähigkeitenwesen" in Berührung. So nenne ich den starken Kern unserer Persönlichkeit, in dem alle unsere Fähigkeiten, unsere Potenziale versammelt sind. Wenn er auch zuweilen hinter Ängsten und Zweifeln verborgen liegt, so ist er doch immer anwesend. Er gibt uns die Kraft zu handeln und Blockaden zu überwinden.

Die Schönheit wird die Welt retten

Eine ganz neue Dimension erhielt für mich die Kunst einige Jahre später, als ich zu Beginn meines Studiums dem Philosophen und Kunstwissenschaftler Diether Rudloff begegnete. Er war der erste, der mir aus tiefster Überzeugung heraus sagte, dass die Kunst selbstverständlich unmittelbare Relevanz für die Welt wie auch für die persönliche Entwicklung jedes einzelnen Menschen hat. Wir können Bilder hören, wir können sie riechen und schmecken, wir fühlen sie in unserer Seele. Kunst vermittelt uns Erlebnisse, die unser Leben verändern, wenn wir uns darauf einlassen. Darin liegt ihre ureigenste Aufgabe. Stilkritik und Epochengeschichte, Symbolkunde und intellektuelle Deutung traten bei ihm erst einmal völlig in den Hintergrund. Rudloff unterstützte die Menschen darin, einen individuellen, von angelesenem Wissen ganz freien Zugang zur Kunst zu finden. In meinem Studium der Kunstgeschichte hatte ich das in dieser Klarheit bis dahin niemals gehört. Und hörte es auch danach nicht mehr.

Die Fragen waren elementar, an denen ich mit ihm als meinem Lehrer und Mentor über zehn Jahre hinweg arbeitete: Wo ist ein Kunstwerk für mich relevant? Wo verändert es mich? Welchen Schritt muss ich machen, damit es relevant wird? Rudloff war davon überzeugt, dass unsere Zeit unter dem Zeichen der Ästhetisierung der Welt steht. Damit meinte er keine oberflächliche Dekoration, sondern die existenzielle Notwendigkeit eines neuen Bezugs zur Welt, eines Bezugs, der alle Sinne offen hält und immer auch das Ganze im Blick hat. Die Kunst hatte für ihn wegweisenden Charakter: Die tiefe Aufmerksamkeit oder Ergriffenheit, die wir im Umgang mit Kunst haben – sei es als aktiv Schaffende oder auch als Betrachtende –, soll keine andere sein als in unserem Umgang mit unseren Mitmenschen und unserer Welt.

„Zeige deine Wunde"

In diese Zeit des ersten Kontakts mit Diether Rudloff fiel auch die erste Begegnung mit dem Werk von Joseph Beuys. Ich war ganz frisch zum Studium nach München gezogen und stieß auf einem meiner Museumsrundgänge irgendwann auf Joseph Beuys' Installation „Zeige deine Wunde“ in der Städtischen Galerie im Lenbachhaus (Abbildungen 27-29 in Kapitel 6). Erst war sie an einem anderen Ort, einem unterirdischen Raum in München, ausgestellt worden und dann, nach einer langwierigen, mit ungeahnter Härte ausgetragenen öffentlichen Kontroverse von diesem Museum angekauft worden. Man sprach damals abfällig vom „teuersten Sperrmüll aller Zeiten“. Zwei alte Leichenbahren aus der Pathologie standen da. Zwei Zinkkästen mit fettbestrichenen Glasscheiben darüber an der Wand, zwei geöffnete Zinkkästen mit Fett gefüllt darunter, darin je ein Fieberthermometer und ein Vogelschädel in einem Reagenzglas, an der Wand zwei Schiefertafeln mit dem titelgebenden Satz, an die Wand gelehnt alte Forken auf Schiefertafeln und in Holzkästen gerahmt zwei Ausgaben der linksgerichteten italienischen Zeitung „Lotta Continua“ bilden die Installation. In dieser simplen Auflistung klingt das wie eine krude Zusammenstellung deprimierender und skurriler Dinge. Es war aber viel mehr als das. „Zeige deine Wunde“ strahlte eine so starke, einerseits verstörende, andererseits bestärkende Kraft aus, dass ich später – ich werde in Kapitel 6 näher darauf eingehen – auch im Rahmen eines Seminars zu ihr zurückkam.

Bei meiner ersten Begegnung fand ich mehrere Punkte, von denen ich mich unmittelbar angesprochen fühlte. Insbesondere das Doppel der beiden Bahren, waren sie in ihrer ersten Erscheinung auch noch so trist und grau, hatten für mich etwas von einem Königspaar, eines in seiner organischen Dualität runden Kosmos. Ich hatte hier das Gefühl, in der existenziellen Verunsicherung, welche mein damaliges Leben prägte, nicht allein zu sein. Die Arbeitsgeräte, von den Spuren ihres Gebrauchs gezeichnet, erinnerten mich wiederum an meine Wurzeln. Ich sah meinen Großvater auf dem Feld, der mich gelehrt hatte, dass ich immer handlungsfähig bin und mit meinem Handeln die Welt verändern kann. Schließlich las ich die zarte Schrift auf den Tafeln: „Zeige deine Wunde“ – ganz fein, kaum sichtbar –, und plötzlich stellte ich mir die Frage, warum ich mich denn eigentlich versteckte, warum ich mich in meiner Verunsicherung verbarrikadierte. Die beiden Zeitungen mit dem feurigen Titel „Lotta continua“ – „Der Kampf geht weiter“ – taten, unabhängig von jeder parteipolitischen Botschaft, ihr Übriges in mir.

So stand ich also in einem intensiven Dialog mit diesem Kunstwerk. Was mich damals am meisten bewegte, war die Erfahrung, dass Kunst mich immer im richtigen Moment an der richtigen Stelle berühren konnte. Egal, wo ich mich in meiner biografischen Entwicklung gerade befinde, hält Kunst eine Botschaft für mich bereit, mit der ich mich auseinandersetzen kann. Diese Auseinandersetzung weckt Kräfte im Fähigkeitenwesen meiner Persönlichkeit, die mich zur Veränderung befähigen. Damals lernte ich aus dieser Begegnung, wie wichtig und richtig es ist, sich in Situationen der

Verunsicherung ganz offen damit auseinanderzusetzen und die Schwäche ohne Schuldgefühle zuzulassen, weil nur daraus Verwandlung und neue Schritte in die Zukunft möglich werden.

Veränderung findet in der Wirtschaft statt

Blicke ich heute auf meine Biografie zurück, so erkenne ich meinen lebenslangen Wunsch, Grenzen zu überwinden und starre Systeme zu transformieren, als Kraft, die mich permanent begleitet. Über die Jahre hinweg wuchs stetig mein Zutrauen in die transformatorische Kraft der Kunst. Mit ihm wuchs auch mein Bewusstsein, dass das, was ich in diesen Prozessen erfahre, nichts Einzigartiges ist. Prinzipiell ist jeder Mensch zu diesen tiefen Erlebnissen im Umgang mit Kunst befähigt. So war ich nach meinem Studium als freie Künstlerin aktiv, und mein Weg führte mich in die Pädagogik. In meiner eigenen künstlerischen Aktivität wurde mir jedoch ein Gefühl der Isolation immer unerträglicher. Ich lebte und arbeitete in der Kunst. Ich wusste, dass Kunst mit allen Bereichen meines Lebens zu tun hat und diese permanent verändert, genauso wie ich in meinen biografischen Entwicklungsstufen meine künstlerische Arbeit immer wieder anders und neu gestalte. In der Gewissheit der absoluten Relevanz von Kunst litt ich immer mehr darunter, dass die Kunstwelt in unserer Kultur immer in Opposition zur „Lebensrealität“ gesehen wird. Unser Sprachgebrauch des Wortes „künstlich“ bringt es auf den Punkt.

Das bewog mich dazu, in die Pädagogik zu gehen. Ich war und bin davon überzeugt, dass tiefgreifende und nachhaltige Veränderungen in einer Gesellschaft nur zusammen mit der nachfolgenden Generation initiiert werden können. Zugleich wusste ich bereits damals, dass ein weiterer wichtiger Hebel der Veränderung in der Wirtschaft liegt. Ich wollte auch in diesem Bereich tätig werden. Die erste Anfrage erreichte mich von Seiten eines Unternehmers für Tier- und Pflanzenheilmittel, der sich eine Optimierung der Kommunikation zwischen Vertrieb und Produktion in seinem Unternehmen wünschte. Für mich war es ein großes Glück: Er ließ mir für diese Aufgabe maximalen „Spielraum“.

Ich begegnete hier zum ersten Mal der leider für viele Unternehmen charakteristischen Zweiklassengesellschaft. Hier die Anzugträger, dort die Blau- bzw. Weißkittel. Die einen haben in den Augen der anderen angeblich keine Ahnung von der „wirklichen praktischen Wertschöpfung“, und umgekehrt können die anderen „nicht über ihre Maschinen hinausschauen“. Obwohl das Klima in diesem Unternehmen insgesamt gut war und sich alle auf ihre Art mit der gemeinsamen Sache identifizierten, mangelte es dennoch an wirklichem Kontakt zwischen den Tätigkeitsbereichen. Ich begriff, dass ich nur Beraterin sein konnte, wenn ich die unterschiedlichen Arbeitssituationen der Menschen kannte und so auf die „Frage hinter der Frage“, auf die Ursache hinter dem Symptom, kommen konnte. Für mich war dies eine wunderbare Chance, meine Ideen in einem langfristig begleitenden Prozess zu erproben. Das war meine Lehrzeit, in der ich die Möglichkeit hatte, schrittweise tiefer einzutauchen.

Der Schlüssel liegt immer in der Selbstreflexion. Nur wenn sich die Menschen ihres alltäglichen Verhaltens bewusst werden, sind sie bereit zu einem Dialog miteinander, der unter ganz neuen Vorzeichen steht. Während meiner ersten praktischen Arbeit in diesem Unternehmen wurde mir erst richtig klar, wie weitreichend Arbeit mit Menschen in Unternehmen sein kann. Wir verbringen eine beträchtliche Menge unserer Lebenszeit in der Arbeit. Hier findet zu großen Teilen die physische Gestaltung unserer Welt statt, hier werden unsere sozialen Strukturen verhandelt. Nutzen wir diese Arbeitszeit unseres Lebens nicht mit unserem ganzen Fähigkeitenwesen in permanenten Lern- und Weiterentwicklungsprozessen, so verschenken wir einen wesentlichen Teil unseres Lebens durch eine nur teilweise Anwesenheit und verpassen die Gestaltungsmöglichkeit durch unsere Präsenz im Hier und Jetzt.

Im Dialog mit der Welt

Warum braucht die Wirtschaft gerade jetzt neue Fähigkeiten? Weil sie sich in einem fundamentalen geopolitischen Wandel befindet, in dem die einzelnen Unternehmen entweder mitgerissen werden oder die Zukunft aktiv mitgestalten können. Aus der Produktions- wurde die Dienstleistungsgesellschaft, und nun treten wir in die Kommunikations- beziehungsweise Wissensgesellschaft ein. Parallel dazu entwickelt sich die Globalisierung in rasantem Tempo. Für diese Situation brauchen wir ein neues Bewusstsein.

Blicken wir kurz zurück: In der Agrargesellschaft hatte der Landwirt Bewusstsein für die Prozesse auf seinen Äckern. Waren diese auch abhängig von großen ökologischen und meteorologischen Zusammenhängen, die er kennen musste, beschränkte sich seine Sicht der Welt dennoch auf die Grenzen seines Besitzes. In der Industriegesellschaft waren die Ströme der Rohstoffe wie der Produkte noch überwiegend auf das eigene Land bezogen. Es gab klar definierte Grenzen und grundlegende systemische Unterschiede in der Weltwirtschaft. Ein wirkliches Weltbewusstsein, ein Bewusstsein für die unmittelbaren und radikalen Folgen unseres Handelns, entstand ex negativo, aus dem Schrecken heraus: Durch die Entwicklung sowie den Test und Einsatz der Atombombe trat uns unsere weltumspannende Handlungsmacht blitzartig und schockierend vor Augen.

Heute haben die Wirtschaftssysteme nationale Landesgrenzen längst hinter sich gelassen. Produktionsketten und Warenströme besitzen globale Dimension. Unser Bewusstsein aber ist noch nicht auf der globalen Stufe angekommen. Wir können die Globalisierung in Zahlen kalkulieren und sie nach Zielen der ökonomischen Optimierung konzipieren. Feldbewusstsein, das nicht nur die ökonomische Dimension, sondern auch die kulturellen, kommunikativen und sozialen Risiken und Chancen dieser Vernetzungsprozesse einschließt, ist jedoch noch kaum vorhanden. Wieder werden wir uns der Bedeutung unseres Handelns aus dessen negativen Konsequenzen in Gestalt von blutigen Verteilungskonflikten, Umweltzerstörung und Klimawandel bewusst. In der aktiven Veränderung der globalen Gestaltungsprozesse anstelle von punktuellen „Reparaturen" liegt das wichtigste Aufgabenfeld für unser aller Zukunft.

Entwicklung beginnt immer im Konkreten und im Dialog über Grenzen hinweg. Hier ist Konsequenz gefragt. Unser Ziel muss sein, dass der Dialog zwischen unseren Mitmenschen und uns im kleinen Maßstab einer Lebensgemeinschaft oder eines Unternehmens von denselben Regeln bestimmt wird wie der Dialog zwischen Kulturen im globalen Maßstab. Der Unterschied ist kein qualitativer mehr, sondern nur noch ein gradueller. Letztendlich ist alles eine Frage der Grenze: Sehe ich meine Mitmenschen als begrenzte Wesen, die alles Mögliche „einfach nicht begreifen können", weil sie meiner Meinung nach so und so sind, oder erkenne ich in ihnen ihre Fähigkeiten und ihr Entwicklungspotenzial? Darin besteht der Unterschied zwischen Vergangenheit und Zukunft: Projiziere ich meine Klischees und vorgefassten Meinungen auf den anderen, so fixiere ich ihn in meiner eigenen Vergangenheit. Sehe ich ihn als prinzipiell „unberechenbares" Entwicklungs- und Fähigkeitenwesen, so gewähre ich ihm Raum in der Zukunft, einer Zukunft, die wir gemeinsam gestalten können.

Was unterscheidet das Denken, Fühlen und Handeln in unverrückbaren Grenzen und Kategorien von einem Denken, Fühlen und Handeln in Potenzialen und Fähigkeiten? In ersterem geht meine Bewegung immer bis zum Erreichen eines klar definierten Ziels, einer scharf gezogenen Grenze. Meine Aktionen sind grundsätzlich final. Im zweiten Fall steht der Prozess im Vordergrund. Ich bin aktiv, aber nicht final orientiert. Meine Aktion ist immer im Prozess, denn der Aktion folgt der Abstand zum Werk, die Reflexion des Werks, die Reflexion meiner Selbst, die Reflexion im Dialog mit dem anderen: Was passiert hier eigentlich? Welche Auswirkungen hat das? Was können wir noch verändern und was können wir im Sinne des Ganzen optimieren? Und wenn wir von Globalisierung sprechen, so geht es wirklich um den ganzen Globus. Ich denke in diesem Zusammenhang gerne an Gertrude Steins wunderbares Buch „The world is round", in dem Rose, ein kleines Mädchen von neun Jahren, in einer runden Welt, welche nicht aufhört sich zu drehen und scheinbare Sicherheiten, Wahrheiten und Werte durcheinander zu werfen, entdeckt, dass sich ihre Identität permanent verwandelt. Sie ist gezwungen, sich in einer Welt, die im Fluss ist, immer wieder neu zu orientieren und selbst zu definieren. Im mantraartigen Spruch „Rose is a Rose is a Rose" kommt genau das zum Ausdruck.

Künstler/innen und Held/innen

Im Künstlerischen Handeln sind wir permanent mit dem unmittelbaren Resultat unseres Tuns konfrontiert. Der Künstler setzt aus seiner Intuition heraus etwas ins Werk und sieht sofort, was er da getan hat. Stimmt dieser Pinselstrich? Ist dieser Schlag mit dem Meißel richtig geführt worden? Der Künstler ist sofort in der Reflexion seines Tuns, und diese Reflexion setzt unmittelbar am Werk an. Er kann niemand anderen als sich selbst für sein Tun verantwortlich machen. Mit jedem weiteren Pinselstrich, jedem neuen Schlag in den Stein verwandelt er sein Werk. Hier ist der Dreischritt Aktion – Reflexion – Transformation in seiner unmittelbarsten Form zu erleben.

Im finalen Handeln sind wir immer wieder mit einem riesigen Hindernis konfrontiert: der Angst vor dem Fehler. Erstreckt sich unser Bewusstsein nur auf die Etappe bis zum nächsten unmittelbar greifbaren Ziel, stellt das Risiko, hier einen „Fehler" zu machen, natürlich eine riesige Bedrohung dar. Es gibt ja nach dieser Etappe erst einmal keine Zukunft, die irgendetwas mit der gegenwärtigen Situation zu tun haben könnte.

Im prozesshaften Denken hingegen ist der Fehler immer ein Sprungbrett, ein Ausgangspunkt für eine völlig neue Inspiration. Hierbei ist es absolut notwendig, den Fehler von seiner moralischen Komponente zu befreien. Erst wenn der Fehler von den Schuldgefühlen gelöst ist, müssen wir ihn nicht verdrängen. Wir können aus ihm lernen und ihn als Grundlage für Veränderung nehmen.

Meine Fehler kann ich erst richtig bemerken, wenn ich mich an meinen Mitmenschen spiegle, wenn ich also im sozialen System in einen Dialog eintrete. Ein solcher Dialog lenkt meine Aufmerksamkeit von der Finalität meines fehlerhaften Produkts auf mich als Entwicklungs- und Fähigkeitenwesen zurück. Der soziale Raum einer Gemeinschaft ist der ideale Ort, um in einem moralfreien Lernraum an Veränderungen zu arbeiten. Es entsteht ein Experimentierraum, der grundlegend existenziell ist, weil wir in ihm unmittelbar auf der individuellen Erlebens- und Erfahrensebene arbeiten und nicht in der Theorie. Dann ist der Transfer in die konkreten Arbeitsprozesse kein großes Problem mehr.

Der konsequente Weg durch Aktion, Reflexion und Transformation im Alltag ist oft nicht einfach. Hier ist vieles emotional hoch aufgeladen und nur schwer in die Reflexion zu bringen. Vieles hat einen hohen moralischen

Wert für meine Position im Unternehmen, in der Familie, für mein Selbstwertgefühl. Schwer lasten hier die Traditionen und alten Werte. Kunst hingegen kennt keine Moral. Blau ist nicht moralisch besser als Rot. Die Ethik meines Künstlerischen Handelns existiert nicht in einem vorgefassten Kanon, ich definiere sie selbst in der konkreten Aktion. Deshalb ist das Künstlerische Handeln ein so wunderbares Übungsfeld, um für den Alltag stark zu werden. Wir kommen schnell an einen Punkt, wo die praktische künstlerische Betätigung gar nicht mehr notwendig ist, weil wir deren Erfahrung bereits in unsere Lebenswirklichkeit transferiert haben. Ob ich Vorstand in einem großen Unternehmen bin oder ob ich am Band arbeite: Ich merke, ich bin hier Gestalter. Ich agiere aus meinem Fähigkeitenwesen heraus. Die Ethik, welche diesem Agieren entwächst, kann durchaus Konventionen sprengen.

Gertrude Stein schrieb in ihrem Essay „Ab gings mit uns allen Deutschland anschauen" im Jahr 1945, dass ein amerikanischer Oberbefehlshaber sie gefragt habe, wie denn nun ihrer Meinung nach die Deutschen nach dem Krieg zu erziehen seien. Am wichtigsten, so antwortete sie ihm, sei es, sie Ungehorsam zu lehren. Jedes deutsche Kind sollte wenigstens einmal am Tag etwas nicht glauben, was sein Vater oder ein Lehrer ihm erzählt. Dieser selbstbewusste, kritisch reflektierende Umgang mit Autorität und überkommenen Traditionen, der von blindem Gehorsam befreit, sei der beste Weg zu dauerhaftem Frieden in der Welt.

Der Weg durch Aktion, Reflexion und Transformation ist linear und zyklisch zugleich. Reflexion und Fortschritt bedingen sich gegenseitig. Diese Gesetzmäßigkeit bringt einen anderen Leistungsbegriff hervor. In der Kunst würde das Modell des Helden, der hauend und stechend nach vorne prescht, der alle Mittel des Dopings bereitwillig einnimmt, um kurzfristig maximale Performance zu bringen, wenig Sinn machen. In dieser Art von Leistungsdenken spielt der Blick aufs Ganze nie eine Rolle. Stattdessen sind hier die Hierarchie, die Rangfolge, das Ranking in einem sehr eng gefassten Bezugssystem von maximaler Bedeutung.

In der Geschichte der modernen Kunst kann exemplarisch nachverfolgt werden, wie Künstler sich von eng gefassten Denkmustern emanzipiert haben. Die ganze Welt ist in ihr Blick- und Ausdrucksfeld gerückt. Die Vielfalt von gleichwertigen und gleichberechtigten Medien würde es prinzipiell unmöglich machen, zum „Helden aller Klassen" zu werden. Viemehr steht jeder Künstler vor der Aufgabe, sein Medium, sein Thema, seinen eigenen Weg zu finden und sein individuelles Feld zu erkunden. Ich werde mir selbst gegenüber zur Heldin, wenn ich mich für mich entscheide. Wenn ich mein Selbst finde, nicht indem ich mich gegen andere und ihre Vorstellungen wehre, sondern indem ich mich für mich und meine Aufgabe entscheide.

Abbildung 1: Mariott Stollsteiner, between 05, *2005, Installation, Ansicht in der Galerie Ewald Karl Schrade, Mochental*

„between 05" ist die Weiterentwicklung eines Installationskonzepts, das ich zuvor für eine Ausstellung in der Kölner Galerie Schüppenhauer unter dem Titel „between" realisiert habe. In „between 05" formuliere ich auf spielerische Weise einen Gegenentwurf zur Heldin auf der gedanklichen Basis der Gleichzeitigkeit der Ereignisse, ausgedrückt in halbtransparenten, sich durchdringenden Bildern in einer leichten, frei beweglichen Form, die den Zwischenraum erlebbar macht.

Kernstücke des „between"-Konzepts sind sechs drei Meter hohe Bildfahnen, die in dieser Version, beweglich aufgehängt, durch im Raum postierte Ventilatoren in leichte Drehbewegung versetzt werden. Sie sind mit dicht gestalteten Fotomontagen bedruckt, in denen sich zwei Welten begegnen: Personen der Gegenwart beziehungsweise der jüngsten Vergangenheit sind visuell verwoben mit künstlerischen Darstellungen von mythologischen Figuren.

Ich thematisiere in diesen Begegnungen von „Göttinnen" der Vergangenheit und der Gegenwart den Begriff der paradigmatischen Persönlichkeit sowie der Biographie in einem zeiten- und kulturenübergreifenden Bezugssystem, das zudem konsequent die Grenze von „Berühmtem" und „Privatem" überschreitet. Marilyn Monroe erscheint vor und zugleich im Bild einer Fenster-Madonna der Kathedrale von Chartres. Meine Großtante Maria Müller-Gögler, eine Schriftstellerin, mit der ich mich eng verbunden fühle, erscheint mit Tizians Frari-Madonna; Gertrude Stein mit der Nike von Samothrake; die australische Leichtathletin Cathy Freeman mit einer Madonnenskulptur aus dem Westportal von Chartres; Frieda Gögler, die als biologisch-dynamische Gärtnerin die Sekem-Farm in Ägypten impulsierte, mit einer antiken Statue der Artemis, Göttin der Fruchtbarkeit; meine Großmutter, wichtige Person meiner Kindheit, mit einer Tierkreis-Madonna aus dem Stundenbuch des Duc de Berry. Unter den Bildfahnen sind Sarkophage angebracht, die Spiegel enthalten, in die Texte zu Liebe und Freiheit von mir eingraviert sind.

Wie schon im Titel ausgedrückt, geht es in dieser beweglichen, sich ständig verändernden Rauminstallation darum, kreative Zwischenräume für die Betrachter/innen zu öffnen und bei ihnen die Frage nach den Impulsen der eigenen Biographie anzuregen. Grenzüberschreitung zwischen verschiedenen Epochen und kulturellen Räumen wird reflektiert, und in ihrer gleichzeitigen Erscheinung können ungewohnte Kraft- und Inspirationspole für die Betrachtenden entstehen, die nicht immer linear erfassbar sind.

Das Heldenprinzip begegnet uns in vielen Incentives. Wenn ich einen Bungeesprung in die Tiefe wage, mich von einer steilen Felswand abseile, eine Wildwasserfahrt unternehme oder über glühende Kohlen laufe, wohnt dem eine hohe Erfahrung der Selbstüberwindung inne. Ich muss mich „zusammenreißen" und all meinen Mut zusammennehmen, um das zu schaffen. Nach diesen Adrenalinduschen fühle ich mich großartig. Ich bin eine Heldin. Viele haben jedoch schon erlebt, wie ambivalent diese Erlebnisse sind. Kurz ist der Schritt vom Heldengefühl zur Arroganz. Nach so einer Erfahrung überwiegt bei den meisten Menschen das Gefühl, nun könnte sie nichts mehr erschrecken, nichts könnte ihnen mehr etwas anhaben. Der vielfach postulierte Effekt, solche gemeinsam erfahrenen Herausforderungen würden eine Gruppe zusammenschweißen, tritt dagegen eindeutig in den Hintergrund. Ich entferne mich von meinen Mitmenschen. Erst wenn diese Erfahrung ganz bewusst in die Reflexion gebracht wird – was normalerweise in jenen Incentives nicht stattfindet –, können wir unsere Seele öffnen und in der Gemeinschaft aus der Erfahrung voneinander lernen. Dann sind die einsamen Held/innen aber längst wieder verschwunden.

„Ich arbeite immer für andere"

Genau aus diesem Grund bleibt bei unseren Seminaren, in denen wir mit den Menschen künstlerisch arbeiten, nichts zurück. Die materiellen Resultate, seien es Collagen, Malereien oder Plastiken, werden in den Firmen niemals dauerhaft ausgestellt. Wollen einzelne Teilnehmer/innen ihre Arbeiten mit nach Hause nehmen, ist das natürlich nicht verboten. Wir legen jedoch Wert auf die Erfahrung, dass der Prozess ungleich wichtiger ist als das Resultat. Das Festhalten am Werk – das in den eben erwähnten Incentives die glücklich geschaffte Aktion bildet – verhindert die Transformation.

Damit verschwindet die kompetitive Abgrenzung zwischen mir und meiner Außenwelt. Ich kann frei werden vom Zwang, mich selbst in Konkurrenz zu meinen Mitmenschen zu definieren und mein Selbstbewusstsein auf dem Wettbewerb mit ihnen zu verankern. Götz Werner, der Gründer von dm-drogerie markt, formulierte es so: „Ich arbeite immer für andere. Ich kann nie sagen, ich arbeite nur für mich."

Das Zeitalter der Produktionsgesellschaft war das Zeitalter der Gründer, der Patriarchen, der Helden. Starke Individuen haben große Dinge auf den Weg gebracht. Sie folgten ihrer individuellen Vision und setzten sich mit allen Kräften gegen die Widerstände der Welt durch. Diese Phase des kraftvollen Schaffens ist wichtig und in wirtschaftlichen Prozessen immer wieder notwendig. Sie erfordert jedoch auch ein Bewusstsein von den Konsequenzen dieser Art des Handelns. Helden sind immer nur Helden auf Zeit. Der Held als feste Institution ist ein Anachronismus im wahrsten Sinne des Wortes.

Dennoch ist er für unser Wirtschaftssystem immer noch eine zentrale Größe. Fehlen im Vorstand eines großen Unternehmens die Helden/innen, so fallen die Aktienkurse unwiderruflich. Soft Skills, soziale Kompetenz, Fehlertoleranz und Empathie haben im Bewusstsein der Shareholderkultur ihre Berechtigung nur in bestimmten Bereichen des Managements. In der Führungsetage jedoch wird kein Eingeständnis eines Zweifels oder gar eines Fehlers verziehen. Hier ist die Demonstration souveräner, unerschöpflicher Stärke angesagt. Für Reflexion und Transformation gibt es in diesem Zwangssystem keinen Platz.

Gerade in unserer Zeit der grundlegenden globalen Veränderungsprozesse brauchen wir jedoch, wollen wir überleben und unsere Existenz erhalten, ein Bewusstsein, in dem offene Fragen, im Moment noch ungelöste Probleme und Zweifel nicht mit heldenhaften Hieben beiseite geschlagen werden. Heute brauchen wir ein Weltbewusstsein – und in diesem gibt es immer weiße Flecken. Die offenen Fragen, das noch nicht Entdeckte, noch nicht Geprägte sind es aber gerade, die uns in die Entwicklung und Verwandlung bringen. Die Basis eines Weltbewusstseins ist die Erkenntnis der permanenten Entwicklungsfähigkeit jedes Menschen auf dieser Erde.

2 Wahrnehmen und Handeln – Über Liebe und Freiheit

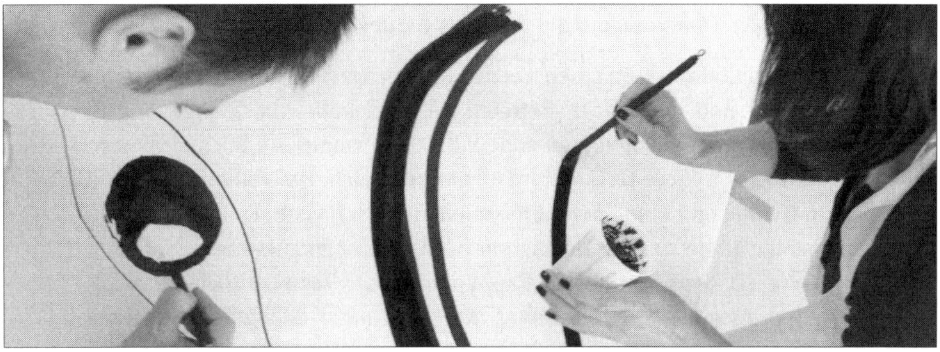

Sehen ist nicht gleich Wahrnehmen

Vielleicht scheint es auf den ersten Blick paradox, wenn ich mich so intensiv mit dem Wahrnehmen beschäftige, das uns doch als ein selbstverständlicher und alltäglicher Vorgang erscheint. Schließlich leben wir in einem Medienzeitalter, das vor allem ein Sehzeitalter ist. Wir alle sehen fern, surfen im Internet und sind mittlerweile auch im öffentlichen Raum unserer Städte überall von Bildern und anderen visuellen Botschaften umgeben. So sehen wir jeden Tag unglaublich viel und fühlen uns tatsächlich manchmal von den Bildern überflutet. Dabei sind es ja meist nur Bruchstücke, blitzlichtartige Bildfetzen, die uns erreichen.

Wenn wir am Abend Rückschau halten und uns die Bilder vergegenwärtigen, die uns im Laufe des Tages erreicht haben, so merken wir schnell, dass zwar viele Eindrücke in unserem Bewusstsein haften geblieben sind – dass wir also wirklich sehr viel gesehen haben –, dass wir aber von dem Gesehenen eigentlich so gut wie nichts kennen als die äußere Oberfläche. Hierin besteht der Unterschied zwischen Sehen und Wahrnehmen. Wir nehmen nur einen Bruchteil dessen, was wir gesehen haben, wirklich wahr. Im Dunkeln bleibt ein überwältigender Rest blind und ungenutzt, in dem ungeahnte Potenziale gerade für unternehmerisches Handeln verborgen sind.

Für unsere Orientierung in der Welt steht der Sehsinn natürlich an erster Stelle. Wahrnehmen benötigt jedoch grundsätzlich alle Sinne, die uns zur Verfügung stehen. Bewusst wahrnehmen heißt: Ich agiere mit meinen Sinnen, ich blende in der Hinwendung auf das, was ich wahrnehme, nichts aus und färbe die Informationen nicht, welche meine Sinne mir liefern. Spontane Sympathien und Antipathien reflektiere ich genau und lasse sie meine Sinneseindrücke nicht verzerren. Doch oft passiert es, dass einer unserer Sinne auf etwas reagiert und wir diesen Eindruck nicht bewusst wahrnehmen. Dann prägt er als „diffuses Gefühl“ das gesamte Sinnesbild.

Ein ganz alltägliches Beispiel: Letzten Winter war ich zum Einkaufen im Supermarkt und hatte beim Betreten des Geschäfts ein unangenehmes Gefühl, das erst vollkommen unklar war. Ich konzentrierte mich in diesem Moment ganz auf die Bäckerei im Eingangsbereich. Da wollte ich hin und war in Gedanken bei meiner mühsam memorierten Liste. Erst als ich dann mit meinen Tüten zurückging, um mir noch einen Einkaufswagen zu holen, bemerkte ich, dass dort überall Pappen am Boden lagen, die die Mitarbeiter/innen ausgelegt hatten, damit die Leute nicht den ganzen Schneematsch an ihren Schuhen in das Geschäft tragen. Und erst jetzt wurde mir bewusst, dass es dieses weiche Gefühl und dieses leise Quietschgeräusch unter meinen Füßen waren, die mich vorhin so irritiert hatten. Nur waren diese Eindrücke einfach ganz weit hinten abgespeichert und von anderen Sinneseindrücken und Gedanken überlagert.

Was beeinflusst unsere Wahrnehmung?

Wahrnehmung ist nie neutral. Immer wird sie beeinflusst, gesteuert und gefiltert von Gedanken und Gefühlen, wobei Sympathien und Antipathien eine ganz besonders wichtige Rolle spielen. Sowohl das, was wir lieben, als auch das, was uns in höchstem Maße unangenehm ist, lassen wir bevorzugt in unser Bewusstsein. Diese Eindrücke sind es, die in uns spontane, meist starke Reaktionen auslösen. Unsere Neigungen und Abneigungen bestimmen unsere individuelle Lebensführung mit all ihren Gewohnheiten und Routinen. Wenn ich etwa ein ordnungsliebender Mensch bin und es liebe, mein Umfeld sorgfältig zu strukturieren, werden mir, wenn ich zum Einkaufen gehe, schlampig eingeräumte Verkaufsregale „ins Auge stechen“. Wenn ich sehr auf Sauberkeit und ein untadeliges Äußeres bedacht bin, löst ein ungewaschen riechender Mensch neben mir in der Straßenbahn heftige Ekelreaktionen in mir aus.

Den Grund für diese Reaktionen ins Bewusstsein zu rufen, ist sehr wichtig: Sie stoßen uns auf unsere alltäglichen Gewohnheiten, die wir sonst kaum bewusst wahrnehmen und die als notwendige Routinen auch ein ganzes Stück weit überlebenswichtig sind. Müssten wir uns über jeden Handgriff Gedanken machen, wären wir in unserer geistigen Kapazität ziemlich beschränkt. In der Reflexion unseres Wahrnehmungsprozesses und der damit verbundenen Reaktionen lernen wir uns immer wieder neu kennen.

Oft ist das ganz schön schwer. Zum Beispiel die eigene Körpersprache, unsere Mimik, unsere Gestik, unsere Körperhaltung: Wie wir gehen und stehen, wie wir am Tisch sitzen, wie wir ein Glas halten, wie wir unserem Gegenüber zuhören – alles das ist individueller Ausdruck und Gewohnheit zugleich. Wir alle haben kurze beiläufige Begegnungen mit uns selbst: Wir werden uns partiell unserer physischen Präsenz bewusst, sehen uns flüchtig im Spiegel oder spüren unseren Körper, wenn wir aus einem Sessel aufstehen. Das reicht aber nicht für eine wirkliche Selbstwahrnehmung. Erst wenn wir unsere Erscheinung vollständig reflektieren und uns von außen, „mit dem Blick der anderen", ansehen, bekommen wir einen realistischen Eindruck und können dann auch, sofern nötig, manches in die Veränderung bringen.

Es gibt ein „Gewohnheitssehen", mit dem ich mich in einigen Seminaren aktiv auseinandersetze. Unsere Routinen, unsere Gewohnheiten im Sehen wie im Denken und im Handeln sind in unserer Vergangenheit begründet. Um geistigen Raum für Innovationen zu haben, müssen wir uns aber der Zukunft öffnen. Wenn wir unser Wahrnehmen, Denken und Handeln nicht wirklich reflektieren, ist auch in dem, was wir für „bahnbrechend neu" halten, ein hoher, oft zu hoher Anteil an unreflektierter Gewohnheit enthalten. Oriana Fallaci drückt dies so wunderbar und klar in ihrem Buch „Ein Mann" aus, wo sie von der Gewohnheit als der „infamsten aller Krankheiten" schreibt. „... Sie lässt uns alles hinnehmen ... bringt uns dazu, Fesseln zu akzeptieren, uns Ungerechtigkeiten zu unterwerfen ... Die Gewohnheit ist das unbarmherzigste Gift, weil sie sich ganz sanft und leise einschleicht ..." Dann, so sagt sie, „hat sich schon längst jede einzelne Faser unseres Körpers an sie angepasst, jede unserer Handlungen ist ihr unterworfen ..."

Durch den Abstand zu uns selbst können wir bewusst die Haltung unserer Wahrnehmung reflektieren, und in dieser Reflexion stoßen wir auf die Frage, woraus sich unsere Gewohnheiten gebildet haben. Was ist eigentlich die Schubkraft dahinter? Wir erkennen Gesetzmäßigkeiten hinter den Handlungsmustern, und von da ist es nur noch ein kleiner Schritt zu unseren Bedürfnissen. Wir fragen uns, was wir wollen und wo unser Weg eigentlich hinführt. Und damit betreten wir die Zukunft.

Das Gewohnte neu entdecken

Die Schulung der Wahrnehmung unserer selbst und unserer Umwelt ist auf allen Ebenen des Unternehmens notwendig. Nehmen wir zur Veranschaulichung eines meiner Seminare, in dem wir sehr elementar und zugleich im unmittelbaren Transfer auf die Arbeitssituation an der Erweiterung und Bewusstwerdung von Wahrnehmung arbeiten. Wir trainieren mit Mitarbeiter/innen aus dem Verkaufsbereich einer SB-Warenhauskette die Fähigkeit, Gewohntes neu wahrzunehmen und aus der Wahrnehmung aktiv in Veränderungsprozesse einzutreten.

Alle Geradheit
am
Schweigen zu
messen:
ob
Wort
standhält
in Licht Blicken
zwischen den Augen

ms271098

Dies beginnt von der ersten Minute an: In der Einleitungsrunde sagt nicht jeder etwas über sich selbst, sondern die Teilnehmer/innen interviewen sich in Zweiergruppen gegenseitig über ihre Lieblingsfarbe und ihre Lieblingslandschaft, um danach ihren Partner vorstellen und von diesem vorgestellt werden zu können. Hier ist gezieltes Fragen angesagt. Es genügt nicht zu sagen: „Er mag Blau und das Gebirge in Tirol." Ich verlange eine qualitative Beschreibung: Was mag er an Tirol? Die Berge? Wenn ja, welche Art von Bergen? Hügelige, spitze, breite, flache? Wie ist sein Lieblingsblau beschaffen? Ist es das Türkisblau des Meers am Seychellenstrand oder das Kiesblau am Steinstrand der Ostsee oder das lichte Blau in den Schatten einer Winterlandschaft?

Ziel ist das Üben des Dialogischen: Wie stelle ich Fragen, welche Fragen lassen mich wirklich etwas erfahren? Hier kommen wir auf die bekannten W-Fragen – was, wie, wann, wo, welche? –, um Qualität zu erfahren und nicht nur leere Schablonensätze zu hören.

In der Art, wie die Befragten schildern, erfahren die Teilnehmer/innen viel von der Persönlichkeit jenseits der konkreten Informationen. Regelmäßig ergeben sich da Begegnungen, in denen die Menschen sagen: „Erstaunlich, das hätte ich nicht von ihr gedacht." Da fängt die neue Wahrnehmung an. Beispielsweise beschrieb ein Teilnehmer aus Russland seine Lieblingslandschaft und erzählte von den Schönheiten Sibiriens. Als der Vorstellungspartner in der Runde zu erzählen begann, reagierte die Gruppe erst mit „Sibirien? Und das soll schön sein?", wurde dann aber schnell in den Bann der Erzählung gezogen. Er hatte damals als Lastwagenfahrer dort gearbeitet und berichtete nun seinem Partner auf dessen gezielte Fragen hin von seinen Touren durch winterlichen Permafrost und sommerliche Tundra. Er lebte in dieser unermesslichen Einsamkeit und ging auch jagen. Seine Beschreibung der Schönheit der Landschaft war faszinierend – hier wurde eine fremde Welt greifbar.

Dies gelingt nur, wenn der Vorstellungspartner sich mit gezielten Fragen ganz auf sein Gegenüber einlässt, Neugier entwickelt und spürt, dass er

Verantwortung für ihn trägt. Sonst heißt es am Ende: „Der war in Sibirien und hat gejagt." Diese Vorstellungsübung ist eine Art Fingerübung in Sachen Wahrnehmung, sozusagen zum Warmwerden, und hat darüber hinaus natürlich den gruppendynamischen Effekt, dass die Menschen sich wirklich näher kommen und nicht stur nebeneinanderher arbeiten. Gerade, wenn Teilnehmer/innen aus anderen, zum Teil sehr fernen Ländern dabei sind, ergeben sich oft faszinierende Einblicke, die die Menschen einander auf einer ganz neuen Ebene näher bringen.

Die Dialogsituation mit dem Partner lässt die Teilnehmer/innen auch erfahren, dass mehr als nur ein Sinn im Spiel ist, wenn wir einem anderen Menschen gegenüberstehen und uns mit ihm austauschen. Da ist nicht nur das Gehör. Wir nehmen ihn als lebendiges Individuum integral wahr. In allen Seminaren zur Schulung der Wahrnehmung vermittle ich den Menschen einen Eindruck von der breiten Palette von Sinnen, die uns zur Verfügung stehen und die durch das Primat des Sehens oft völlig in den Hintergrund tritt. Wir haben zwölf Sinne, die erfahren werden wollen.

Rudolf Steiner unterschied in einem Vortrag über die Sinnesorgane (1916) zwölf Sinne. Die folgende tabellarische Übersicht wurde vom niederländischen Arzt Albert Soesman angelegt.

Gruppeneinteilung	Die zwölf Sinne
PHYSISCHE SINNE Auf die eigene Leiblichkeit gerichtet	1 Tastsinn 2 Lebenssinn (Konstitutionssinn) 3 Eigenbewegungssinn 4 Gleichgewichtssinn
SEELISCHE SINNE Verhältnis Mensch - Welt	5 Geruchssinn 6 Geschmackssinn 7 Sehsinn 8 Wärmesinn (Temperatursinn)
GEISTIGE ODER SOZIALE SINNE Auf das Innere gerichtet / das Verborgene offenbarend	9 Gehörsinn 10 Wortsinn (Sprachsinn) 11 Gedankensinn (Vorstellungssinn) 12 Ichsinn

„Nehmen Sie wahr, so viel Sie können!“

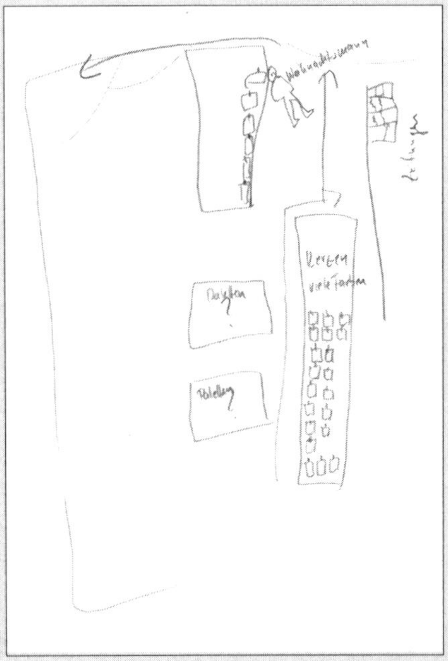

Abbildungen 2-5: Zeichnungen der Teilnehmer/innen

Die Vorstellungsrunde hat die Teilnehmer/innen aktiviert, ihre Sinne geschärft und eine Atmosphäre des Dialogs geschaffen. In einem zweiten Schritt gehen wir nun durch den Markt und suchen uns einen bestimmten Ort im Verkaufsbereich, wo die Teilnehmer/innen die Aufgabe erhalten: „Nehmen Sie wahr, so viel Sie können!" Nach einer gewissen Zeit, in der jeder für sich versucht, sich die Situation in ihrer Gesamtheit möglichst gut einzuprägen, kehren wir in den Seminarraum zurück. Dort zeichnen die Teilnehmer/innen dann die eben erlebte Situation aus dem Gedächtnis.

In der anschließenden Runde werden die Zeichnungen im offenen Austausch angeschaut und verglichen. Es ist für die Teilnehmer/innen regelmäßig verblüffend, wie viele verschiedene Möglichkeiten des Zeichnens es gibt: eher strukturell-geometrisch oder eher emotional-atmosphärisch. Manche addieren viele Details, einige zeigen komplette „Draufsichten", oft gibt es Mischungen aus all diesen Ansätzen. Manche stellen sogar Kunden mit dar. Andere wiederum notieren nur Begriffe und zeichnen gar nicht. Die Vielfalt dieser Umsetzungen betrachten wir gemeinsam in der Runde, wobei hier die Erfahrung des qualitativen Wahrnehmens aus der Vorstellungsrunde Früchte trägt. Die Teilnehmer/innen gehen nun ganz anders an die Bilder heran. Ihre Wahrnehmung des „Wie" der Darstellung anstelle eines verabsolutierten „Was" ist deutlich verfeinert.

Nach dieser gemeinsamen Bildbetrachtung, die für jeden Einzelnen auch eine ganz bewusste Reflexion seiner eigenen Wahrnehmung ist, kehren wir an die gleiche Stelle im Markt zurück und schauen neu auf die Situation. Wir reflektieren: Was nehme ich jetzt wahr, was ist anders, was fällt mir auf? Teilnehmer/innen, die vorher gemeint haben, sie hätten alles gesehen – schließlich sind sie zum Teil zehn oder zwanzig Jahre in diesem Markt –, werden sich „blinder Flecken" bewusst und können so auf eine neue Wahrnehmungsstufe gelangen. Eine Teilnehmerin sagte einmal: „Ich habe eigentlich einen Rechtsdrall im Sehen, ich gucke eher nach rechts als nach links." In diesem Moment begriff sie, dass sie sich immer wieder vornehmen muss, bewusst nach links zu sehen. Jede Schwäche kann durch Bewusstseinsbildung eine Stärke werden, indem wir genau darauf unsere gesteigerte Aufmerksamkeit richten.

Miteinander wahrnehmen – Aneinander lernen

Diese Erfahrung der Lücken, die wir lebenslang in unserer Wahrnehmung haben, ist essenziell. Ein wichtiger Grund für diese Lücken ist sicher, dass wir alle auf maximale Geschwindigkeit konditioniert werden. Wenn wir in unserer Eile nur 20 Prozent einer Situation wahrnehmen, handeln wir auch nur im Rahmen unserer 20 Prozent. Dieser Wahrnehmungsgrad ist deutlich steigerbar, auch wenn wir eine hundertprozentige Schau der Welt nie erlangen können. Wahrnehmung ist Teil unseres Bewusstseins, und dieses Bewusstsein ist nun mal keine neutrale Matrix, in der sich die Welt objektiv und zur Gänze spiegelt.

Eine andere, mindestens ebenso wichtige Erfahrung aus dieser Übung ist, dass die Gruppe unsere Wahrnehmung zu steigern hilft. Eine Gemeinschaft wirkt als Beschleuniger, wenn die in ihr Zusammenkommenden nicht urteilend, sondern vorurteilsfrei wahrnehmen. Geht die Gemeinschaft jedoch ins wertende Urteil, so wirkt sie verhindernd. Jeder für sich kann werten und urteilen, das ist Teil der individuellen Freiheit. Wenn sich jedoch Gruppenurteile bilden, findet eine negative Kollektivierung statt, in der sich der Einzelne freiwillig entmündigt. Dafür gibt es auch im großen gesellschaftspolitischen Kontext Beispiele, von denen der Faschismus nur eines unter vielen ist. Das gruppendynamische Prinzip ist im Großen wie im Kleinen dasselbe: Überlagert das „Wir" in Form von Traditionen und kollektiven Ideologien im Bewusstsein der Mitglieder einer Gemeinschaft deren persönliches „Ich", so geht die Individualität verloren und die Gruppe verhindert jede persönliche Entwicklung. Es ist also entscheidend, den Begriff der Gemeinschaft, in der wir uns befinden, für uns selbst ganz klar zu definieren. Gemeinschaft bedeutet, sich auf der Bewusstseinsebene des wahrnehmenden und reflektierenden „Ich" im freien Austausch mit anderen „Ichs" zu begegnen.

So eröffnen sich uns neue Blicke auf die Welt. Und zugleich gibt uns der Dialog die Möglichkeit, unsere eigene Wahrnehmung und deren Grenzen und blinde Flecken zu reflektieren. Jeder aus der Gemeinschaft nimmt an ein und demselbem Punkt Unterschiedliches wahr. Jeder hat andere blinde Flecke, jeder hat eigene Wahrnehmungsgewohnheiten. Um hier von den anderen lernen zu können, müssen wir miteinander in Kontakt treten und uns dialogisch vernetzen.

Wir brauchen regelmäßigen Austausch, um diese Erkenntnis auch im Alltag zu nutzen. Wir müssen uns im Hören üben, jenem vorurteilsfreien Zuhören, in dem wir uns nicht mehr verteidigen oder uns für die Lücken in unserer eigenen Wahrnehmung rechtfertigen. So lernen wir sowohl das Panorama als auch die Qualität unserer Wahrnehmung zu steigern. Uns könnte zum Beispiel bewusst werden, wie stark Sympathien unsere Wahrnehmung leiten, und wir könnten entscheiden, uns von nun an immer auch dem Gegenteil zu widmen. Dabei verlieren wir nichts, wir gewinnen etwas hinzu. Bereits in der schweigenden Wahrnehmung des Dialogs der anderen lernen wir.

Das Schweigen

Höre, mein Kind, das Schweigen.
Es ist ein Schweigen wie Wellen.
Ein Schweigen,
in welchem Täler und Antworten gleiten,
und das die Stirne ins Neigen bringt
der Erde zu.

Federico Garcia Lorca
in der Übersetzung von Jean Gebser

Voraussetzung für eine produktive Gemeinschaft ist, dass jeder am Prozess beteiligt ist. So sprechen im Seminar alle Teilnehmer/innen über alle Zeichnungen. Daraus erwächst ganz von selbst ein achtsameres Miteinander-Umgehen. Niemand steht außen und kommentiert nur, ohne selbst etwas preiszugeben. Aus Kritik wird Anteilnahme, und die Gruppe entwickelt sich zur Lerngemeinschaft. Aus Zuhören wird Beteiligtsein.

Oft berichten Teilnehmer/innen, sie hätten anfangs geglaubt, die Gruppe wäre hier keine große Hilfe, weil doch ohnehin alle dasselbe sehen würden. Doch es gibt keine objektive und somit einheitliche Aufnahme von Informationen. Wenn ein Lehrer in der Schule „1 + 1 = 2" auf die Tafel schreibt und die Schüler/innen das in ihre Hefte übertragen, fließt da ohne Zweifel eine eindeutige Information. Doch wie unterschiedlich kommt diese bei den einzelnen Menschen an! Wir sehen eine unglaubliche Vielfalt in den Heften: Jeder schreibt es anders, jede Schrift ist individuell. Und die Kinder vergleichen ihre Hefte, vergleichen ihre Schriften und tauschen sich aus, indem sie neue Schriften ausprobieren. Und jeder füllt die „1" mit einem anderen Objekt, beim einen sind es die sprichwörtlichen „Birnen", beim anderen die „Äpfel". All das gehört zum Wahrnehmungsprozess, auch, wenn es sich um so etwas Objektives wie diese einfache Gleichung handelt.

Genau wie unsere Schrift können wir auch unsere Wahrnehmungsgewohnheiten verändern. Aber erst wenn wir erkannt haben, dass es die Vielfalt gibt, kann es geschehen, dass uns die Schrift unseres Banknachbarn oder unserer Freundin plötzlich besser gefällt und wir sie einfach mal ausprobieren. Das Eigene werden wir so nie verlieren, denn dieses „Eigene" ist niemals statisch, sondern lebt von der permanenten Verwandlung.

Die Reflexion unserer Wahrnehmungsgewohnheiten öffnet den Weg zu einem neuen sozialen Miteinander. Indem wir uns gegenseitig die Routinen bewusst machen, die nicht nur unser Wahrnehmen, sondern unser gesamtes Denken, Fühlen und Handeln bestimmen, werden wir in uns selbst beweglicher und verstehen auch unsere Mitmenschen besser – wir gewinnen Einblick in ihre Gewohnheiten. Das hilft Vorurteile abzubauen. In einem Teambildungsseminar, in dem wir uns mit der Wahrnehmung des eigenen

Arbeitsplatzes beschäftigten, gab es zum Beispiel eine Teilnehmerin, die dessen beschützende Qualität hervorhob. Sie hatte eine Art Schutzwall aus Topfpflanzen um ihren Schreibtisch aufgebaut. Dieser Schutz war für sie die Voraussetzung für konzentriertes Arbeiten. Viele ihrer Kollegen hatten diese Situation unhinterfragt als Zeichen arroganter Absonderung gedeutet. Die Erkenntnis individueller Wahrnehmungsgewohnheiten und Vorurteile eröffnete beiden „Seiten“ eine ganz neue Qualität der Begegnung.

Wahrnehmen durch Spüren

Wie nehmen wir unsere Mitmenschen im Arbeitsalltag wahr? Normalerweise sehen und hören wir sie. Dies tun wir innerhalb der Strukturen des operativen Gefüges eines Unternehmens, das sich definiert durch Hierarchien, Arbeitsbereiche und operative Kommunikationsstrukturen. Das ist die eine, die bewusste Seite. Die andere Seite ist der tiefe, unbewusste Bereich unserer Sympathien und Antipathien, die mit den operativen Strukturen kaum verbunden sind. Hier ist es von zentraler Bedeutung, alternative Kanäle in unserer Wahrnehmung der Mitmenschen zu öffnen. Damit ergeben sich nicht nur völlig neue Begegnungen mit Menschen, die wir fest in unserem Weltbild verortet hatten, sondern wir öffnen auch verborgene, unbewusste Muster unserer eigenen Wahrnehmung.

Es ist hierbei ein spannender Schritt, die unmittelbar dem Physischen zugewandten Sinne, wie den Geruchssinn oder den Tastsinn, bewusst in die Wahrnehmung einfließen zu lassen. In unserer Arbeit greife ich hierfür häufig auf „Blindübungen“ zurück. In einer Übung, in der Teilnehmer/innen mit verbundenen Augen einander die Hände „betasten“ sollten, traf eine Angestellte auf ihren Chef. Sie hat buchstäblich zum ersten Mal begriffen, dass dieser Mensch in einem haptisch spürbaren Körper lebt, und war irritiert: Was hatte dieser Mann, den sie im Arbeitsalltag als klar, zielorientiert und energisch kannte, für Hände: so weich und knuddelig!

Im zu Beginn des ersten Kapitels beschriebenen Seminar schließen wir an die erste Zeichenübung des Verkaufsbereichs ebenfalls eine Übung an, in der die Sinne weg vom Audiovisuellen hin zum direkten Spüren des Gegenübers gelenkt werden. In Zweiergruppen soll gemeinsam gezeichnet werden. Hierfür setzt die Person, die den Stift hält, eine Blindbrille auf. Ihr sehender Partner führt ihr die Hand über das Papier. Sie registriert seinen Impuls, versucht zu spüren, „wo er hin will“, reagiert vielleicht. Ich gebe in dieser Übung kein konkretes Bildthema vor. Wichtig ist vielmehr die unmittelbare sinnliche Erfahrung, die ich die Partner nach der Übung möglichst genau zu formulieren bitte. Hierbei sollen sie sich speziell auf die Qualität des Miteinander konzentrieren. Der „Sehende“ beschreibt, wie sein Partner sich führen ließ: leicht oder zögerlich? Eine Teilnehmerin beanstandete: „Den musste ich immer ziehen, der machte gar nicht mit.“ Ein anderer schrieb: „Die führt ja mich, obwohl ich sie eigentlich führen soll.“ Analog berichtet der „Blinde“, wie der Partner führte und wie er dessen Führung erlebte: Greift er die Hand fest? Lässt er mich frei? Ist es eindeutig? Werde ich unsicher?

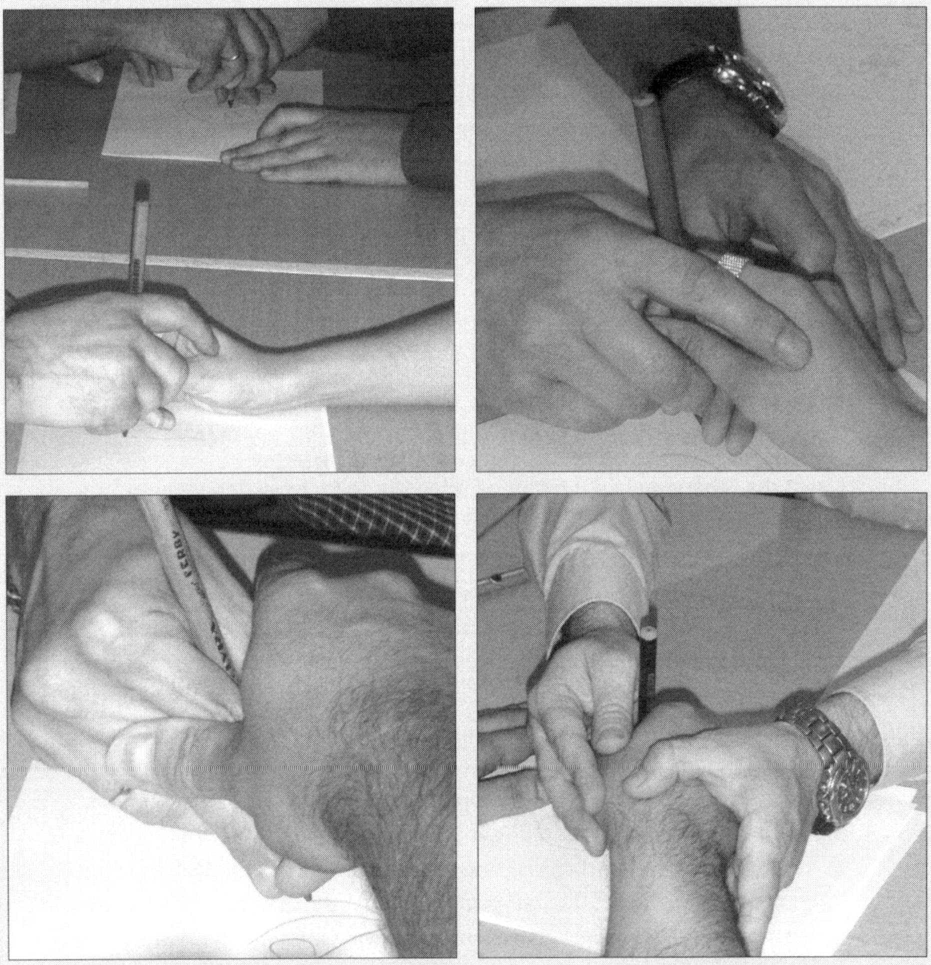

Abbildungen 6-9: „Blindführungen“

Dann lassen wir zuerst die Partner im Paar die Rollen wechseln, anschließend wechseln auch die Paare durch, sodass jeder verschiedene Führungsstile wahrnehmen, aber auch verschiedene Menschen führen kann. Dies kann bewriken, dass über einen Menschen viele sehr unterschiedliche Kommentare abgegeben werden, manchmal wird aber auch von allen eine bestimmte Tendenz bestätigt. Wichtig ist es, die Bandbreite der Möglichkeiten zu entdecken. Wenn jemand eine leicht schweißfeuchte Hand nicht mag, dann führt er diesen Menschen ganz anders als jemanden, dessen Haut er angenehm findet. Oder eine Frau, die große Männerhände nicht gerne mag, führt eine ihr sympathische kleine Frauenhand anders, als wenn sie leicht hilflos eine „große Pranke“ hält.

Führende und Geführte erkennen, dass sie erst dann in eine freie Reflexion kommen, wenn ihnen eine echte Berührung gelingt – konkret im Hautkontakt wie auch im übertragenen Sinne. Die Teilnehmer/innen können hier erfahren, wie wichtig die jeweilige Konstellation der Begegnung ist. Der Transfer auf die Arbeitssituation liegt buchstäblich „auf der Hand“. Die Teilnehmer/innen sind zwar aus hierarchischer Sicht keine Führungskräfte, doch sie haben eine wichtige Kundenverantwortung. In jedem Beratungs- oder Verkaufsgespräch befinden sie sich in einer dialogischen Situation, in der sie den Kunden aufmerksam wahrnehmend führen.

Wahrnehmen und Handeln

Wahrnehmen und Handeln ist ein dialogischer Prozess, den ich sowohl mit mir selbst in meinem eigenen Bewusstsein führe als auch mit den Menschen, mit denen ich mich in einem gemeinsamen Prozess befinde.

Durch die Erfahrung in der Gruppe finden die Teilnehmer/innen ihren Weg von der Wahrnehmung ins Tun. Die Erkenntnis eigener blinder Flecken und anderer innerer Einflüsse auf die eigene Wahrnehmung wirkt nicht blockierend. Die Teilnehmer/innen in der Gruppe erfahren, dass dies weder ein persönlicher Defekt noch eine persönliche Schuld ist, da diese Einflüsse und Einschränkungen allen Menschen eigen sind. Ich komme hier auf meine bereits erwähnten „20 Prozent“ zurück, die wir enorm steigern können! Und sie erfahren, dass sich in der Vernetzung mit anderen die eigene Wahrnehmung radikal öffnet. Sie lernen, wie sie den täglich sich wandelnden Anforderungen in der Kommunikation mit den anderen begegnen können. Sie erproben Wege, wie sie in dieser „täglichen Übung“ ihre „20 Prozent + X“ verbessern und schneller erkennen können, wo die Prioritäten in ihrem Aufgabenbereich liegen. Das ist eine direkte Handlungsmotivation im täglichen Arbeiten, durch die Austausch und Bewegung entsteht. Wir öffnen Menschen einen neuen Blick auf jene Arbeitsprozesse, die täglich nachgehalten werden müssen, seien es virtuelle in der Verwaltung, in der Entwicklung und Innovation oder sei es im Operativen, wo die Parameter ebenfalls permanent wechseln. Der Erfolg eines Unternehmens bemisst sich nach seiner Beweglichkeit und Wahrnehmungsfähigkeit, die täglich und auf allen Ebenen unter Beweis gestellt werden müssen.

Wie legen wir den Transfer vom Wahrnehmen ins Handeln an? Nach all den Übungs- und Erfahrungsmodulen, in denen die Teilnehmer/innen lernen, dass „Wahrnehmung immer mindestens drei Blicke braucht, bevor sie überhaupt etwas gesehen haben“, in denen sie Führung und Geführtwerden erproben, und in denen sie den Umgang mit Individualität erleben, gehen sie in das abschließende Modul: Jeder sucht sich einen Partner aus einer fremden Abteilung und begibt sich an den Arbeitsplatz des anderen.

Die Anleitung lautet: „Was fällt mir auf? Notieren Sie stichpunktartig Ihre Eindrücke. Zeichnen Sie nicht, sondern notieren Sie einfach – beschreibend, konkret, nicht urteilend und so bildhaft, dass der andere es sich plastisch vorstellen kann. Beschreiben Sie so, dass bei Ihrem Partner ein Kinofilm ablaufen kann, wenn Sie ihm anschließend Ihre Eindrücke berichten.“ Da hilft es nicht, lediglich zu sagen: „Also, dieses Regal gefällt mir gar nicht.“ „Mir gefällt das nicht“, sagt nur aus, dass ich „antipathisch“ auf Abstand bleibe. Eine Alternative kann lauten: „Über dem Regal hängt ein Plakat so tief, dass der Kunde mit dem Kopf anstößt; im Regal steckt noch ein Preisschild, wo der zugehörige Artikel überhaupt nicht mehr vorhanden ist; da läuft gerade Milch vom Tiefkühlregal nach unten durch; da ist noch ein Käse drin, der hat das Verfallsdatum schon längst überschritten und liegt auch noch in einer unappetitlichen Lake.“

In solch einer Beschreibung gibt es nur konkrete Fakten. Der Beobachter berichtet, der Betroffene hört sich die Beschreibung der Situation an. Dann gehen alle mit den Listen in ihre eigenen Abteilungen und schauen ganz neu auf ihre Arbeitsbereiche. Der Gewohnheitsblick kann sich zu einer Wahrnehmung wandeln, die durch die „Bilder“ der Kolleg/innen geöffnet wurde. Die eigene Aufgabe ist es nun, sich für eine Sache zu entscheiden, die verändert oder verbessert werden soll. Dieses persönliche Projekt teilen sie dem Plenum mit. Dann wird ein Termin vier Wochen später vereinbart, an dem sich alle Teilnehmer/innen wieder treffen werden, um sich gegenseitig zu berichten, wie es ihnen mit ihrem persönlichen Projekt ergangen ist und ob sie es umsetzen konnten.

Diese Art der Zusammenarbeit ist die Grundlage für Lernpartnerschaften, in denen sich Kolleg/innen vernetzen und immer wieder miteinander in Austausch treten können. Den Arbeitsbereich des anderen wahrzunehmen und die Eindrücke so zu kommunizieren, dass sie in nachhaltige Verbesserungen münden, ist eine hochwirksame Übung, die immer wieder praktiziert werden kann. Durch die Wahrnehmung des anderen Ortes treten die Menschen automatisch in eine positive, zur Reflexion anregende Distanz zu ihrem eigenen „Revier“. Unser Ziel ist es, die Menschen nachhaltig dazu zu ermächtigen, ihren Lern- und Schulungsweg selbst zu bestimmen, und zwar sowohl das „Wohin?“ als auch das „Wie?“. Wir zeigen ihnen Möglichkeiten auf und geben ihnen Werkzeuge an die Hand. Alles Weitere liegt in der Initiative der Menschen selbst. „Erlösung“ kommt nicht vom Himmel auf uns nieder. Wir erreichen neue Ebenen nur, wenn wir selbst aktiv werden.

> Alles, was an Neuem auf der Erde sich vollzieht, muss sich durch den Menschen vollziehen. Es wird sich aber nicht vollziehen können, wenn die Quelle verstopft ist. Also verlange ich eine bessere Form des Denkens, des Fühlens und des Wollens. Sie sind die wirklichen ästhetischen Kriterien. Aber sie sind nicht nur bei den äußeren Formen zu beurteilen, sie sind schon im Inneren des Menschen selbst zu beurteilen und werden dann da anschaubar.
>
> Joseph Beuys

Dies ist ein schrittweiser Prozess und kein Quantensprung, wie er von manchen Motivationstrainern als Erweckung von einer Minute auf die andere versprochen wird. Der nachhaltige Erfolg dieses Prozesses wird durch mehrere Faktoren möglich:

Erstens überwinden wir die unsinnige Trennung von „Leben" und „Arbeit": Entwicklungen, die die Persönlichkeit zentral betreffen, werden in der täglichen Arbeit erübt. Und andersherum werden diese persönlichen Entwicklungen von Anfang an für die Steigerung der Qualität der eigenen Arbeit nutzbar gemacht.

Zweitens orientieren wir uns vom ersten Entwicklungsschritt an nach außen und arbeiten dialogisch. Lernpartnerschaften sind unerlässliche Hilfen auf dem persönlichen Entwicklungsweg und beschleunigen den Erfolg. Eigeninitiative und Vernetzung ergänzen sich.

Drittens schulen sich die Menschen nicht im Erreichen eines einzelnen operativen Ziels. Der Entwicklungsweg ist nach Erreichen solcher konkreter Ziele nicht beendet. Im Fokus unserer Strategie liegt vielmehr die Selbstermächtigung der Menschen zur Wahrnehmung und Reflexion sowie dem Transfer in das aktive Handeln.

Ich freue mich immer wieder am Feedback eines Metzgermeisters am Ende eines dieser Seminare. Ein Herr von etwa sechzig Jahren, kräftige Statur, zupackende Hände, saß mit verschränkten Armen in seiner weißen Arbeitskleidung mit langem Schurz und festen Arbeitsschuhen vor mir und sagte wörtlich: „Erstens wusste ich nicht, dass Wahrnehmung und Sehen verschieden sind, zweitens wusste ich nicht, dass man das schulen kann, und drittens wusste ich nicht, dass es so einfach ist."

Die Entdeckung von Liebe und Freiheit

Wahrnehmen und Handeln stehen in enger Wechselbeziehung. Die zwei Kraftpole, die diese Beziehung bestimmen, sind Liebe und Freiheit als elementare Dualität. Liebe und Freiheit sind Urqualitäten, die mein Denken, Fühlen und Handeln bestimmen. Der anthroposophische Kunstwissenschaftler und Philosoph Diether Rudloff, von dem ich im ersten Kapitel bereits kurz erzählt habe, formulierte diese Dualität, um die unterschiedlichen Wesen östlicher und westlicher Denktraditionen zu erfassen und zu einer Synthese der beiden zu gelangen. Ich habe die Formel von Liebe und Freiheit in meinem Sinne weiterentwickelt, da sie für mich die elementare Basis bildet, auf der ich als Individuum in einer Gemeinschaft aktiv sein kann. Liebe und Freiheit sind keine Polaritäten, sondern sich ergänzende Kräfte. Das ist Wahrnehmung und Reflexion, Hinwendung und freie Bestimmung des eigenen Standpunkts im organischen Zusammenspiel.

Liebe und Freiheit haben zwei verschiedene Richtungen: Liebe ist Nähe – in Liebe bewegen wir uns eher nach innen, treten in den intimen Bezug zu jemandem oder etwas. Egal, ob diese Hinwendung von positiven oder negativen Gefühlen geprägt ist, hier reiben wir uns an etwas, und diese Reibung erzeugt Wärme. Freiheit hingegen ist Distanz. In Freiheit streben wir nach außen und genießen den weiten Blick auf die Welt mit ihren vielfältigen Möglichkeiten. „Liebe und Freiheit" sind eine Dualität in Analogie zum beständigen Ein- und Ausatmen, in dem wir mit jedem Atemzug die Außenwelt in uns hineinholen und sie wieder hinausschicken. Sie begegnet uns in allen Bereichen unserer Existenz und bildet den Urgrund unserer Fähigkeit zur lebenslangen Veränderung in weltzugewandter Beweglichkeit.

Im Atemholen sind zweierlei Gnaden:
Die Luft einziehn, sich ihrer entladen.
Jenes bedrängt, dieses erfrischt;
So wunderbar ist das Leben gemischt.
Du danke Gott wenn er dich presst,
Und dank ihm wenn er dich wieder entlässt.

Johann Wolfgang Goethe

Im Wahrnehmungsprozess sehen wir diese Wechselbewegung deutlich am Werk: Mit unseren Sinnen wenden wir uns der Welt zu. Das ist die Bewegung des liebevollen Sich-Verbindens. Auch die primären Reaktionen und unbewussten Kräfte der Sympathien und Antipathien sind in ihrer untergründigen Unmittelbarkeit dem Liebespol zuzurechnen. In der Reflexion unserer Sinneseindrücke nutzen wir unsere Freiheit, einen Schritt von den Dingen zurückzutreten und unseren Blickwinkel zu wechseln. Nach diesem Schritt können wir uns wieder neu hinwenden.

Am Beispiel des Wahrnehmungsprozesses wird deutlich, wie Liebe und Freiheit in ihrem ständigen Wechsel ineinander verschlungen sind. Ich gebrauche für diese Konstellation das Bild einer liegenden Acht, die aus dem unendlichen Kreisen von innen nach außen und wieder zurück von außen nach innen gebildet wird. In dieser Wellenbewegung durchschreiten wir die Welt.

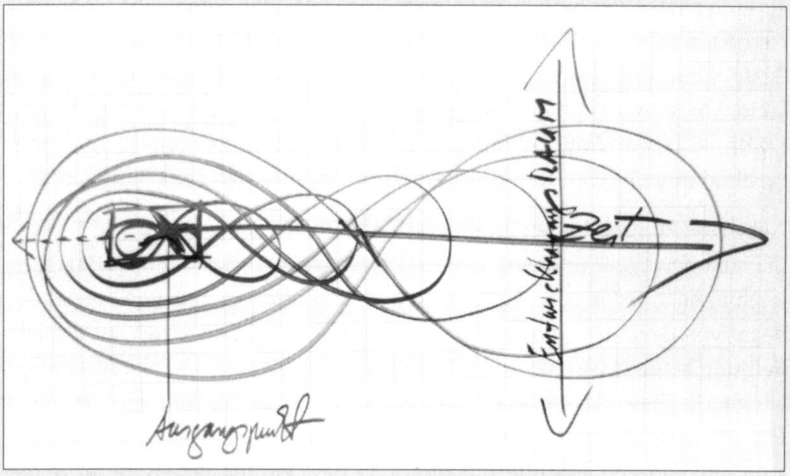

Abbildung 10: Die liegende Acht

Liebe und Freiheit sind als elementare Dualität in uns allen angelegt und bestimmen unser Leben. Gleichwohl wollen diese Kräfte immer wieder ins Bewusstsein geholt werden, um ihre volle Wirksamkeit zu erlangen. Unser Seminar im SB-Warenhaus ist für die Teilnehmer/innen ein Werkzeug, um in den operativen Routinen der alltäglichen Arbeitsabläufe die Gestaltungskräfte aufzurufen, die uns aus einem bewussten Handeln in Liebe und Freiheit zuwachsen.

In der bewussten Wahrnehmung verbinden sie sich neu mit dem vertrauten und dadurch paradoxerweise immer mehr an Präsenz verlierenden Ort ihrer Arbeit. Die erste liebevolle Annäherung des genauen Schauens, Hörens, Riechens etc. wird in eine Zeichnung übersetzt, woraus sich eine erste Objektivierung und Distanzierung ergibt. Im Plenum folgt dann die detaillierte Reflexion von außen, die einen großen Freiheitsraum eröffnet. Hier hat jeder Einzelne die Chance, über die von Respekt, also Liebe, geprägte Rückmeldung der Qualitäten durch seine Kolleg/innen eine neue Dimension der Wahrnehmung zu betreten. An diesem Punkt, wie auch in der anschließenden Rückkehr an den Arbeitsplatz, reflektieren die Menschen ihre Wahrnehmung, werden sich ihrer „blinden Flecke“ wie auch ihrer Sympathien und Antipathien bewusst und erweitern so ihren Freiheitsraum, aus dem heraus sie sich erneut den Dingen zuwenden können. Voraussetzung hierfür ist das aus den gemeinsamen Erlebnissen erwachsene Bewusstsein der Befreiung von Schuld und der Angst vor „Fehlern“.

So kommt der Prozess der „liegenden Acht" in Gang: intensive Hinwendung zur konkreten Arbeitssituation, Reflexion der eigenen Position, erneute Hinwendung und schließlich das Wagnis der Veränderung aus eigener Initiative. Es liegt auf der Hand, wie sehr diese Dualität aus reflektierter Wahrnehmung und Handlung das Commitment der am Prozess Beteiligten steigert. In der Eigeninitiative wird der ganze Mensch aktiv. Und nur in der Eigeninitiative wächst das Bewusstsein für das Unternehmen als Ganzes.

Das Ganze im Blick

In der Erkenntnis der tiefen Zusammenhänge unseres Fühlens, Denkens und Handelns werden die Grenzen der analytischen Weltsicht deutlich. Reflektierte Wahrnehmung ist synthetische, in mancher Hinsicht sogar synästhetische Wahrnehmung, und die konkrete Wahrnehmungssituation eröffnet ein Tor zur Erfahrung des Ganzen. Aber was ist dieses „Ganze" eigentlich? Eine wichtige Eigenschaft dieses Begriffs, so wie ich ihn verstehe, ist sicher die enge Wesensverwandtschaft von Kleinem und Großem, von Mikro- und Makrokosmen, welche uns unzählige Erfahrungsebenen des Ganzen in unserem unmittelbaren Lebensumfeld öffnet. Kein Mensch ist in der Lage, das „Ganze in seiner Gänze" zu erfassen – ganz einfach weil er Teil desselben ist.

Was wir also erfahren, ist der Zustand der Verbundenheit, einer unendlichen Bezüglichkeit der Welt, die sich uns im Ausschnitt des von uns Wahrgenommenen konkret offenbart. Johann Wolfgang von Goethe hat die Erfahrung des Ganzen beispielhaft beschrieben: Bekannt sind seine naturwissenschaftlichen Studien, die Farb-, Pflanzen- und Tierstudien, wo er auf der Suche etwa nach der „Urpflanze" immer wieder seine synthetische, ganzheitliche Wahrnehmung unter Beweis stellte. Eine Äußerung, die er in seinen jungen Jahren in einem kurzen Text über Architektur niederschrieb, ist für mich jedoch besonders treffend. Im Straßburger Münster war ihm das Gestaltungsprinzip, der „Geist" dieses gotischen Bauwerks, visionsartig bewusst geworden. Seine synästhetische, in allen Sinnen offene Wahrnehmung ist auf das Ganze und die in ihm wirksamen Kräfte gerichtet.

> Mit welcher unerwarteten Empfindung überraschte mich der Anblick, als ich davor trat! Ein ganzer, großer Eindruck füllte meine Seele, den, weil er aus tausend harmonierenden Einzelheiten bestand, ich wohl schmecken und genießen, keineswegs aber erkennen und erklären konnte …
>
> Da offenbarte sich mir, in leisen Ahndungen, der Genius des großen Werkmeisters. Was erstaunst du? Lispelt er mir entgegen. Alle diese Massen waren notwendig … Nur ihre willkürliche Größen hab' ich zum stimmenden Verhältnis erhoben …

> Wie über dem Haupteingang, der zwei kleinere zu'n Seiten beherrscht, sich der weite Kreis des Fensters öffnet, der dem Schiffe der Kirche antwortet und sonst nur Tageloch war, wie hoch drüber der Glockenplatz die kleineren Fenster forderte – das all war notwendig! Und ich bildete es schön …
>
> Wie frisch leuchtet' er im Morgenduftglanz mir entgegen, wie froh konnt' ich ihm meine Arme entgegenstrecken, schauen die großen harmonischen Massen zu unzählig kleinen Teilen belebt, wie in Werken der ewigen Natur bis aufs geringste Zäserchen alles Gestalt und alles zweckend zum Ganzen; wie das fest gegründete, ungeheure Gebäude sich leicht in die Luft hebt, wie durchbrochen alles und doch für die Ewigkeit!
>
> Johann Wolfgang Goethe

Unser zeitgenössisches Weltbild ist vom Wunsch nach Messen, Urteilen und Einordnen geprägt. Alles was sich dieser Prozedur entzieht, weil es sich nur in Qualitäten, nicht aber in Quantitäten erfahren lässt, erscheint uns oft unklar – eine Einigung über seinen genauen (Markt-)Wert ist kaum möglich. Quantitäten werden als primäre, Qualitäten dagegen nur als sekundäre Arten der Erfassung benutzt. Streng ist in diesem Weltbild die Grenzziehung zwischen „Hardware" und „Software", zwischen „Hard Skills" und „Soft Skills". „Weiches" und „Wandelbares" (Goethe spräche vom „Proteischen") lässt sich nicht mit dem Zollstock messen. Ebenso wenig sind die Veränderungsprozesse im „weichen Bereich" eindeutig quantifizierbar.

Das Ganze mit der Kraft von Liebe und Freiheit wahrzunehmen heißt, mit der Zukunft im Blick zu handeln. Ein Unternehmen ist ein in globale soziale, ökonomische und politische Zusammenhänge eingebundener Organismus. Es setzt sich aus Arbeitsgemeinschaften von Menschen zusammen, die in Struktur, Organisation und Zielsetzung Teil des Gesamtorganismus sind und zugleich in ihren Arbeitsprozessen diesen Gesamtorganismus repräsentieren. Dies bedeutet zum einen, dass die Ziele des Unternehmens auf allen seinen Ebenen präsent und im täglichen Handeln im Blick sein müssen. Zum anderen entscheidet sich die Entwicklung eines Unternehmens nicht nur auf seiner Führungsebene, sondern hängt von jeder einzelnen Mitarbeiterin und jedem einzelnen Mitarbeiter ab. „Mit dem Ganzen im Blick" zu handeln ist eine tägliche Arbeit, in der die Grenzen der Arbeitsteilung permanent im Bewusstsein überschritten werden. Der Zweck der konkreten Arbeit beschränkt sich nicht auf den physischen Radius der eigenen Arme.

3 Perspektivwechsel – Rollenwechsel

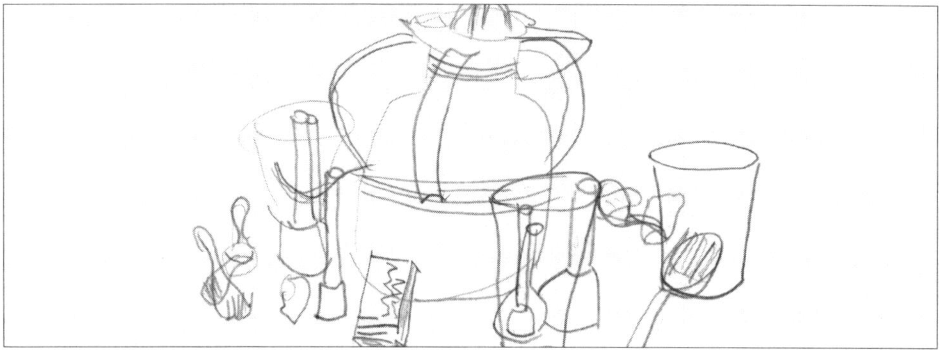

Im vorigen Kapitel habe ich mich intensiv mit der Wahrnehmung beschäftigt und gezeigt, wie wir über den beständigen Wechsel zwischen Sehen im Außen, Reflektieren des Bildes innen und Erneut-den-Blick-nach-außen-Wenden auf immer neue Ebenen der Wahrnehmung gelangen. Dafür habe ich das Bild der geschwungenen, liegenden Acht eingeführt. Wenn ich meine Wahrnehmung kontinuierlich trainiere, komme ich an einen Punkt, an dem ich die Welt nicht mehr als ein „Gegenüber" vor mir habe und distanziert auf sie schaue. Ich nehme sie stattdessen „bildlich" in mich hinein und entwickle dadurch eine zunehmend bessere Wahrnehmung und ein klareres Bewusstsein für die Funktion im Außen und die Rollen der anderen. Dies ist ein zentraler Baustein des Rollenwechsels.

Die Fähigkeit zum Rollenwechsel erwächst aus der Wahrnehmung und ist ein wichtiger Schritt zur Erkenntnis. Ich kann keinen wirklichen Rollenwechsel schaffen, mich nicht in den anderen einfühlen, bevor ich zu dieser Wahrnehmungsbewegung fähig bin. Erst dann kann ich spüren, was zum Beispiel ein Kunde benötigt, was mein Chef von mir erwartet, was meine Mitarbeiter/innen brauchen, an welchem Punkt sich mein/e Lebenspartner/in gerade befindet.

Auf der anderen Seite der Kaffeekanne

Wenn ich mich in mein Gegenüber einfühlen will, muss ich bereit und in der Lage sein, meine Perspektive zu wechseln, denn mein Gegenüber hat einen anderen Blick auf diese Welt. Das ist ein Wahrnehmungsschritt, den ich an ganz einfachen Dingen üben kann. Ein Beispiel aus der praktischen Arbeit ist die Erkundung der Kaffeekanne: Die Teilnehmer/innen setzen sich im

Kreis um eine Kanne, die in einem kleinen Arrangement von weiteren Gegenständen steht. Jeder soll sich dieses „Stillleben“ genau anschauen und zeichnen, was er sieht. Ein reiner Wahrnehmungsprozess, der durch das Zeichnen protokolliert wird.

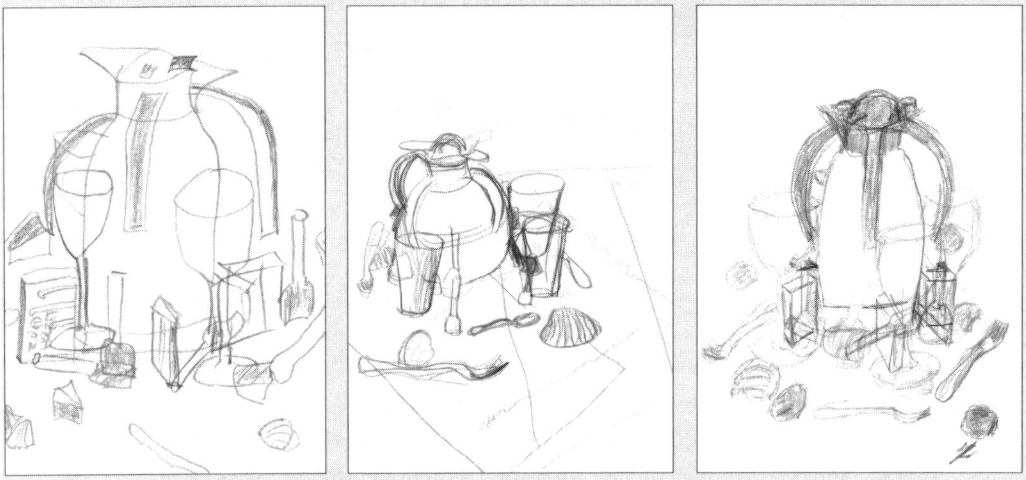

Abbildungen 11-13: Zeichnungen der Teilnehmer/innen

Dann fordere ich die Teilnehmer/innen auf, einen Viertelkreis weiterzurücken. Da steht natürlich immer noch die gleiche Kaffeekanne in der Mitte, aber sie erscheint nun aus einer anderen Perspektive, und die Dinge drumherum, die ich so platziert habe, dass manche von ihnen in einem bestimmten Blickwinkel vollkommen hinter anderen verschwinden, sehen ganz anders aus. Bei der Kanne selbst gibt es das Problem mit Tülle und Henkel: Ihr Bauch ist im Grunde aus jeder Perspektive gleich – bis auf diese zwei Irritationspunkte. Nun bitte ich die Teilnehmer/innen, auf dem gleichen Blatt weiter zu zeichnen – eine Aufgabe, die sie auf ganz unterschiedliche Weise lösen. Manche weigern sich dann einfach, an der Kanne weiter zu zeichnen, und ergänzen nur noch ein bisschen die Dinge, die man neu sieht. Manche fangen eine neue Zeichnung an, die sie neben die alte setzen, manche arbeiten aber auch in der gleichen Zeichnung weiter. Diese dritte Möglichkeit kostet Überwindung. Es braucht Mut, eine scheinbar fertige Zeichnung neu zu „öffnen“.

Die Teilnehmer/innen wechseln zwei-, manchmal auch dreimal ihren Standort im Kreis, je nachdem, wie schnell sie sind. Jeder Standortwechsel bedingt einen wirklichen Perspektivwechsel, der einen tieferen Einblick in die Natur der Dinge ermöglicht. Wenn wir im Rückblick diese Sequenz reflektieren, äußern sie häufig: „Dieser erste Wechsel – da war ein tiefer Widerwille. Als ich da ankam, habe ich gedacht: Nein, das will ich nicht!“

Wir alle sind davon überzeugt, dass unser Blickwinkel der „richtige“ ist. Diese Sicherheit macht es uns möglich, ins alltägliche Handeln zu kommen, und schränkt zugleich unseren Horizont radikal ein.

Diejenigen, die sich auf diesen Wechsel und die „Unvollendetheit“ ihres Bildes einlassen, indem sie einfach darin weiterarbeiten, erlangen meist beim zweiten und dritten Schritt eine große Gelassenheit, mit den Veränderungen umzugehen. Diese Teilnehmer/innen berichten häufig, dass sie ein Gefühl oder eine Ahnung von der Ganzheitlichkeit dieses Arrangements spüren – dem ganzheitlichen Wesen, das sie normalerweise nur partiell, in einem kleinen Ausschnitt wahrnehmen würden. Ich erinnere an Gertrude Steins Formel „The world is round“. Erst ein Perspektivwechsel ermöglicht es mir, das wirkliche Ausmaß und die vollständige Gestalt eines Wesens oder eines Sachverhalts zu erkennen. Im Transfer bedeutet dies, dass auch ich mich zu verändern habe, wenn ich ein Gegenüber erkennen will.

Zuweilen stöhnen die Teilnehmer/innen bei der gemeinsamen Bildbetrachtung, und ich höre Bemerkungen wie: „Das sieht ja irgendwie völlig unsinnig aus.“ Anfangs steht oft die Frage im Raum: „Was war jetzt richtig, wie hätte man es denn machen sollen?“ Wir schauen uns jedes Bild genau an und gehen den Wirkungen der unterschiedlichen Zeichentechniken nach. Im Laufe des Prozesses wird sichtbar, dass in den Zeichnungen, in denen „übereinander“ gezeichnet wurde, ein zeitliches Moment deutlich wird. Es erschließt sich eine weitere Dimension, und sowohl Veränderung als auch Bewegung werden sichtbar.

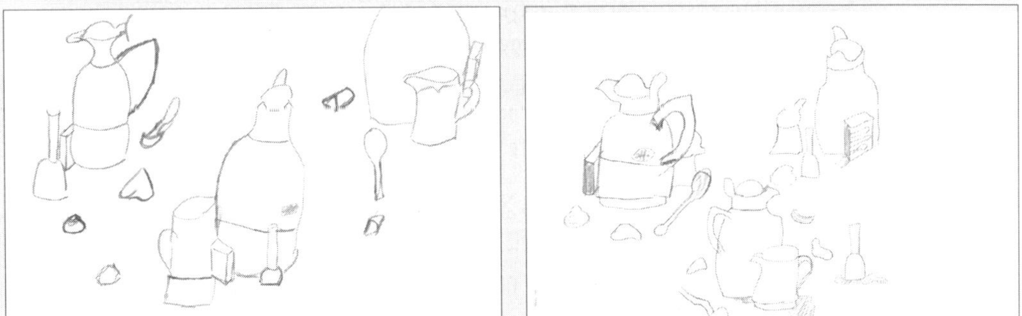

Abbildungen 14-15: Zeichnungen der Teilnehmer/innen

Die Teilnehmer/innen können erleben, dass das Objekt selbst eine Beweglichkeit gewinnt. Genau diese Beweglichkeit, welche in den Bildern sichtbar wird, brauchen wir in einem Gespräch, in dem wir einem Thema differenziert nachgehen und uns austauschen wollen. In den Bildern ist das visualisiert, was uns in einem Gespräch mittels Perspektiv- und Rollenwechsel die Kraft gibt, etwas in die Zukunft hineinbewegen zu können. Eine simple Addition verschiedener Blickwinkel bleibt starr. Zur Erkenntnis „The world is round" benötige ich den Mut, nicht nur das starr Faktische, das Nacheinander, zuzulassen, sondern das Lebendige des Atmosphärischen, welches im Übereinanderzeichnen ganz konkret sichtbar wird. Die Gegenstände bleiben, auch wenn ihre einfache, punktuelle Wiedererkennbarkeit eingeschränkt ist, immer im Bild, und dennoch muss ich sowohl als Zeichnender als auch als Betrachter sehr aufmerksam sein, um herauszufinden, welche Aspekte das Wesen der Kaffeekanne wirklich ausmachen.

Perspektivwechsel macht uns beweglich

Beweglichkeit zu lernen steht im Mittelpunkt dieser Sequenz. Das fällt uns allen meist nicht leicht, denn wir bleiben am allerliebsten bei unseren gewohnten Standpunkten. In der Sequenz hieße dies, dass ich nach der ersten Skizze zu zeichnen aufhöre. Die zweitliebste Möglichkeit ist das additive Prinzip: „Dann setze ich halt alles nebeneinander." Der optimale Weg jedoch, alle Perspektiven miteinander zu verbinden und damit eigentlich eine neue Welt zu schaffen, wird nicht selten als ziemlich lächerlich erlebt. Die Teilnehmer/innen kichern über ihre Zeichnungen, und es ist ihnen ein bisschen peinlich, wenn sie dann an der Wand öffentlich werden. Sie wirken wie lebendige Kreaturen, die etwas ganz Wesenhaftes besitzen.

In der Überlagerung wird der zeitliche Aspekt sichtbar: Raum und Zeit durchdringen sich in der Zeichnung, und wir nutzen die gleichen Formprinzipien, die Picasso und seine Künstlerkollegen im Kubismus entwickelt haben: Ansichten ein und derselben Person werden in unterschiedlichen Perspektiven in einer einzigen Figur zusammengefügt.

Wie kann es mir gelingen, alles, was ich in den Blick nehme, in meiner Wahrnehmung in Bewegung zu bringen? Als ersten Schritt stelle ich mir die Frage, welche Blickwinkel auf die Sache oder Situation es denn überhaupt gibt. Das Erkennen und Sammeln möglicher Blickwinkel ist die Grundvoraussetzung für ein ganzheitliches Bild und einen wirklichen kommunikativen Austausch. So komme ich der Frage näher, aus welcher Perspektive mein Gegenüber auf das Problem schaut.

Ein Beispiel: Der Controller und der Marketingspezialist eines Unternehmens sprechen über die Einführung eines neuen Produktes. Letzerer fordert für die Vermarktung des Produktes maximale Werbemittel. Der Controller fragt hartnäckig nach: „Ja, aber was kostet das?" Den Marketingspezialisten tangiert diese Frage nur sehr peripher, er will in seiner Strategie in die Vollen gehen. Um optimal zu entscheiden, müssen sich beide die Sicht des anderen ins Bewusstsein rufen. Der Marketingspezialist muss vom

Controller erfahren, wie das Budget insgesamt aussieht, auf wie viele Jahre die Maßnahmen angelegt werden. Der Controller muss vom Marketingspezialisten wissen, welche Strategie was bewirkt, welchen Zeitraum sie für optimale Effizienz benötigt und so weiter. So kann schließlich der eine immer für den anderen mitdenken und sich bei Konflikten bewusst machen: „Der sieht gerade nur den Henkel und ich sehe die Tülle. Ich muss ihm etwas von der Tülle erzählen und mir von ihm den Henkel beschreiben lassen!"

Das Zeichnen der Kaffeekanne ist eine Grundsequenz zum Thema „Rollenwechsel". Zum einen geht es darum, erst einmal zu erkennen, wie schwer es mir fällt, eine andere Perspektive einzunehmen, speziell wenn ich im Operativen gefordert bin. Zum anderen stellt sich uns hier die Frage: „Wie mutig bin ich, etwas Neues entstehen zu lassen? Etwas, das neben der Norm liegt?" Denn es wird immer etwas Neues entstehen, wenn ich mit meinem Gegenüber in eine solche Beweglichkeit eintauche.

Diese Sequenz wird im Training grundsätzlich in einen spezifischen Kontext eingebettet und darauf orientiert, wo die Frage im jeweiligen Unternehmen liegt. Der Transfer aus dem Erarbeiteten ergibt sich in der Praxis fast automatisch, speziell bei Führungskräften. In einem dieser Unternehmen ist es schon eine stehende Redewendung unter den Geschäftsführern, wenn sie merken, dass sie sich gerade an einem Punkt festbeißen: „Jetzt musst du aber mal auf die andere Seite der Kaffeekanne!"

In einem Seminar fand diese Sequenz eine besondere Fortsetzung: Führungskräfte nahmen einen Mitarbeiter in den Blick, eine Person, die sie fördern wollten, mit der sie aber im Moment ein Problem hatten. Sie schilderten sie aus ihrer Sicht, indem sie jeder für sich aufschrieben, wo ihre konkreten Reibungspunkte lagen. Dann setzten sie sich in Kleingruppen zusammen, und jeder las seine „Bildbeschreibung" vor. Die anderen teilten dann mit, was bei ihnen angekommen und was ihnen an der Beschreibung aufgefallen ist. Zuhörer, die selbst bereits ein ähnliches Erlebnis gehabt hatten, konnten mitteilen, welche Lösung sie damals für sich selbst gefunden hatten. So eröffneten sie sich gegenseitig neue Perspektiven und wagten sich an die Frage heran: „Was würde denn passieren, wenn ich mal das Gegenteil meiner aktuellen Strategie ausprobiere?"

Gemeinsam kreieren

Über den Perspektivwechsel im Dialog mit anderen Menschen erreichen wir ein hohes kreatives Potenzial. In verschiedenen Seminaren gehe ich daher von der Erkundung der Kaffeekanne weiter zur gemeinsamen Kreation einer Zeichnung oder eines plastischen Objekts. Diese Sequenzen sind den operativen Prozessen sehr nahe, in denen die Teilnehmer/innen in ihrem

Arbeitsalltag stehen, denn hier ist das verbindende, soziale Moment ebenso wichtig wie die gegenseitige Inspiration im gemeinschaftlichen Tun.

Intensive Dialogsituationen übe ich in verschiedenen Teambildungsseminaren in folgendem Rahmen: Zwei Teilnehmer/innen setzen sich gegenüber und werden aufgefordert, in einer Plastiziersequenz ein gemeinsames Symbol zu finden – zum Beispiel für ihre Abteilung oder für die Art ihrer Zusammenarbeit. Die beiden haben einen Tonklumpen zwischen sich, und ich bitte sie um zwei Dinge: Es soll etwas Erkennbares entstehen, und – sehr wichtig – sie sollen stumm, ohne jede verbale Kommunikation, arbeiten. Mit dieser Vorgabe beginnt meist der eine zu formen, der andere steigt in den Prozess ein. In der Arbeit ohne Worte ist Hinschauen und Hinspüren gefragt. Um zu einem gemeinsamen Symbol zu kommen, muss ich immer wieder Perspektive und Rolle wechseln und mich aktiv in den Gestaltungswillen meines Gegenübers hineinversetzen. Ich kann mich nicht darauf beschränken, den anderen nur zu beobachten, denn so bleibt es mir unmöglich, seine Intention zu erfahren.

Abbildungen 16-18: Plastiziersequenz

Die Teilnehmer/innen erleben, wie wichtig in dieser Situation die Fähigkeit der „Ahnung" ist, des bewussten Spürens, des Sinns für das Atmosphärische. Genau wie im überlagernden Zeichnen der Kaffeekanne überschreiten wir im gemeinsamen Modellieren die Grenze des Faktischen. Da nützt mir dann eben das abwartende Beobachten aus der Distanz überhaupt nichts mehr, da muss ich ahnen, wo mein Partner hin will, und wie aus unser beider Gestaltungswillen ein gemeinsames Werk entstehen könnte. Diese Situation ist eine sehr intensive Erfahrung. Sie wird häufig erst einmal als diffus und unklar erlebt und kann auch verunsichern, da die eigene Autonomie bewusst relativiert werden muss, wobei ich natürlich nicht wirklich der andere werden kann und soll. Im Geistigen wird es mir jedoch mit dem bewusst eingesetzten Werkzeug des Perspektiv- und Rollenwechsels möglich, mich so in den anderen hineinzuversetzen, dass ich seinen Willen intuitiv begreife.

Diese Sequenz hilft, die Fähigkeit der Ahnung zu üben. Im Arbeitsalltag, in operativen Prozessen muss ich gleichzeitig handeln und spüren – eine Fähigkeit, die Otto Scharmer „Reflection in action" nennt. Es gilt eine Balance zu finden: In den Perspektiv- und Rollenwechseln muss ich beim anderen und gleichzeitig auch bei mir selbst sein, sonst wird das gemeinsam Geschaffene ein fauler Kompromiss.

Wenn ich Bewusstsein für mich selbst und gleichzeitig für den anderen entwickle, so bemerke ich, wie sich die festen Grenzen unserer Individualitäten öffnen und der Zwischenraum zwischen uns zum verbindenden Fluidum wird. Bereits rund um die Kaffeekanne gewinnen Zwischenräume an Bedeutung. Sobald ich die Perspektive wechsle – im Gespräch genau wie in einer Handlung –, entsteht ein Zwischenraum, mal größer, mal kleiner, den ich bewusst durchmessen und trotzdem bei mir bleiben muss.

Die Auflösung der festen Grenzen und die Entdeckung des Zwischenraums machen diese Art von Perspektiv- und Rollenwechsel so „verdächtig" für viele Menschen, weil sie sich unvermeidlich aus dem scheinbar faktisch abgesicherten Urteil über andere Menschen herausbewegen. Denn sobald ich anfange, mich in einen anderen hineinzuversetzen, verliere ich meine starren Vorurteile. Indem ich dies mache, löst sich schon die Grenze, die feste Wand zwischen mir und dem anderen auf, und ich entdecke dieses ganz bewegliche Element, das da plötzlich im Zwischenraum auftaucht und ein Bestandteil meines Wollens wird.

Inspiration im Anderen

Abbildung 19: Malsequenz

In einer anderen Sequenz lasse ich zwei Menschen miteinander ein Bild malen. Hier geht es unmittelbar um das Wahrnehmen des anderen. Die beiden Partner arbeiten streng abwechselnd und stumm, ohne verbale Verabredung. Jeder ist zu größter Aufmerksamkeit angehalten: Was schafft der andere aus seiner Sicht der Dinge? Meistens gebe ich ein Thema vor, beispielsweise die bildnerische Darstellung von „Beweglichkeit“ oder „Meine Vorstellung von Führung“ oder auch „Was ist Schnelligkeit?“. Ich greife bewusst einfache Themen aus dem Alltag auf. Eine weitere grundsätzliche Vorgabe besteht in der Bitte, abstrakt zu arbeiten. Anders als beim gemeinsamen Arbeiten mit Ton steht hier nicht die haptische Wahrnehmung zur Verfügung, die die Gestaltung des Partners direkt mit der Hand spüren lässt und eine enge körperliche Verbindung herstellt. Hier gibt es nur das gemeinsame Bild, das nicht einfach mit den formenden Händen, sondern mit mehreren Mitteln – Pinsel, eine Auswahl von Farben, ein leeres Blatt Papier – geschaffen wird. Dies ist ein sehr intensiver, komplexer Prozess, in dessen Verlauf sich die Partner wirklich ineinander hineinversetzen müssen.

Dieser Prozess lässt größeren Handlungsspielraum und erfordert ein besonders feines Wahrnehmen des Gegenübers. Wenn dieser beispielsweise mit einer starken Setzung, etwa einer massiven roten Form, anfängt, und ich darauf eine Antwort geben soll, kann daraus leicht die Konstellation einer Kampfbeziehung entstehen, die jeden in seiner vom anderen distanzierten Haltung verharren lässt. Dann entstehen Bilder, die Trennungslinien haben, in denen beide Gestalter nur darauf achten, Terrain zu sichern. Es gibt aber auch das andere Extrem, dass beide sehr zurückhaltend an der Peripherie beginnen und jeder skeptisch schaut, was sein Partner denn jetzt vorhat.

Sobald ich dem anderen meine Aufmerksamkeit zuwende, muss ich mich entscheiden, ob ich nun in seine Rolle hineinschlüpfe und mich inspirieren lasse, oder ob ich gegen ihn ankämpfe und seinen Input konterkariere. Gerade im Hineinschlüpfen in die andere Rolle liegt jedoch das inspirierende Moment. Manche Teilnehmer/innen sind davon überzeugt, nicht malen zu können, und greifen oft zur schwarzen Farbe, weil sie denken, das Malen mit dieser Farbe wäre eher wie Zeichnen. Haben sie dann aber einen Partner, der ganz bunte Farben verwendet und diese frei und locker mischt, wagen sie sich langsam ins freie Spielen und entdecken plötzlich: „Huch, man kann ja aus Blau und Rot Lila machen!“ Wer lernen will, lässt sich inspirieren, schaut genau hin, was der andere macht, wie es im Bild wirkt, und fängt plötzlich auch zu mischen an.

Diesen Prozess rege ich bewusst an, indem ich nur die Grundfarben zur Verfügung stelle. Es gibt unendlich viele Möglichkeiten, differenzierte Farbtöne selbst zu erzeugen. Manchmal sind es auch gerade die Pastelltöne, die in der gemeinsamen Arbeit spontan entdeckt werden. Teilnehmer/innen sehen, wie ihr Partner Weiß in die Farben hineinmischt und so etwas ganz Feines, Lichtes zustande bringt. Dann stehen sie immer vor der Entscheidung, sich zurückzuhalten und bei ihrem Konzept zu bleiben, oder direkt in die Gestaltungsinitiative des Partners einzusteigen und etwas Neues darüber zu legen. Es gab schon Sessions, in denen sich die Teilnehmer/innen gegenseitig mit dem Pinsel kleine Gefechte lieferten.

Das Ziel ist nicht die absolute Harmonie auf dem Papier. Es gibt Dissonanzen, die sehr konstruktiv sein können. Manche Bilder wären langweilig, wenn nicht eine bewusste Dissonanz hineingebracht worden wäre. Entscheidend ist, dass beide sagen können: „Das stimmt so.“ Zwischen zwei Menschen ist sofort spürbar, ob etwas in bewusster Übereinkunft gemacht wurde oder aus Bequemlichkeit. Oder aber aus Kampflust, aus einer Kontra-Haltung. Diese Bilder sind meist sehr voll gemalt, weil man im Kontra den Endpunkt oft verpasst. Gerade der Moment des Abschließens ist sehr interessant. Im besten Falle hat er fast etwas Chorisches, in dem beide Partner zu einem für sich selbst und den anderen schlüssigen Ergebnis kommen und dies zur selben Zeit, sozusagen im Gleichklang spüren. Das wird aber nur möglich, wenn ich mir meiner selbst bewusst bin und mich zugleich öffne und auf mein Gegenüber einlasse. Hier sind wir direkt im Transfer auf das Unternehmen: Nur wenn ich mit den anderen wirklich in Verbindung trete, wird evident, wann ein Optimum erreicht ist und nicht nur den traditionellen Handlungsmustern Genüge getan wurde.

Schaffen und Abstand nehmen

Kürzlich habe ich in einem Dokumentarfilm die amerikanische Künstlerin Louise Bourgeois gesehen. Sie stand vor einer ihrer Arbeiten, einem wunderschönen Arm aus Marmor, und sagte ganz beiläufig: „Some things you have to look at and then you have to destroy them." Plötzlich wirft sie diesen Arm zu Boden, wo er in tausend Stücke zerbricht. Jeder, der diese Szene sah, war sicherlich geschockt. Mutwillige Zerstörung erschreckt uns aufgrund der destruktiven Energie, die ihr innewohnt, und macht uns auf radikale Weise die Vergänglichkeit und letztendlich auch unseren eigenen Tod bewusst. An dem Beispiel können wir jedoch auch die andere Seite der Zerstörung erfahren – das bewusste Abschiednehmen.

Louise Bourgeois ging in diesem Akt radikal auf Distanz zu ihrem Werk. Sie trat aus der Rolle der Schöpfenden heraus und betrachtete ihr Werk als abgeschlossen und nicht weiter entwickelbar. Die Zerstörung der eigenen Arbeit ist ein Extremfall, doch durchaus ein möglicher Ausgang, wenn wir uns in die Rolle des distanzierten Betrachters begeben. In diesem Rollenwechsel kam Louise Bourgeois für sich zu der Erkenntnis, dass sie in ihrer künstlerischen Entwicklung nicht weiterkommt, wenn sie nur am bereits Geschaffenen anhaftet. Bewusste Zerstörung als mögliche Konsequenz des reflektierten Rollenwechsels vom Schöpfer zum kritischen Betrachter ist immer auch Teil des schaffenden Prozesses.

Im aktiven künstlerischen Schaffensprozess – wie im Arbeitsleben – wechseln sich Passivität und Aktivität als Pole einer oszillierenden Wechselbewegung ab. Als Schaffender bleibe ich immer mit meiner Arbeit verbunden. Im bewussten Rollenwechsel trete ich aus meiner „Macherrolle" heraus und werde zum Betrachter. Hier habe ich dann den Zustand der „Reflection in action" erreicht.

Pingpong und die Hierarchien

Im Arbeitsleben ist wohl niemand wirklich autonom in seinem Tun. In einem Unternehmen arbeitet jeder für jeden, und jeder muss sich mit anderen Menschen austauschen. Oft wird jedoch nur heiß diskutiert und ein Rollenwechsel vermieden. Menschen, die beharrlich nur durch ihre eigene Brille auf die Welt schauen, neigen zur Diskussion in Form eines Schlagabtauschs mit halb bekannten Argumenten in einem Denksystem von Hierarchien, von Sympathien und Antipathien und Nebenschauplätzen, die mit dem Thema nichts zu tun haben. Solche Diskussionen haben viel Ähnlichkeit mit Pingpong: Ich stehe dem anderen am Tisch gegenüber, und mein Ziel ist es, ihm den Ball so scharf zu servieren, dass er ihn nicht mehr zurükkspielen kann. Die Bewegung besteht aus einem Hin und Her, das Ziel heißt „austricksen" – im Grunde das alte Spiel der Macht.

Wenn wir hingegen in den Rollenwechsel eintreten, geht es nicht um diese Art Diskussion, sondern um ein einfühlendes Spüren und klares Erkennen: Was steht eigentlich zwischen uns, womit beschäftigen wir uns wirklich? Dann öffnet sich zwischen uns ein Feld, auf dem wir gemeinsam arbeiten können. Wenn Pingpong-Spielern daran gelegen wäre, miteinander ein Spiel zu gestalten, das lange und schöne Ballwechsel zeigt, ginge es nicht mehr darum, wer die besseren Argumente hat, um den anderen zu übertreffen, sondern um ein gemeinsames Anliegen. Das Erlösende am Rollenwechsel ist, dass die Machtfrage keine „Rolle" spielt.

Leadership und Rollenwechsel sind keine Gegensätze. Macht verliert, wenn sie nicht an der richtigen Stelle auftaucht und auch wieder zurücktreten kann. Es gibt natürlich im operativen Alltag Situationen, in denen das Führen aus einer Hierarchieposition heraus das einzig Sinnvolle ist. Wenn ich hierarchisch führen will, muss ich jedoch meine Rolle dem anderen gegenüber klar definieren. Wenn ich als Führungskraft mit einer Mitarbeiterin oder einem Mitarbeiter nach dem Prinzip des Rollenwechsels spreche, habe ich darauf zu achten, dem anderen nicht Defizite vorzuwerfen, die ihn grundsätzlich von mir trennen, ihm beispielsweise vorzuhalten, dass er es aus seiner begrenzten Position heraus ohnehin nie verstehen wird, warum ich ihm jetzt einen Auftrag von oben erteile.

Als Führungskraft nach dem Prinzip des Rollenwechsels ist es meine Aufgabe, Bewusstsein für seine Rolle zu haben, seine Sicht auf die konkreten Details wahrzunehmen und ihm die darüber hinaus relevanten Zusammenhänge transparent zu machen. Er wiederum sollte sich eingeladen fühlen, in meine Rolle zu schlüpfen. So kann er wahrnehmen, dass sich meine Position nicht gegen seine sachbezogene Kompetenz richtet, sondern vielmehr die Kenntnis des konkreten Details für mich wichtig ist. Hier eröffnet sich über Hierarchien hinweg ein gegenseitiger Lernraum. Wenn wir Hierarchien, welche oft mit Kompetenzfeldern zu tun haben, in der Begegnung wahrnehmen, erfahren wir etwas über das Feld, in dem sich der andere befindet.

So lerne ich viel über die Welt des anderen und gebe ihm zugleich die Chance, etwas über meine Welt zu lernen. Eine der ersten Konsequenzen dieses Handelns ist, dass es hier keinen Raum für Schuldzuweisungen in einer isolierten Ich-Position mehr gibt. Es ist jedoch zu beachten, dass wir nicht nur scheinbar in die Rolle des anderen gehen. Mitarbeiter/innen dazu anzuhalten, sich in die Gedanken ihres Chefs einzufühlen, wenn dieser ihnen nicht mit der gleichen Bereitschaft zum Rollenwechsel gegenübertritt, wird den Prozess nicht voranbringen. Alle müssen bereit sein, einmal auf die „andere Seite der Kaffeekanne" zu wechseln. Einbahnstraßen führen hier nicht zum Erfolg.

Schnelle, klare Entscheidungsfindung gehört zu den Kernqualitäten von Leadership. Der Rollenwechsel scheint auf den ersten Blick diesen Prozess zu hemmen. Dem ist aber nicht so. Wenn wir die Fähigkeit zum Rollenwechsel üben und permanent kultivieren, wird das „Reflecting in acting“ genau wie die reflektierte Wahrnehmung zur Gewohnheit. Es bleibt nur eine minimale Zeitverzögerung, welche zu vernachlässigen ist im Hinblick auf den Zugewinn, den der „Besuch“ auf der anderen Seite für mich bedeutet.

Mit dem Erwachsenen-Ich in den Dialog

Bewusst in den Rollenwechsel zu gehen heißt, das Diskutieren hinter uns zu lassen und einen Dialog zu beginnen. Rollenwechsel im Dialog heißt, sich einlassen auf das, was der andere sagt, mich in ihn hineinzuversetzen und nicht sofort wie in der Diskussion das Visier herunterzuklappen, mein Schwert zu ziehen und innerlich auszurufen: „Herr, lass dieses Argument an mir vorübergehen.“

Kreativität wächst im Dialog. Wir kennen wohl alle die Behauptung: „Eine gute Idee kann auch zerredet werden. Man muss sie nur lange genug hin und her drehen, dann bleibt nichts mehr von ihr übrig.“ Falsch! Mit jeder Wendung kommt etwas hinzu. Goethe sagte: „Was ist herrlicher als Gold? Das Licht. Was ist erquicklicher als Licht? Das Gespräch.“ Zum Thema des Dialogs begegnen mir in der Kunst vielfältige Verwirklichungen, eine der beeindruckendsten ist für mich das Leben und Werk von Joseph Beuys, mit dem mich drei zwar kurze aber sehr nachhaltige persönliche Begegnungen auf eine besondere Art und Weise verbinden. Beuys‘ Sprechen, Fragen und Hören in seinem erweiterten Kunstbegriff hatten großen Einfluss auf mich, und in unseren Begegnungen war es gerade seine Art zu fragen, die mich unmittelbar aus meiner gewohnten Positionierung heraushob. Als paradigmatische Verwirklichung des Dialogs betrachte ich innerhalb seines Gesamtwerks den Beitrag zur Documenta 5 im Jahr 1972.

Joseph Beuys (1921-1986) stellte auf der Documenta 5 kein Werk im klassischen Sinn aus. Sein Beitrag bestand vielmehr in der Einrichtung und Unterhaltung des Büros einer Initiative, die er zusammen mit Johannes Stüttgen 1971 ins Leben gerufen hatte, die „Organisation für direkte Demokratie durch Volksabstimmung“.

100 Tage lang – während der gesamten Laufzeit der Documenta 5 – war Joseph Beuys in dieser Ausstellung persönlich anwesend und setzte die Ziele seiner Organisation für direkte Demokratie praktisch um: Er sprach praktisch permanent mit den Besuchern der Ausstellung, und zwar mit allen, die daran Interesse hatten. Politische, gesellschaftliche und kulturelle

Themen – Politik und Wirtschaft, Geld und Kunst – wurden im täglichen Gespräch erörtert und reflektiert.

Mit dieser Arbeit wie auch mit der Organisation für direkte Demokratie, die bis heute existiert, überschritt Beuys entschieden die Grenze zwischen Kunst und Politik und trug unmittelbar nachvollziehbar sein Plädoyer für eine Kunst vor, die gesellschaftliche Relevanz und ein hohes politisches Veränderungspotenzial besitzt.

Der hunderttägige Dialog auf der Documenta 5 ist eine der wichtigsten Umsetzungen von Joseph Beuys' „Erweitertem Kunstbegriff", der die Schaffung von „Sozialen Plastiken" anstrebte. Mit diesem Begriff rückte Beuys die menschliche Interaktion, das Prozesshafte von Kunst in den Vordergrund und stellte fest: „Das Atelier ist zwischen den Menschen."

Ein Dialog ist eine Begegnung, in der alle Beteiligten auf derselben Ebene miteinander kommunizieren. Hier vermittelt uns die Transaktionsanalyse wichtige Erkenntnisse. Wenn zwei Menschen miteinander zu tun haben, begegnen sich nicht nur unterschiedliche Weltbilder und Meinungen, sondern oft auch konträre Bewusstseinshaltungen und Aspekte unserer Persönlichkeiten. Mich in den anderen hineinzuversetzen ermöglicht mir zu sehen, aus welcher Haltung heraus er spricht. Wenn er zum Beispiel in seinem Kind-Ich zu mir spricht, muss ich ihm nicht in meinem kritischen Eltern-Ich antworten. Ein „Ich kann das nicht" fordert kein „Sie haben keine Lust dazu". Besser verbinde ich mich mit seinem Kind-Ich als Ausgangspunkt seiner Äußerung, reflektiere seine Haltung und lasse mich nicht auf der Ebene einer unmittelbaren Replik mit ihm ein. So kann ich ihm mit meinem Erwachsenen-Ich antworten. Wenn ich das nicht mache, bin ich nur verärgert, weil ich lediglich auf das reagiere, was dieser Mensch spontan in mir auslöst. Eine solche Situation eskaliert leicht. Wir können hier nicht mehr zu einem gegenseitigen Verständnis kommen, weil wir die Ausgangspunkte nicht verstanden haben.

Die Transaktionsanalyse wurde Mitte der 1950er Jahre von dem nordamerikanischen Psychiater Eric Berne (1910-1970) entwickelt. Wie alle Psychiater dieser Zeit, die sich mit Psychotherapie befassten, hatte auch Berne einen psychoanalytischen Hintergrund. Aus Unzufriedenheit mit der langen Behandlungsdauer, die diese Methode mit sich bringt, hat er Ende der 1940er Jahre begonnen, einen eigenen psychotherapeutischen Ansatz zu entwickeln, die sogenannte Transaktionsanalyse. Sein Ziel war es, eine einfache, leicht begreifbare Theorie und handliche Methode zur Therapie zu entwickeln, die auch für Laien verständlich sein sollte.

> Heute gilt die TA einerseits als Theorie, welche die menschliche Persönlichkeit abbildet und menschliches Verhalten und zwischenmenschliches Geschehen erklärt, und andererseits als Methode zur Analyse und Entwicklung der Einzelpersönlichkeit, zur Selbsterfahrung des inneren Erlebens und zur Veränderung von Kommunikationsprozessen. Das transaktionsanalytische Konzept findet heute über die Therapie hinaus Anwendung in der Beratung, Erwachsenenbildung, im Management- und Personaltraining und in der Organisationsentwicklung.
>
> Den Kern der TA bildet das dreiteilige Ich-Zustands-Modell der menschlichen Persönlichkeit: der Eltern-Ich-Zustand, der Erwachsenen-Ich-Zustand, der Kind-Ich-Zustand. Dieses Modell geht von drei unterscheidbaren Grundbereichen seelischen Erlebens aus. Dies sind diejenigen Anteile, aus denen heraus Menschen wahrnehmen, fühlen, denken und handeln.
>
> Kornelia Blasberg

Über die aktive Reflexion meiner Rolle und der Kommunikation im Erwachsenen-Ich werde ich im Dialog zu einem autonomen, selbstbestimmten Menschen, der nicht in Automatismen und unreflektierte Spontanreaktionen verfällt. Nehmen wir etwa die tendenziöse Betonung einer an sich sachlichen Botschaft, mit der jemand etwas anderes ausdrückt, als er wortwörtlich sagt. Hier reagieren wir häufig viel stärker auf das Wie als auf das Was der Botschaft. So stecken wir mitten in Hierarchien, Sympathien und Antipathien und haben die „Kaffeekanne“ überhaupt nicht mehr im Blick.

Feldbewusstsein

Über den Rollenwechsel erkenne ich nicht nur, was im Zentrum des Gesprächs steht, sondern ich werde mir auch des Feldes bewusst, in dem unser Dialog eingebettet ist. Meine Wahrnehmung wird räumlich. Wenn ich dagegen unbeweglich in meiner Rolle verharre, habe ich kein Raumerlebnis. Ein einfaches Beispiel: Mehrere Menschen stehen im Kreis. Was nimmt jeder Einzelne von ihnen wahr? Den Mittelpunkt des Kreises. Wenn die Gemeinschaft nur nach innen, in die Mitte schaut, öffnet sich jedem Einzelnen eine extrem begrenzte Perspektive. Wenn ich zu einem von ihnen sagen würde, in diesem Raum gibt es eine Lampe, die steht hinter der Säule, so müsste er aus seiner Perspektive sagen: „Nein, hier gibt es keine Lampe“, weil er sie von seinem Standpunkt aus einfach nicht sehen kann. Das ist die Ausgangssituation für ein Gespräch in Form einer konträren Diskussion – in gesellschaftlichen Prozessen ebenso wie im Unternehmen.

Sobald sich die Menschen aber im Kreis zu bewegen beginnen und die Perspektive wechseln, entdecken sie für sich jenen Raum, der zuvor „irgendetwas da hinten“ war, also ihre Rückseite. In einem Kreis ist, auch wenn es anfangs völlig unklar war, dieses „Peripheriebewusstsein“ ebenso wichtig wie das anfangs dominierende „Zentrumsbewusstsein“, denn zwischen diesen beiden lebt der Kreis. In einem Seminar erlebten wir einmal die Peripherie in der Bewegung ganz besonders intensiv. Unsere konkrete Peripherie war nämlich ein ziemlich langer, schmaler Raum. So hat sich unsere Kreisform in der Bewegung immer abwechselnd zusammengezogen und ausgedehnt. Es wurde direkt erfahrbar, dass auch eine so klare Form wie der Kreis permanent von außen beeinflusst wird. Es gibt immer ein Außen, das Einfluss auf uns hat.

Diese Sequenz war der Beweis, dass die Peripherie permanent mitgestaltet. Wenn mir das Bewusstsein der Peripherie fehlt und ich den Rollenwechsel nicht wage, dann spüre ich nicht, dass hinter mir auch noch etwas ist. Ich folge zwar der Form, weiß aber nicht, wie sie zustande kommt. Die individuelle Bewegung der Kreisform hingegen öffnet den Horizont. Die aktive Erfahrung macht den Unterschied: Denn erst durch die eigene Bewegung wird der Kreis zum Kreis und der Raum zum Raum. Entscheidend ist, im Positionswechsel die Kontinuität des Bewusstseins zu bewahren. Das nenne ich bewusstes Agieren, anderenfalls sind wir ohne Bewusstsein der Situation und fliegen von einem Segment ins andere.

Mein Bewusstsein für das soziale Feld entsteht, indem ich mich als Agierende wahrnehme, indem ich mich mit den anderen im Raum auseinandersetze und den Kontext reflektiere, der mich umgibt. Im Rollenwechsel durchdringe ich mehrere Dimensionen.

Hier noch einmal ein Wort zur Hierarchie: Hierarchisches Führen, so wichtig es sein kann, hat prinzipiell nichts mit Feldbewusstsein gemein. Die Bewegung geht nur von oben nach unten, und die peripherischen Bereiche – der Horizont – sind ausgeblendet. Will man jedoch die nicht hierarchische Begegnung zwischen Erwachsenen-Ichs, kann es keine Vertikalität mehr geben. Wir treffen uns auf einer Ebene. Analog verhält es sich mit der hierarchisch ausgerichteten Subversion. Ein neues Element bildet diesbezüglich jene grenzüberschreitende Bewegung, die ich als „Interversion“ bezeichnen möchte: Letztere ist vom Bewusstsein des Feldes getragen und ermöglicht nachhaltige Veränderungen.

Feldbewusstsein ist in der Wirtschaft überlebenswichtig. Im Einzelhandel etwa haben wir deutliche Beispiele, was geschieht, wenn nur noch in den Kategorien „schnell“ und „billig“ gedacht und gehandelt wird. Die Frage „Was passiert als Konsequenz meines jetzigen Handelns in fünf Jahren?“, die sich im Feldbewusstsein zwingend stellt, wird hier verdrängt. Die nicht abreißende Serie von Lebensmittelskandalen ist nur ein Phänomen. Die Konsequenzen für die Landwirtschaft reichen noch weiter und offenbaren tiefergreifende Zusammenhänge: Den Menschen werden Waren geliefert, die ohne Feldbewusstsein produziert worden sind, industriell erzeugtes Fast Food von minimaler Qualität. Hier wird weder auf die Wiesen und Äcker noch auf die Menschen und Tiere geachtet. Aus dieser Perspektive ohne Feldbewusstsein ist es logisch, dass die Fleischhändler fahrlässig mit ihren Waren umgehen. Und Kunden, die nur noch auf den Preis schauen und Fertigprodukte vorziehen, bei denen die starke Würzung die Qualität des Fleisches geschmacklich überlagert, machen es den Händlern einfach. Im Gegensatz dazu bedeutet Feldbewusstsein immer Nachhaltigkeit.

Abbildung 20: Kreis und Peripherie

Die Entdeckung der Zwischenräume

Das Bewusstsein des gemeinsamen Feldes, in dem wir uns bewegen, erlangen wir über die Entdeckung des Raumes um uns herum, die Peripherie, und des Raumes, der uns miteinander verbindet, den Zwischenraum. Der Zwischenraum als Ort der Bewegung und Begegnung existiert in vielerlei Form in unserem Bewusstsein ebenso wie im sozialen Feld, das uns alle verbindet. Zwischenraum öffnet sich, wenn Grenzen fallen. Das Verharren in der Getrenntheit erzeugt ein Vakuum, das im Gegensatz zum Zwischenraum einfach nur isoliert.

Bewegung erfordert Zwischenraum. Je mehr Menschen in einem Raum sind, desto unbeweglicher wird jeder Einzelne im Physischen. Aber oft haben wir mehr Zwischenraum zur Verfügung als es uns scheint. Es gibt zahllose Beispiele für das Prinzip des Zwischenraums in allen möglichen Materialien bis in den Mikrobereich hinein. Selbst in unseren Knochen ist überall Zwischenraum. Ein wunderbares Beispiel für die Anwesenheit des Zwischenraums stammt aus einer anonymen Geschichte. Man füllt ein großes Glas bis oben mit Golfbällen. Die Frage an die Betrachter, ob das Glas nun voll sei, wird natürlich allgemein bejaht. Dann werden Kieselsteinchen nachgefüllt, und alle staunen, wie viele darin auch noch Platz haben. Unvorstellbar, dass da noch etwas reinpassen soll, und doch rieselt nach den Kieseln auch noch eine erstaunliche Menge Sand hinein. Und wenn Sie denken, nun sei das Glas endgültig voll, dann gießen Sie jetzt Wasser in das Glas: Es ist wirklich verblüffend, wie viel Wasser da noch hineinpasst!

Dieses Beispiel zeigt uns, dass wir genau hinschauen müssen, wenn wir den Eindruck haben, dass etwas nicht mehr beweglich und ein Zwischenraum nicht vorhanden sei. Es ist eine Frage der Aufmerksamkeit, wohin ich meinen Blick richte. Die Menge des wahrgenommenen Zwischenraums hängt von der Größe seiner Bezugspunkte ab. Wo für die Bälle nichts mehr geht, haben die Kieselsteine freies Spiel. Es existiert keine absolute Quantifizierung eines Zwischenraums. Den abstrakten Zwischenraum gibt es nicht – Zwischenraum ist nur zwischen Bezugspunkten möglich. Der Zwischenraum eröffnet sich uns erst, wenn wir das Ganze als Feld betrachten. Feldbewusstsein drückt sich in unserem Beispiel in folgender Überlegung aus: Wenn dieser Raum mit Golfbällen gefüllt ist, gibt es vielleicht andere Materialien, mit denen ich noch frei agieren kann. Es gibt bis in den atomaren Bereich nichts, das so verdichtet ist, dass da nichts mehr zu bewegen wäre.

Die Zwischenräume sind es, in denen sich die lebendigen Prozesse abspielen. Ohne Zwischenräume erstarrt alles. Ich komme noch einmal auf meinen Gedanken zurück, dass Macht verliert, wenn sie nicht nur partiell auftaucht und dann wieder abtaucht. Rigide, unbewegliche Machtstrukturen lassen keine lebendigen Zwischenräume zu, machen Feldbewusstsein unmöglich und führen zur totalen Erstarrung. In einer größeren zeitlichen Dimension betrachtet, wird das Erstarrte, das im Moment oft so schmerzhaft langlebig erscheint, absterben. Totalitäre Systeme wie Faschismus oder Stalinismus haben das gezeigt. Für Unternehmen gilt das Gleiche: Das Starre ist auf die Dauer nicht lebensfähig.

> Der Mensch ist eine fertige Form, wie er vor uns steht. Aber diese fertige Form ist aus Bewegung hervorgegangen.
>
> Nicht das Bewegte geht aus dem Ruhenden, das Ruhende geht ursprünglich aus dem Bewegten hervor.
>
> Rudolf Steiner

In der Wirtschaft ist es gerade in der Produktentwicklung oberstes Gesetz, nicht in Starre zu verfallen und sich monolithisch nur einer Sache zu widmen. Ein gutes Beispiel, welches ich persönlich kennenlernen durfte, ist das Unternehmen Barthels-Feldhoff in Wuppertal – früher wie heute einer der führenden Schnürsenkelhersteller Europas. Allerdings ist bei diesen Produkten der Preisdruck aus fernöstlicher Importware erheblich. Diese Firma gäbe es schon lange nicht mehr, wenn sie nur dieses Produkt fabriziert und nicht irgendwann gefragt hätte, was sie eigentlich herstellt: Schmaltextilien! Daraus erwuchs die Überlegung, in welchen Bereichen Derartiges gebraucht wird. Dieses Unternehmen bietet heute eine breite Produktpalette von Hightech-Schmaltextilien und hat sich auch jenseits der Textilbranchen neue interessante Nischenmärkte im technischen Bereich erschlossen.

Im selben Unternehmen wurde darüber nachgedacht, welchen Bedarf die Menschen neben Schnürsenkeln im Schuhbereich haben. So stellt es heute alle Spielarten von Schuhsohlen her, Ledersohlen, Thermosohlen, Geruchskillersohlen und viele andere, die jeder von uns kennt, da sie unter verschiedenen Labels verkauft werden. Diese Beweglichkeit im Unternehmerischen meine ich. Ohne die Fähigkeit zum Perspektivwechsel rund um das ursprüngliche Produkt und seinen Markt wäre dieses Unternehmen erstarrt und heute tot – wie so manche in dieser Region.

Der Mangel an Beweglichkeit in vielen Bereichen beschäftigt mich schon lange. Ich leide unter der erschreckenden Beständigkeit von Traditionen, die nicht in dieser Beweglichkeit sind und in keine Reflexion gebracht werden. Viele meiner Ideen entspringen dieser konstruktiven Unzufriedenheit. Unreflektierte Traditionen begleiten unser aller Leben. Fast alle finden wir uns in unserer Biografie auf Holzwegen wieder, die unter energetischen Gesichtspunkten unnötig sind und auf denen wichtige Ressourcen vergeudet werden. Es gehört zu unserer aller Wirklichkeit zu erleben, wie erstarrte Strukturen unablässig Normen vorgeben und es uns erheblich erschweren, unseren eigenen Weg zu gehen. Hier ist keine Kreativität möglich. Mich hat dieses Leiden an der Starre zur Kunst geführt und dazu, das in der Kunst Erfahrene auf alle alltäglichen Bereiche und in das Wirtschaftsleben zu übertragen und somit das A.R.T.-Prinzip in laufenden Prozessen in der konkreten Beratungsarbeit in der Wirtschaft herauszuarbeiten.

Stampf Dir die Zeit aus den Rippen und leg Dich quer im tosenden Fluß und schaff Deine eigenen Strudel.

ms200009241

Die Beweglichkeit zu Perspektivwechsel und Rollentausch lässt uns Dinge besser entwickeln als Menschen, die viele Jahre dieses Potenzial nicht oder kaum aktivieren. Bei Führungskräften macht es mich regelrecht nervös mitanzusehen, wenn sie nicht mehr mit der Realität verbunden sind und das Unternehmen nicht mehr wirklich anschauen. Sie fassen Beschlüsse auf der Grundlage der Rückmeldungen ihrer Mitarbeiter/innen, welche jedoch häufig von Angst diktiert sind. Sie haben kein eigenes Bild von der anderen Seite der Kaffeekanne, weil alle nur sagen: „Ja, die Kanne hat nur diese Tülle hier, klar Chef!" Auch wenn die Mitarbeiter/innen zehnmal auf den Henkel schauen. Hier gibt es keinen Raum für Neuentwicklungen.

Dabei ist Veränderung immer möglich. In der Politik, im Sozialen, im Interkulturellen und besonders in der Wirtschaft – in vielen operativen Prozessen, in der Dienstleistung wie in der Produktion – haben wir immer etwas außerhalb unserer selbst, mit dem wir uns perspektivisch verbinden können. Deshalb ist es so nahe liegend, die Wirtschaft als Lernfeld für tief greifende nachhaltige Veränderungen zu nutzen. Es funktioniert schnell, und die Menschen merken, dass sie zu fundamental besseren Ergebnissen kommen.

Keine Angst vor der Veränderung!

Jede Veränderung erfordert persönliche Anstrengung, jeder Veränderung geht ein Entwicklungsweg voran. Manchmal ist es eine persönliche Bequemlichkeit, manchmal die Angst vor Autoritätsverlust und Handlungsunfähigkeit, die uns hemmt. Wenn ich meine Prinzipien hinterfrage oder reflektiere, kann die Frage auftauchen, ob ich nun noch ebenso autoritär, selbstbestimmt, handlungsfähig bin wie zuvor. Die Angst, die Menschen davor haben, dass ihnen in ihrer Veränderung die vertraute Welt verloren gehen könnte, lebt von der Schwierigkeit, mit Unklarheiten und mit der Auflösung gewohnter Strukturen umzugehen oder sie zu tolerieren. Ich möchte diesen Zustand mit dem Begriff der Diaphanität beschreiben. Das ist jene halbdurchsichtige Vielschichtigkeit, die die Wände gotischer Kathedralen bestimmt, wo mehrere, vielfach durchbrochene und voreinander gestellte Wandelemente mit einer sehr schlanken Tragekonstruktion verbunden sind und so unglaublich belebt und leicht wirken.

Die Prinzipien, Werte und Überzeugungen, mit denen wir uns in der Welt zurechtfinden, sind für mich wie diese halbdurchsichtigen Wände: Sie lassen etwas von der Welt draußen zu mir herein, blockieren aber auch viel. Und zugleich sind sie die tragenden Mauern meines Bewusstseins. Der schrittweise Weg durch die Schichten nach draußen zu einer intensiven und möglichst vorurteilsfreien Wahrnehmung und damit zum Tiefengrund der Welt führt für mich über die konsequente Selbstreflexion. An jeder dieser diaphanen Wände begegnen wir uns selbst, unseren Vorurteilen und Ängsten, den Barrieren in unserem Bewusstsein. Daher ist die Selbstreflexion unser Weg durch die Barrieren. Wenn wir zum Tiefengrund vordringen wollen, müssen wir auf dem Weg dorthin alle Schichten mitnehmen. Wir müssen unsere Angst überwinden, dass hinter der ersten Wand nichts mehr kommt. Erst dann sind wir frei.

Um den Perspektivwechsel, mit dem wir unseren Weg beginnen, überhaupt zulassen zu können, müssen wir die Sicherheit haben, dass es keine „Fehler" gibt. Es gilt die Polarität loszulassen, in der der eigene Standpunkt richtig und der des Gegenübers automatisch falsch ist. Es gibt hier kein „falsch" und „richtig", nur ein „anders". Natürlich sieht die Kaffeekanne von jeder Seite anders aus. Wenn Menschen nicht bereit zum Perspektivwechsel sind, spricht der eine über die Tülle, der andere über den Henkel, und der mit der Tülle sagt: „Der Henkel ist falsch, der muss weg!", weil er ihn nicht sieht und seine Notwendigkeit nicht begreift.

Wenn Michael J. Kolodziej, Geschäftsführer bei dm-drogerie markt, sich selbst im fünften Kapitel dieses Buches als einen „Ermöglicher" beschreibt, dann meint er damit seine Rolle als Führungskraft, in der er seine Mitarbeiter/innen dazu ermuntert, mal auf die andere Seite der Kanne zu gehen. Oder auch mit ihm zusammen einmal drum herum zu wandern. Und das in einer Atmosphäre des Vertrauens. Das ist der entscheidende Lernschritt: jemanden auf die andere Seite mitzunehmen. Das Feld zu öffnen heißt für alle Beteiligten erst einmal wirklich dabeizubleiben. Alles Weitere passiert danach von selbst, wenn von allen Beteiligten die Anstrengung erbracht wird, sich die gewonnenen Erkenntnisse bewusst zu machen und sie auszusprechen. Natürlich darf uns dabei nie aus dem Bewusstsein schlüpfen, wie äußerst sensibel dieser zwischenmenschliche Prozess ist.

Ich kann hier nur noch einmal zu dem Metzgermeister des großen Warenhauses zurückkehren, über dessen Gedanken zum Thema Wahrnehmung ich im zweiten Kapitel ja schon berichtet habe. Er sagte: „Erstens wusste ich nicht, dass es das gibt, zweitens wusste ich nicht, dass ich es lernen kann, und drittens wusste ich nicht, dass es so einfach ist." Das trifft genauso auf den Perspektiv- und Rollenwechsel zu. Viele Menschen denken: „Ja, eigentlich kennen wir das!" Ein Vorstand meinte: „Das haben wir eigentlich gewusst, Frau Stollsteiner, aber dass ich solche Schwierigkeiten habe, innerlich, diesen ersten Wechsel zu machen! Da bin ich mir wahrhaftig selbst begegnet, da habe ich erlebt, wo mein Widerstand liegt." Das ist der wichtige erste Schritt in der Erkenntnis. Diese Irritation, die in der Sequenz erfahren wird, wirkt in den Alltag – und dies stärkt den Willen zur Veränderung.

4 Von der Frage in den Dialog

Fragen öffnet neue Wege

Was ist eine Frage? Was geschieht in unserem Bewusstsein, wenn wir mit einer Frage konfrontiert werden? Wir alle wissen, dass es sehr, sehr unterschiedliche Arten von Fragen gibt – einfache und komplexe, solche, auf die wir eine direkte Antwort erwarten, und rhetorische, die eigentlich keine Fragen sind. Ich halte das Fragen oder, genauer gesagt, eine fragende Grundhaltung für immens produktiv, weil sie uns so wunderbar die Augen öffnet.

Eine Frage arbeitet – anders als eine Antwort – immer heraus. Während die Antwort definiert und etwas festlegt, machen Fragen durch den Fokus, den sie setzen, etwas sichtbar. Gleichzeitig lassen sie aber immer auch etwas offen und geben so die Möglichkeit zu experimentieren. Eine Frage ist darüber hinaus auch eine Schnitt- bzw. Kontaktstelle zwischen uns und unserem Gegenüber. Außerdem ist Fragen und Befragen eine der Zentralstellen im A.R.T.-Prinzip.

Im „wirklichen Leben“ entspringen Fragen nur sehr selten unseren philosophischen Neigungen. Sie entzünden sich an den einfachen und praktischen Dingen unseres Alltags, wenn zum Beispiel etwas nicht so läuft, wie wir das gerne hätten, oder wenn wir uns neuen Aufgaben stellen müssen. Und plötzlich halten wir in unserem Tun inne und beginnen die Situation ganz neu zu sehen und zu befragen.

Seit dreizehn Jahren begleite ich eine Gruppe von Führungskräften bei ihren Meetings. Ihre Prozesse drehen sich häufig um Strategien oder Führungsweisen, und ich initiiere und begleite sie in erster Linie mit Fragen, die sich an praktischen operativen Beispielen entzünden. Um ein konkretes Beispiel zu geben: Ich möchte den Teilnehmer/innen in einer einfachen Sequenz die Beziehung zwischen dem Mittelpunkt – der Aufgabe des Unternehmens – und der Peripherie vermitteln – also der Realisierung dieser Aufgabe in der Welt –, um ihnen elementare Möglichkeiten der Orientierung erfahrbar zu machen. Wir stehen im Kreis, und ich bitte sie, einfach mal loszugehen. Fast automatisch laufen alle der Nase nach und merken schnell: „Das ist ja wie auf einem Gefängnishof!"

Ich frage sie nun, ob sie diese Erfahrung mit ihrer Wahrnehmung der innerbetrieblichen Organisation verbinden können, und führe sie damit direkt in den Transfer. Ich frage weiter: „Wenn Sie sich vorstellen, der Mittelpunkt wäre eine Lampe, wo beleuchtet Sie dann die Lampe, wenn Sie um den Mittelpunkt herumgehen?" Wenn ich meinem Vordermann stur im Kreis hinterhergehe, strahlt die Lampe immer nur seitlich meine Innenseite an. Was muss ich denn machen, damit die Lampe mich überall von vorne beleuchtet? Und, wieder den Transfer im Blick, was bedeutet es für eine Organisation, was verändert sich, wenn alle von diesem Mittelpunkt – also der gemeinsamen Idee oder Zielsetzung des Unternehmens – gleichmäßig beschienen werden? Die Gruppe forscht fragend weiter: Welche Kraft brauche ich, um, nun seitwärts mit dem Blick auf den Mittelpunkt laufend, eine Gebogene zu schaffen? Was ist der Unterschied zur Geraden? Oder im übertragenen Sinne, was ist der Unterschied zwischen einem einfachen, scheinbar klaren Handeln gegenüber einem Handeln, von dem ich weiß, es führt mich erst einmal weg von meiner Linie? Was passiert hier mit mir, mit meiner Kraft und mit meiner Aufmerksamkeit?

Durch diese gezielten und doch sehr einfachen Fragen öffnet sich Schritt für Schritt im Team eine neue Wahrnehmung: Plötzlich spielt die Peripherie eine ganz andere Rolle. In der linear „zielgerichteten" Haltung, also im monotonen Laufen im Kreis, ist die Peripherie statisch, die Kräfte sind immer gleich verteilt. Sobald ich aber anfange, seitlich laufend in eine Gebogene zu wechseln, habe ich eine völlig veränderte Wahrnehmung und entdecke das einander zugewandte Laufen in der Peripherie. Ich bewege mich und habe alle anderen im Blick. Das ist eine völlig offene Situation, in der miteinander gearbeitet werden kann. Auf eine Organisation übertragen, lassen sich Bezüge zu Prozessen der Veränderung und Neuentwicklung herstellen, die sich gerade durch die Abwesenheit von Statischem auszeichnen. Auch hier kann ich keine geraden Wege gehen, ich muss die Verhältnisse jeden Tag neu abwägen, mein Handeln neu orientieren. So komme ich, bildlich gesprochen, zur Gebogenen.

Die Teilnehmer/innen verlieren zwischendurch die Orientierung und merken, dass es Schwachstellen in den Kreisen gibt. Zum Beispiel schneidet jemand die Kreisform ab, weil er rückwärts laufend nichts mehr sieht, oder weil ein Hindernis im Weg ist. Hier fragen wir uns: Was braucht es, dass ich

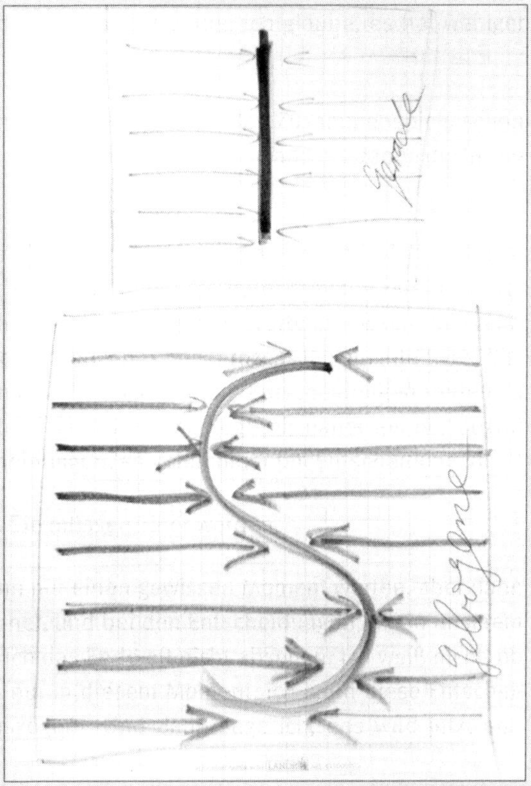

Abbildung 21: Die Gebogene und die Gerade

den Weg, den ich mir selbst vorgenommen habe, auch da nicht „abschneide“, wo ich nichts sehe? Im Transfer gesprochen: Wenn ich innerhalb einer Organisation produktiv agieren und reagieren möchte, muss ich die Bedingungen der alltäglichen Wandlungsprozesse berücksichtigen. Ich frage, wo Schwierigkeiten sind, und mache mir zum Beispiel bewusst, dass Menschen dazu neigen, Schwierigkeiten unbewusst auszuweichen und den Weg abzukürzen. Im Organisationsalltag geschieht genau das, was die Gruppe gerade in der Bewegung erlebt hat. In unserer Übung lassen wir jeden dieser Aspekte Schritt für Schritt sichtbar werden, indem wir uns immer wieder die einfache Frage stellen: Was passiert jetzt?

Wir erweitern unsere vertraute Wahrnehmung durch kontinuierliches Fragen und übertragen die Erkenntnisse in den beruflichen Alltag ebenfalls durch eine simple Frage: „Was bedeutet das praktisch für das Geschäftsleben?“ Die Menschen kommen während solcher Interventionen in einen vertrauensvollen Fragekontext, denn es gibt keine richtigen oder falschen Antworten, sondern es geht um meine ganz individuelle Wahrnehmung. Was von außen betrachtet vielleicht simpel aussieht, bewirkt im reflektierten Erleben direkte Erkenntnisse. Viele Teilnehmer/innen berichten davon, dass sie hinterher oft einen „richtigen Schub" für ihre Entscheidungen bekommen haben. Als Beispiel sei hier die Rückmeldung eines Teilnehmers zitiert.

Unsere Managementbesprechungen dauern schon mal acht Stunden. Diese Sitzungen sind gut vorbereitet, die zahlreichen Agendapunkte im Vorfeld bekannt und teilweise mit Vorabinformationen versehen. Die Themen ranken um organisatorische Fragen, Prozessthemen und Fragen der Zusammenarbeit untereinander oder mit den Betriebsräten. Sehr schnell stehen die inhaltlichen Aspekte der Punkte im Vordergrund, und es wird aus operativ-struktureller Sichtweise heraus an Lösungen gearbeitet.

In unsere Besprechungen ist, seit fast 13 Jahren, eine einstündige Sequenz mit Mariott Stollsteiner integriert, und hier tauchen plötzlich völlig neue Fragen auf. Zunächst bezogen auf die Übung, wobei mir sehr schnell der Zusammenhang zu den bearbeiteten und noch anstehenden Themen klar wird. Im Mittelpunkt steht auf einmal nicht mehr die Frage „Wie funktioniert das?" sondern „Wie wirkt das?". In der konkreten Übung veränderte sich unser Bewusstsein von der Orientierung als hierarchisch Führende hin zu Betroffenen und Beteiligten eines Gesamtorganismus. Dadurch stellen sich scheinbar auf der Hand liegende Lösungen ganz neu dar. Eben aus der anderen Sicht, bereichert durch neue Erkenntnisse im Üben – und die Notwendigkeit des Transfers in die reale Arbeitssituation.

Bisher unbeantwortete Fragen erscheinen in neuem Licht, der Blick für die Menschen wird geöffnet, Entscheidungen dazu lassen sich leichter ableiten und neue Fragen entstehen – erfreulicherweise.

Joachim Lück, Koordinator Verteilzentren, dm-drogerie markt

Bildgestaltung über Fragen

Das fragende Bewusstsein ist für mich selbst eine Grundlage meiner Tätigkeit. Manchmal ist es die direkte Frage eines Menschen an mich, manchmal ist es die von mir selbst in die Zukunft gerichtete Frage, wenn ich etwa auf eine Organisation schaue und mir ihre zukünftige Entwicklung bildlich vorstelle. Alle Prozesse zwischen Menschen können durch den Geist des Fragens belebt und aus Erstarrungen herausgeführt werden.

Der erste Schritt in einer gemeinsamen Arbeit ist für mich nicht unbedingt die große zukunftsweisende, sondern eine ganz konkrete aktuelle, meist operative Frage. Fragen werden von Menschen häufig nicht direkt formuliert. Sie beschreiben eine berufliche Situation, einen Zustand: „Bei uns ist es jetzt so, dass ..." Da gilt es für mich hineinzuhören und in den Menschen ein Bewusstsein für ihre Haltung zu wecken. Über gezielte Fragen versuche ich auf die eigentliche Fragestellung zu kommen, die diesen pauschalen Statements zugrunde liegt. Und in der Regel steht hinter jeder Frage eine weiterführende, die wir, wenn wir wach sind, schon vorausahnen.

Um eine Intervention entwickeln zu können, gestalte ich mein Bild der Situation in einem Unternehmen in einer innerlichen Fragehaltung und gehe da im Grunde nicht anders vor als ein Maler, der sein Bild entwirft. Wenn dieser sein Werk beginnt, skizziert er beispielsweise erst einmal grob, wo das Rot hinkommt und wohin das Grün. Und dann wird er sich fragen, was eigentlich passiert, wenn er etwas verändert. Warum ist dies hier? Muss das an jener Stelle deutlicher werden? Er fängt an, die Gesamtkomposition zu reflektieren, um sich schließlich zu fragen, wo es denn eigentlich hingehen soll. So entwickle auch ich ein Bild eines Unternehmens. In meiner Bildgestaltung erfasse ich das Wesen einer Situation und entdecke gleichzeitig die Knotenpunkte, an denen ich ansetzen kann.

In meiner Arbeit besteht der erste Schritt im Grunde darin, die Situation, die mir geschildert wird, wieder auf mein Gegenüber zu reflektieren und ihm mitzuteilen, welches Bild bei mir angekommen ist. So werden wir schrittweise immer konkreter. Schließlich frage ich: „Wenn wir diesen Punkt jetzt verändern würden, wo ginge es dann in der Zukunft hin?" Langsam erwächst daraus eine Art Landschaft, ein Bild, in dem wir den Punkt entdecken, wo Veränderung ansetzen kann.

Jemand, der eine Situation schildert, möchte, dass wir sein spezifisches Anliegen heraushören. Ein Anliegen ist immer eine Fragestellung und nie eine „Antwortstellung". Wir treten hier in einen plastischen Prozess ein, in dem es gilt, durch offene Fragen gemeinsam mit dem Gegenüber die unbewussten Fragen greifbar zu machen. Wir rücken sie in den gemeinsamen Blick, um sie letztlich in ein praktisches Handeln zu überführen.

Hierzu ein Beispiel. Gemeinsam mit meiner Co-Trainerin hatte ich vor einiger Zeit bei einem Kunden eine Besprechung mit dem dortigen Manager, um zu klären, in welche Richtung eine geplante Maßnahme von uns gehen sollte. Wir ließen uns erst einmal die Situation schildern. Das Problem bestand auf den ersten Blick darin, dass noch nicht die nötigen Stückzahlen in der Produktion erreicht wurden. Über gezieltes Fragen ergab sich ein differenzierteres Bild: Der Grund für die mangelnde Effizienz lag nicht etwa in der zu geringen Leistungsbereitschaft der Mitarbeiter/innen, sondern im fehlenden Rollenbewusstsein der Führungskräfte auf der mittleren Ebene. Sie waren mit ihrem Denken und Wollen nicht wirklich in den Arbeitsprozessen anwesend und kommunizierten nicht konkret genug mit den Mitarbeiter/innen. Zu diesem Zeitpunkt fehlte allen Beteiligten die

Wahrnehmung von den Zusammenhängen des geschilderten Problems. Die Führungskräfte sahen keine Notwendigkeit, die Prozesse kontinuierlich zu begleiten und ihre Mitarbeiter/innen gezielt zu coachen. Doch nur so hätten sie erfahren können, was diese brauchen und wo wirklich die „Knoten in den Arbeitsabläufen“ sitzen. Bei ihnen war das offene Fragen bislang weder ausreichend bewusst noch geübt.

Dieses offene Fragen im Prozess der Bildgestaltung braucht ein spürendes, ahnendes Bewusstsein. Hier kommt die Intuition ins Spiel: Getragen von Liebe und Freiheit, öffne ich mich völlig für das Anliegen des anderen und wahre gleichzeitig Abstand zu mir selbst, zum anderen und zur Situation. Die Intuition schickt mir Ideen aus dem Übergeordneten. Hier entsteht im Geistigen so etwas wie ein „Reibungspunkt“, an dem man ahnt, dass da etwas nicht stimmt. An diesen Punkten wird es immer spannend – genauso wie in der Kunst, wenn man bemerkt, wo eine Gestaltung noch nicht wirklich gegriffen hat. Erst nach dem bewussten Ergreifen dieses Spannungsmoments entsteht Erkenntnis, die in bewusste Handlungsentscheidung umgesetzt werden kann.

In der Anfangsphase meiner Bildgestaltung weiß ich jedoch oft noch gar nichts. Ich bin ganz im Hören, komme wieder auf neue Fragen und merke, dass sie direkt meiner Intuition entspringen. So komme ich mit meinem Gegenüber, das sich darauf einlässt, auf eine andere Ebene, und wir nähern

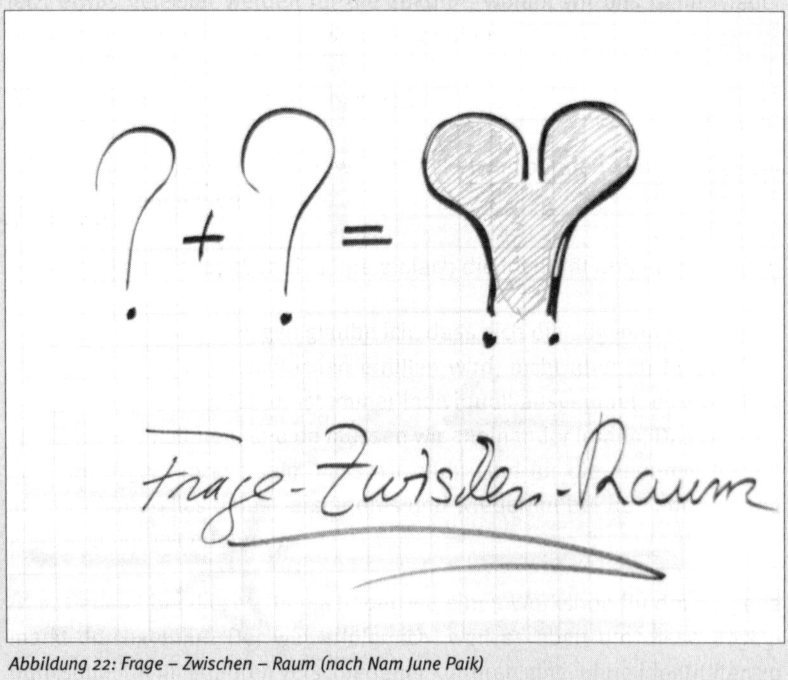

Abbildung 22: Frage – Zwischen – Raum (nach Nam June Paik)

uns „Frage um Frage“ langsam dem Ziel. Dies funktioniert umso besser, je mehr sich auch mein Gegenüber dem ahnenden, intuitiven Prozess öffnet.

Dieser Prozess ist stark geprägt vom Prinzip des vorurteilsfreien Wahrnehmens. Am Anfang steht das reine Hören, in dem ich mein Tableau aufmache. Darauf folgt, wenn ich mit jemandem in die weitere Entwicklung gehe, die Reflexion des Gehörten. Über diese gezielte Spiegelung wird klar, wie die Schilderung überhaupt gemeint war. Ständig bin ich aufgerufen, mein Tableau mit dem meines Gegenübers abzugleichen.

Fragen verbindet

In meiner Arbeit schaffe ich gezielt Situationen, in denen die Teilnehmer/innen die Wirkung des offenen Fragens erproben und dessen Wirkung an sich selbst erfahren können. Im Seminar „Wahrnehmung als Basis für Entwicklung und Innovation“ erreichen wir dies durch das Wechselspiel von Bildgestaltung und jenem eben geschilderten fragend-konstruktiven Prozess. Die Teilnehmer/innen werden hier im ersten Durchgang gebeten, ihren Arbeitsplatz als Landschaft zu malen. In diesen künstlerisch freien Übersetzungen werden die elementaren Qualitäten visualisiert, die die Teilnehmer/innen mit ihrem Arbeitsplatz assoziieren. In einem zweiten Schritt sollen sie den Ort ihres Schaffens als „Haus“ – von der Hütte bis zum Schloss – darstellen.

Anschließend gehen wir in die gemeinschaftliche Bildbetrachtung. Manche Teilnehmer/innen sind sehr überrascht von den Rückmeldungen und sagen: „Oh, das habe ich ja ganz anders gemeint.“ Weil es keine feste Rollenverteilung von „Autoren“ und „Kommentatoren“ gibt, sondern vielmehr alle abwechselnd reflektieren und ihre eigenen Arbeiten reflektieren lassen, erwächst in dieser Situation ein Gefühl für den behutsamen Umgang miteinander, in dem die Teilnehmer/innen in ein qualitatives, nicht wertendes gegenseitiges Betrachten kommen.

> Das Zuhören ist eine großartige Kunst, die das Gegenüber neu belebt und anregt. Es empfindet einen inneren Frieden, weil jemand ihm wundersamerweise lauscht, ohne das Mikrofon an sich reißen zu wollen oder seine Bemerkungen anzuzweifeln oder etwas Klügeres zu sagen oder das Thema zu wechseln. Das Zuhören verleiht allem, was gesagt wird, und der Person, die spricht, einen besonderen Wert. Beim aufmerksamen Zuhören vernehmen wir auch, was nicht offen beim Namen genannt wird. Wir hören die Stimme der Seele, vielleicht sogar ihren Schrei.
>
> Das Zuhören verschafft auch dem Zuhörer Erleichterung, weil es ihm jene Ruhe schenkt, die aus dem Schweigen kommt. Um

> zu lauschen, muss man das eigene Ich loslassen und leer werden. Eine Zeit lang gibt es keine persönlichen Schwierigkeiten und Ängste mehr. Der innere Lärm ist abgestellt. Im Zuhören ist man frei.
>
> Piero Ferrucci

In Dreiergruppen geht es dann weiter in den Dialog: Der Autor des Bildes fragt die anderen, was sie darin sehen, und hört selbst erst einmal zu. Er schweigt, und so ist das Bild in diesem Augenblick seine alleinige Aussage und zugleich eine offene Frage. Die beiden anderen führen einen Dialog, in dem sie wie bei einem Forschungsauftrag herauszufinden versuchen, was sie dort vor sich sehen. Erst im Anschluss daran erhält der Maler Gelegenheit, seine ursprüngliche Absicht beziehungsweise seine eigene Sicht mitzuteilen. Nachdem alle Bilder erforscht wurden, geht es an den Transfer, und es wird herausgearbeitet, welche Relevanz das Gesehene für den jeweiligen Arbeitsalltag hat, welche Problematiken diesen beispielsweise gegenwärtig bestimmen.

Die Teilnehmer/innen der Dreiergruppen gehen in eine gegenseitige Fragehaltung, in der auch Antipathien nicht zum Abreißen der Kommunikation führen müssen. So gelingt es wesentlich schneller, spezifische Arbeitssituationen selbst in Frage zu stellen. An diesem Punkt hat es sich als besonders förderlich erwiesen, wenn die Teilnehmer/innen der Dreiergruppen aus verschiedenen Arbeitsbereichen oder auch aus unterschiedlichen Kulturen kommen. Wenig Vergangenheit miteinander zu teilen, ermöglicht es manchmal, vorurteilsfreier miteinander umzugehen. Immer führt der Dialog zu mehr Öffnung und Erkenntnis, als dies ein isoliertes Nachdenken über das eigene Bild könnte.

Die nur in bewusst gewählten Qualitätsbegriffen formulierte Reflexion der beiden Betrachter ist im Grunde ein kostbares Geschenk, mit dem der Autor tun kann, was er will. Es steht ihm frei, ganz für sich zu erfahren, wo in ihm Antipathie anbrandet gegen das, was kommt, und wo er Sympathie spürt. In dieser Situation gilt es für ihn darauf zu achten, was in ihm vorgeht, wenn er die Rückmeldungen erhält.

Hierzu ein paar Beispiele: Es gab einmal einen Teilnehmer, der eine Art Barockgarten gemalt hat, und sein Ort in diesem Garten sah aus wie ein Wehrturm an der ehemaligen innerdeutschen Grenze – völlig hermetisch. Er selbst hat dieses Bauwerk jedoch gar nicht als Wehrturm gesehen. Erst über Reflexion und Fragen konnte er die hermetische Qualität wahrnehmen. Es stellte sich heraus, dass dieser Teilnehmer im Leitstand eines großen Lagers arbeitet. Die Gesprächspartner/innen haben ihn dann gefragt: „Wenn du dich in so einem Wehrturm siehst, wie empfindest du denn den Stress, der von den anderen auf dich kommt? Willst du ihn so von dir fernhalten?“ Auf diese Weise spiegelte die Gruppe seine Arbeitswelt, und es wurde deutlich, dass er von den Folgeprozessen ziemlich abgekapselt war, die er eigentlich zu steuern hatte. Er erkannte einfach und eindrucksvoll, dass er an die nachgelagerten Prozesse viel näher ran muss, um die Abläufe durch eine angepasste Steuerung tatsächlich verbessern zu können. Hier haben wir also eine Bildgestaltung, die erst einmal rein assoziativ, in bildlicher Übersetzung angelegt ist und dann über Reflexion und Fragen konkretisiert und in den Transfer gebracht wird.

Ein anderes Beispiel: Der Teilnehmer eines Seminars mit Führungskräften malte Häuser, die große Flügeltüren oder Tore hatten, welche aber geschlossen waren. Natürlich kam die Frage: „Was ist hinter deinen geschlossenen Türen?“ Auch dieser Teilnehmer war erst einmal darüber verblüfft, wie etwas für ihn ganz Selbstverständliches in Frage gestellt wurde: „Stimmt, meine Türen sind zu! Ja, wie sieht es denn bei mir aus? Warum sind sie denn eigentlich nicht offen?“ Und er fand für sich die Erklärung: „Manchmal brauche ich auch Ruhe, und ich möchte selbst bestimmen, wann ich angesprochen werde und wann nicht.“

Ich denke, an diesen Beispielen wird deutlich, wie wir uns über das vorurteilsfreie, an elementaren Qualitäten orientierte Fragen in diesen Gesprächen sehr schnell von den Kategorien „Richtig“ oder „Falsch“ entfernen, die die Teilnehmer/innen zu Beginn der Übungen oft noch beschäftigen.

Ein anderer Teilnehmer dieses Seminars hat ein leichtes, lockeres Zelt in einer Schilflandschaft gezeichnet, schön, idyllisch, aber ganz versteckt und kaum wahrnehmbar. Da kam die Rückmeldung: „So ein Zelt, das ist wirklich nett, da mögen dich irgendwie alle, denn da fällst du ja nicht so wahnsinnig auf!“ Und genau das war auch sein Problem, denn er traute sich zu dieser Zelt nicht, wirklich seine Führungsrolle zu übernehmen.

In diesen Übungen mit klar verteilten Rollen erüben wir die Kunst des Fragens und des Zuhörens. Im Laufe der Zeit brauchen wir dann nicht mehr unbedingt ein Gegenüber für eine vorurteilsfreie Wahrnehmung. Wir lernen uns selbst vorurteilsfrei zu befragen und in wahrstem Sinne des Wortes in Frage zu stellen.

Wenn die Teilnehmer/innen ihre Bilder malen, wenn sie zum Beispiel ihren idealen Arbeitsplatz als Landschaft darstellen oder als Haus malen, sind sie schon im Vorfühlen. Hier passiert bereits ein erster Transfer, denn am Anfang stehen viele Frage: „Wie drücke ich es in einer Landschaft aus? Dunkel oder hell, hügelig oder geradlinig oder als Barockgarten? Gibt es da Flüsse? Führen Brücken darüber oder nicht?“ Dies ist die vorfühlende Fragehaltung. Es ist entscheidend, dass in dieser Übung konkrete, gegenständliche und keine abstrakten Bilder entstehen. So wird in jedem Blatt mit den Mitteln der Bildgestaltung eine echte Frage formuliert.

Im anschließenden Dialog in den Kleingruppen über das Bild oder die Arbeitssituation sind die Gesprächspartner dann freier, weil sie den moralischen Kontext, also die „wunden Punkte" des anderen, nicht kennen. Für die Fragenden wird erlebbar, wie sie über dieses wertfreie Fragen den anderen weiterbringen, ihn manchmal tief berühren und bei ihm Grenzen verschieben. Mit dieser Erfahrung können sie eine solche Dynamik später sehr viel besser bei ihren eigenen Belangen zulassen. Es ist ein Austausch, dem in der Regel die Erkenntnis folgt: „Das hätte ich jetzt ohne die Frage des anderen gar nicht gesehen." Hierdurch werden nachhaltig Grenzen geöffnet: Es bringt einen enormen Zuwachs an Selbstvertrauen, wenn ich die Erfahrung machen kann, dass ich, wenn ich erst einmal von mir Abstand nehme und mir selbst auch kritische Fragen stelle, nicht mein Ich verliere, sondern gerade dadurch eine Erweiterung erfahre. Dies ist ein vertrauenschaffendes Moment, das Menschen Mut macht, sich selbst kritischere Fragen zu stellen. Diese konkrete Erfahrung wirkt weiter im beruflichen wie im privaten Alltag.

So erhielt ich neulich die Rückmeldung eines Kunden, in dessen Unternehmen dieses Seminar tiefe Spuren hinterlassen hat. Die Mitarbeiter/innen gehen jetzt unaufgefordert in die „gegenseitige Fragehaltung" und nehmen über die Grenzen ihres eigenen Arbeitsbereichs hinaus wahr: „Wie sieht denn deine Abteilung aus?" Und sie treffen sich, anders als von mir angeregt, nicht im Abstand eines Vierteljahres, sondern alle vier Wochen, um miteinander ins Gespräch zu gehen.

Teilnehmer/innen können in den Seminaren erfahren, dass Fragen ein machtvolles Werkzeug ist, mit dem vieles bewegt und verändert werden kann. Oft genug führen kleine alltägliche Probleme schnell zu massiven Konflikten, weil wir keine Frage an den anderen richten, sondern ihn automatisch in eine Ecke unseres Urteilssystems stellen. Mein Gegenüber kann meine Sicht seiner Person oder der Dinge, mit denen wir zu tun haben, nicht kennen, solange wir keine Fragen stellen. So würde ich ohne Fragen nie erfahren, dass er vielleicht gute Gründe hatte, sich genau in der Art zu verhalten, in der er bei mir angeeckt ist.

Hier sind wir nicht nur bei den Grundprinzipien der Kommunikation zwischen Menschen, die alltäglich miteinander zu tun haben, sondern wir betreten unmittelbar den Bereich der interkulturellen Verständigung. Zu Dingen oder Abläufen, die nicht Teil meiner „gewohnten Welt" sind, sondern zum Beispiel einer anderen Kultur entstammen, kann ich oft erst dann eine positive Beziehung aufbauen, wenn ich bereit bin, ihnen offen zu begegnen und, vor allem, Fragen zu stellen.

Ein Beispiel: Der „Dialog zwischen Kulturen" stand im Mittelpunkt einer Fähigkeitenwerkstatt, eines groß angelegten Seminars, das ich später genauer beschreiben werde. Ein Modul befasste sich mit dem Thema „Wir und Zusammenarbeit“, und eine Methode war Malerei und Musik. Daniel, der Trainer dieses Moduls, spielte den Teilnehmer/innen Musik aus verschiedensten Kulturen vor und lud sie ein, erst einmal nur zu hören und vorurteilsfrei wahrzunehmen. Als nächsten Schritt sollten sie sich fragen, wie diese Musik auf sie wirkt und was sie mit ihnen macht. Immer im Bereich der Qualitäten: „Ist sie schnell oder langsam, anregend oder beruhigend, zu welcher Bewegung regt sie mich an?“

Oft kam da erst einmal Antipathie gegenüber einer Musik, die man nicht gewohnt war und die deshalb nicht „gefiel“. Mehr und mehr haben die Teilnehmer/innen genau hineingehört, und auf die Frage, welche Farbe, welche Bewegung der malenden Hand die Musik denn jetzt braucht, bemerkten sie, wie ihre primäre Sympathie oder Antipathie in den Hintergrund trat. Sie kamen an den Punkt, wo sie eine Musik, die sie zuvor nach eigenen Worten „völlig bescheuert“ fanden, durch diese Art der reflektierenden Befragung zu etwas brachte, was sie zuvor noch nie gemacht hatten. Dies öffnete auch wieder Gespräche und Betrachtungsweisen für den Alltag. Der Arbeitsalltag wurde unter all seinen Aspekten des Gewohnten und Ungewohnten betrachtet, und es wurden neue Vorgehensweisen im Operativen herausgearbeitet.

Fragend entdecken wir den Dialog

Der Dialog ist von einem grundsätzlichen Prinzip bestimmt: Ein Mensch spricht, der andere hört schweigend und wahrnehmend zu. Er reflektiert, was bei ihm angekommen ist, und stellt auf dieser Basis eine neue Frage. Anschließend wechseln die Rollen: Der Sprechende wird jetzt zum Zuhörenden und nimmt wahr. Im Dialog wird nicht gleichzeitig gesprochen. Das Hören im Dialog ist ein bewusster Wahrnehmungsprozess, in welchem es immer wieder das innere Stillsein braucht, das vorurteilsfreie, genaue Hören auf das, was mir mein Gegenüber sagt. Im dialogischen Hören muss die innere Stimme schweigen, während der andere spricht. Im reinen Aufnehmen bin ich offen für den Nachklang, den das Gehörte in mir auslöst. Aus ihm heraus bilde ich eine neue Frage oder spiegele dem anderen etwas zurück. So wird der Dialog zu einem ausbalancierten Wechselspiel, in dem man langsam auf eine höhere Ebene der Verständigung kommt.

Diskussionen werden häufig für Dialoge gehalten, sind jedoch meist wechselnde Monologe. Diskussionen sind immer machtdefiniert. „Discutio“ heißt im lateinischen Wortsinn nicht nur „Erörtern“, sondern auch „Zerschlagen“ und „Zertrümmern“. In der Diskussion ist zumindest latent immer auch Aggression anwesend. Es geht darum, das Argument des anderen zu zerschlagen, ihn zu übertrumpfen.

Wenn mit einer Diskussion ein Problem gelöst werden soll, dann ist es meist nicht mit dem „Durchschlagen“ der Problematik getan – oder wie bei Alexander dem Großen dem Durchhauen des „Gordischen Knotens“. Den Knoten zu lösen, ihn langsam „aufzudröseln“, bedeutet, in den Knoten einzutauchen und zu sehen, welche Bewegung in ihm steckt. Jeder, der einmal einen Knoten entflochten hat, weiß: Durchschlagen ist leicht. Aber indem wir den Prozess der ursprünglichen Entstehung nachvollziehen, können wir wieder in eine Neuschöpfung kommen und haben nicht nur Fragmente, sondern Anknüpfungspunkte für neue Bewegungen.

Wenn ich mit jemandem in einen echten Dialog trete und ihn dann auch noch fragend weiterbringe, so ist dies nichts anderes als eine mögliche Alternative zu Alexanders Umgang mit dem Gordischen Knoten: Ich schlage nicht drauf und gebe sofort meine Antwort, sondern fühle mich ein und reflektiere, wie mein Gegenüber den Knoten geflochten hat.

Das soll nicht heißen, dass es in manchen Situationen nicht auch angeraten ist, den Knoten zu durchschlagen. Wenn Menschen in einer Gruppe kurz vor einer Entscheidung stehen, sind sie manchmal um jeden froh, der das Schwert schwingt. In jenen Momenten ist es einfach nicht angebracht, wieder und wieder in ein Befragen zu treten, sondern klar zu sagen: „Das mache ich jetzt!“ Und sogar dies ist, wenn es transparent mitgeteilt wird, wieder ein Teil des Dialogischen.

So ist es oft auch in alltäglichen Arbeitsprozessen: Man muss nicht alles, was im Operativen passiert, jeden Tag neu im Dialog bewegen. Stattdessen sind in vielen Bereichen Standards notwendig, und da ist Selbstverantwortung gefragt. Dialog meint nicht, dass man permanent jeden Handgriff miteinander besprechen muss. Dialogische Kompetenz äußert sich auch in der Fähigkeit zum Blick für das Ganze. Da stoßen wir wieder auf Goethes Frage im Angesicht der ästhetischen Vollkommenheit des Straßburger Münsters: „Was ist zweckend dem Ganzen?“ Dialog bedeutet immer auch, über den Tellerrand, über die Grenzen der eigenen Person, der eigenen Abteilung oder der eigenen Organisation hinaus zu schauen.

Dialog und Wahrnehmung sind da gefragt, wo deutlich gespürt wird, dass etwas optimiert und verändert werden muss.

Sfumato

Fragend öffnen wir den Dialog für Neues. Ein Beispiel: Wenn ich mit Seminarteilnehmer/innen ihre Bilder betrachte, heißt im Dialog sein, nicht zu sagen oder zu fühlen: „Ich weiß besser als du, wie deine Situation ist.“ Dialogische Öffnung kann geschehen, indem ich sage und fühle: „Wenn ich mir das ansehe, habe ich den Eindruck, dass ... Erlebst du das so?“, oder:

„Bei mir kommt an, dass… Hast du das so gemeint?" Ich signalisiere dem anderen im Dialog, dass ich die Lösung noch nicht weiß, sondern sie im Zusammenspiel mit ihm finden möchte.

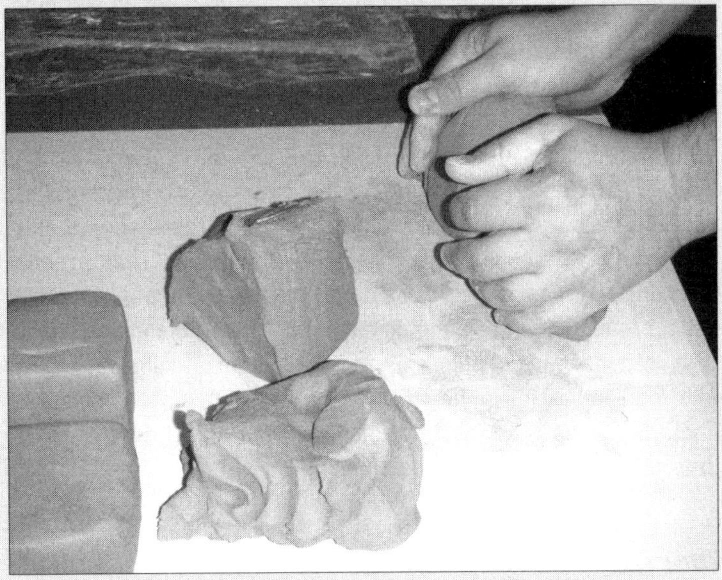

Abbildung 23: Plastiziersequenz

In der Diskussion wechseln These – Antithese – These – Antithese. Das ist ein stringentes Aufbauen von Blöcken neben- oder gegeneinander. Das Ziel des Dialogs ist im Idealfall der gemeinsame Konsens, durch Befragen eine gemeinsame neue Ebene zu erreichen. Oder im Bild gesprochen, gemeinsam wird durch Befragen aus möglichst vielen Perspektiven die neue Entscheidungsrichtung herausplastiziert. Diese vermeintliche Unsicherheit bewusst zuzulassen, die Lösung nicht zu wissen, wirkt vielfältig öffnend und macht den Dialog erst möglich.

Ein Beispiel: Kürzlich waren wir in einem Seminar mit der Geschäftsführung eines Kunden an einem Punkt, den ich nach Leonardo da Vinci den Zustand des „Sfumato" nenne. Das ist der Zustand, wo man wirklich stehen bleibt und merkt, man ist so unsicher, man hat so vieles ausprobiert, geht nach links, geht nach rechts, es gibt ganz viele Möglichkeiten, aber die Lösungsrichtung ist noch völlig unklar.

Als ich in dieser Situation vom „Sfumato" und seiner Rolle im kreativen Prozess sprach, entstand ein echter Dialog zwischen den Teilnehmer/innen. Erst jetzt wurden sie sich ihrer momentanen Lage richtig bewusst und merkten, wie schwer es ist, Ratlosigkeit auszuhalten und nicht sofort nach schnellen Lösungen zu greifen. In dieser neu gefundenen dialogischen Form war die „einfache Lösung“ plötzlich kein Thema mehr, sondern jemand äußerte: „Ja, das ist ja manchmal genau unser Problem: Wie bleiben wir innerlich regsam, um auch in unklaren Situationen nicht zu kurz greifende Entscheidungen zu fällen?“ Ein spannender Moment: Wir befanden uns in einem schwebend freien Zustand und haben fast eine Stunde lang nur über diese konkreten Situationen im Unternehmen gesprochen: Wie es ist, sich in manchen Situationen nicht zuzuhören, zu alten Lösungen zu greifen – eben nicht im Dialog zu sein.

Leonardo dachte, als er den Begriff des „Sfumato“ formulierte, über die Frage nach, wie das Neue in die Welt kommt, wie ein kreativer Prozess abläuft. In meiner Arbeit heißt Sfumato, zehn Fragezeichen und null Antworten im Kopf zu haben und gleichzeitig das innere Vertrauen zu spüren, dass wir genau jetzt auf dem Weg sind und ihn nicht verlieren werden. Sfumato ist der Punkt nach der Neugier, nach dem Ausprobieren, wenn wir bemerken, jetzt gibt es unendlich viele Möglichkeiten, und uns fragen, wo ist jetzt die Vergangenheit, wo die Zukunft? Wir fühlen uns wie in einer Nebelkammer, die wir zu durchschreiten haben. Nach dieser absoluten Unklarheit beginnt der schöpferische Prozess.

Der amerikanische Unternehmensberater Michael J. Gelb veröffentlichte im Jahr 1998 ein Buch mit dem Titel „How to think like Leonardo da Vinci. Seven steps to genius every day“. Hier griff er sieben Schlüsselbegriffe aus da Vincis philosophischem und kunsttheoretischem Werk heraus und arrangierte sie zu einem Kanon, der trotz der gewissen Simplifizierung und der spezifisch amerikanischen Rasanz des Geniebegriffs des Buches für mich eine schlüssige Definition der Phasen des Schöpferischen darstellt. Ich arbeite mit den einzelnen Elementen seines Kanons zum Teil in anderem Sinn, halte aber Gelbs Definition des kreativen Prozesses „im Sinne Leonardos“ für wertvoll und nachvollziehbar.

Gelb formuliert sieben Stadien: „Curiosità“ – Neugier, Offenheit für die Welt und die Fähigkeit zum vorurteilsfreien Infragestellen anerkannter Prinzipien; „Dimonstrazione“ – die Fähigkeit des eigenständigen Denkens und des produktiven Umgehens mit den aus der eigenen Erfahrung gewonnenen Erkenntnissen; „Sensazione“ – die intensive Wahrnehmung der Welt mit allen Sinnen sowie die Fähigkeit der Imagination aus dem Schatz der sinnlichen Eindrücke; „Sfumato“ – die Offenheit für das Unbekannte, das bewusste Aushalten des Mehrdeutigen und Paradoxen; „Arte/Scienza“ – die Fähigkeit, Kunst und Wissenschaft miteinander zu verbinden, aus wissenschaftlichen Erkenntnissen heraus Kunst zu schaffen und Wissenschaft in künstlerischem Geist zu betreiben; „Corporalità“ – das Schaffen, die Umsetzung, die Verbindung von Geist, Seele und Leib; „Connessione“ – das Wissen um die allumfassenden Gesetze von

Mikrokosmos und Makrokosmos und das Bewusstsein der Eingebundenheit allen Schaffens in übergreifende Zusammenhänge.

Das „Sfumato" war für Leonardo nicht, wie etwa in der Romantik, etwas Abseitiges, Nächtliches, elitär Melancholisches. Es stand im Zentrum seines Blicks und war ein sehr aktives, dem Leben zugewandtes Durchgangsmoment. Diese organische Eingebundenheit schätze ich sehr. Wie in Leonardos Gemälden – ich denke etwa an den wunderbaren „kosmischen" Hintergrund der „Mona Lisa" – liegt für mich im Zustand des „Sfumato" die Welt offen und greifbar nahe, und trotzdem bin ich noch von ihr getrennt. Eigentlich stehe ich mittendrin, ich brauche nur Zutrauen in meine Fähigkeiten und muss bereit sein zu jener im vorigen Kapitel beschriebenen Anstrengung, das Altbekannte neu wahrzunehmen. Kreative Prozesse sind in Individuen und in Unternehmen wesensgleich. Findet der Durchgang durch das Sfumato nicht statt, wird endlos Gestriges wiederholt. Innovation bedingt permanente Neuorientierung. Erst nach dem Durchgang durch das Sfumato ist es möglich, das Werk zu realisieren. Erst dann werden neue Ideen zur Wirklichkeit oder, nach Leonardo, zur „Corporalità ".

Dialogische Verwandlung

Der Dialog ist gerade auch im meist vorhandenen Hierarchiegefüge von Organisationen und Unternehmen eine anspruchsvolle Form. Es braucht ein hohes Maß an Reife, um Macht aufzugeben und in einen echten Dialog einzutreten. Was auch immer an Macht in einen gemeinsamen Entscheidungsprozess einfließt, wirkt genauso zerstörerisch wie die Angst vor Konsequenzen. So ist es manchmal besser und – vor allem ehrlicher –, etwas per Anweisung zu entscheiden. Es ist dann eine klar formulierte Entscheidung getroffen worden.

Genau wie in Lebensgemeinschaften ist in Arbeitsgemeinschaften die Klarheit in den Strukturen unerlässlich, und der Dialog ist nicht in allen Situationen der richtige Weg. Kein Feuerwehrmann eröffnet einen Dialog, wenn es brennt. Er entscheidet einfach, wenn Menschen evakuiert werden müssen. Das wissen und erwarten wir von ihm. Entscheidungen werden in Organisationen jedoch auf sehr unterschiedliche Weise getroffen. Wenn Führungskräfte Entscheidungen im Anweisungsprinzip treffen, muss dies den Betroffenen eindeutig kommuniziert werden. Wenn Führungskräfte ihre Idee vor der Entscheidung noch einmal schärfen wollen, fragen sie manchmal Ideen ab oder regen Gespräche an. Hier muss von Anfang an klar sein, dass es sich nicht um einen Dialog mit dem Ziel einer Konsensbildung handelt. Die Entscheidung wird alleine von der Führungskraft getroffen, wenn der Sachverhalt für sie hinlänglich konturiert ist.

Die „dialogische Führung“ – von Karl-Martin Dietz und Thomas Kracht in ihrem Buch „Dialogische Führung“ so genannt – ist jedoch der Königsweg, wenn es in einem Unternehmen darum geht, Menschen in gestalterischen Prozessen mitzunehmen, denn nur so werden Menschen zu Beteiligten. Ein Beispiel: Ein Teilnehmer in der Position eines Key-Accounters reagierte auf das eben beschriebene Modul „Mein Arbeitsplatz als Landschaft“ mit großer Abwehr. Er dachte erst, das hätte überhaupt nichts mit ihm zu tun, da er gewohnt war, relativ einsam zu agieren. In seiner täglichen Arbeit hatte er bei seinen Kollegen, deren Einkauf er regelt, bisher nur eher pro forma und sporadisch nachgefragt, ob und was sie benötigten. Diese Fragen blieben meist ohne Antworten, und so dachte er: „Okay, dann bekommen sie das, was ich immer schon geordert habe.“ Durch unsere Übung wurde ihm deutlich, wie unzufrieden er eigentlich mit dieser Situation war. Er kam zu der Einsicht, dass er viel mehr Response von seinen Ansprechpartner /innen braucht und „echte“, das heißt offene Fragen stellen muss, um neue Wege einschlagen zu können.

In Phasen des Neuentwickelns – in Innovations- und Kreationsprozessen – ist der Dialog unverzichtbar, weil er mit der Kunst des Fragens den Weg auf ein höheres Entwicklungsniveau öffnet. Ein Dialog ist immer auf die Zukunft ausgerichtet. Auch die Rückblicke innerhalb eines Dialogs dienen allein der Reflexion von Erfahrungen zur Optimierung von Entscheidungen für die Zukunft. In Unternehmen heißt dies, dass alle Beteiligten über Hierarchien hinweg zusammengebracht werden. Zum „Beteiligten“ werde ich nicht durch meine Position in der betrieblichen Hierarchie. Ich qualifiziere mich für den Dialog durch meine Kompetenz, das gemeinsame Anliegen sowie mein aktives Mich-Einbringen.

Genauso unverzichtbar ist der Dialog in der Persönlichkeitsentwicklung. Ich kann Menschen nicht ohne Dialog in ihrer Potenzialentwicklung begleiten. All die Rezepte, all die Erfolgsslogans, die in großen Hallen tausenden begeisterten Menschen zugerufen werden, führen, wie die letzten Jahre gezeigt haben, nicht wirklich weiter. Wenn wir Menschen dafür begeistern wollen, selbstverantwortlich in die Entwicklung zu gehen, gelingt dies nur über den Dialog.

Wenn es gilt, Konflikte in Gruppen aufzuspüren und zu lösen, ist der Dialog ebenfalls fruchtbar – es bedarf nur einer anderen Vorbereitung. Das eben geschilderte Wechselspiel von „Bildgestaltung“ und „Befragen“ wurde von uns erfolgreich in Abteilungen eingesetzt, in denen es um Gruppenkonflikte ging. Um hier in konstruktive Prozesse zu gelangen, müssen alle persönlichen Vorbehalte zuvor sehr gut thematisiert und aufgearbeitet werden.

Wenn zwei Menschen ein Problem miteinander haben, gilt es weniger die Arbeitssituation als die persönliche Verstrickung der Beteiligten zu klären.

Auch hier können Bildgestaltung und Dialog weiterhelfen, diese sollten jedoch von einer dritten, neutralen Person moderiert werden. Dieser Dritte fungiert hier als Beobachter und spiegelt den Beteiligten wider, auf welcher Ebene sie gerade miteinander sprechen: auf der Sachebene, der Gefühlsebene oder der „Geistebene", also jenem Niveau, auf dem das große Ganze jenseits des operativen Alltags im Blick liegt. Der Beobachter hat zum Beispiel die Aufgabe zu intervenieren, wenn Sachinhalte „negativ affektiv" verpackt wurden, wie etwa mit der Äußerung: „Ja, das machst du doch immer so." Eine solche Aussage hat keine Sachinformation zum Inhalt, vielmehr wird ein Signal auf der Gefühlsebene gesetzt: An der Person des Gegenüber wird etwas grundsätzlich als störend empfunden und bewertet. Der Moderator sollte in diesem Fall dem Sprecher die Vermengung der Ebenen spiegeln und ihm einen Weg zur Differenzierung seiner Äußerung öffnen. Wie in der Bildbetrachtung müssen die Dialogpartner gleichermaßen konkret und frei von Urteilen bleiben. Dies sicherzustellen ist die Aufgabe des Moderators, anderenfalls entstehen mehr oder weniger subtile „Opfer-Täter-Konstellationen", und eine wirkliche, für beide Seiten positive Lösung des Konfliktes ist nicht möglich.

Wie kommen im Dialog Veränderungen in Gang? Anders als in demokratischen Prozessen geht es hier nicht um Mehrheitsentscheide, in denen die eine Seite die andere qua Stimmenmacht übertrumpft. Im Grunde ist der Dialog ein das Wesen der Demokratie übertreffendes Prinzip, denn er baut auf jener Fähigkeit auf, die Otto Scharmer „das Hinspüren" nennt. Wenn ein Dialog gelingt, ist die Gemeinschaft von diesem Hinspüren durchdrungen und geht in gemeinsamer Bewegung zum Ziel. Da wird nicht diskutiert und auch nicht abgestimmt. Jeder im Dialog ist ein Beteiligter, ein direkt Handelnder, also ein Creator oder eine Creatorin. Wer nicht handelt, wer sich nicht beteiligt, ist nicht im Dialog. Hier geht es um Konsens in gemeinsamer Gestaltung, in gemeinsamem Commitment.

Abbildungen 24-26: Mariott Stollsteiner, space....between, *2003, Installation, im Rahmen der Ausstellung* impark[1]. Aktuelle Kunst im Olympiapark München

Die Frage des Dialogs ist auch das Kernanliegen meiner Arbeit „space....between", die ich im Rahmen von „impark[1]", einer Ausstellung von Kunst im öffentlichen Raum im Münchener Olympiapark, realisiert habe. Hier geht es um den Dialog in einem der brisantesten Konflikte dieser Erde, dem Nahostkonflikt. Ich griff in meiner Gestaltung die Formensprache des Geländes der Olympischen Spiele 1972 auf, die mit ihrem tragischen Attentat eine wichtige Rolle in der langen Geschichte dieses Konflikts spielen.

Genau zwischen die vier Himmelsrichtungen orientiert, umschließen vier orange gekachelte Bänke einen auf die am Boden befindlichen Kacheln gedruckten Kreis aus hebräischen, arabischen, englischen und deutschen Texten von Frauen unterschiedlichen Alters aus Palästina, Israel und Deutschland, die aus der weiblichen Sicht auf die Themen Frieden und Gewalt blicken. Der Platz „space....between" ist ganz konkret ein Dialogplatz, auf dem zwölf Personen bequem Platz finden. Auf den überhohen Bänken verlieren die Sitzenden den Bodenkontakt. Die körperliche Entrückung verändert den Blick und lenkt das Bewusstsein von den Texten in neue Richtungen. Dieser Installation stand, wie eine Erinnerung oder auch ein Ansatz für zukünftige Dialoge, ein von vier Grenzsteinen markierter, identisch ausgerichteter Leerraum in einem anderen Teil des Parks gegenüber.

„space....between" ist für mich zum Ausgangspunkt einer noch konkreteren Auseinandersetzung mit dem Nahost-Konflikt geworden. Diese Tragödie führt mir überdeutlich vor Augen, dass Grenzen, Hindernisse und Konflikte nur durch die direkte Begegnung von Menschen und die Ermöglichung gemeinsamer Erlebnisse überwunden werden können. Auf meiner Reise zwischen den Mauern in und um Jerusalem wie auch in der Wahrnehmung der Arbeit von Anna Crummenerl mit Jahalin Beduinen vertiefte sich auch mein Eindruck, dass gerade in diesem Konflikt konkrete Begegnungen von Menschen in gemeinsamem künstlerischem Handeln Wege zum Dialog ebnen können.

5 Ermöglicher aus Kunst und Wirtschaft im Dialog
Im Gespräch mit Udo Kittelmann und Michael J. Kolodziej

Udo Kittelmann war zum Zeitpunkt des Gesprächs Direktor des MMK Museum für Moderne Kunst, Frankfurt am Main. Er ist designierter Direktor der Nationalgalerie der Staatlichen Museen zu Berlin, Preußischer Kulturbesitz.

Michael J. Kolodziej ist Geschäftsführer bei dm-drogerie markt.

Das Museum als Schwellenort

Mariott Stollsteiner: Häufig begegnen mir im Wirtschaftsleben Menschen, die aus verschiedenen Gründen sagen: „Kultur ist wichtig und wir brauchen auch Museen." Wenn ich dann aber mit diesen Menschen zum Beispiel hier ins Museum für Moderne Kunst komme, höre ich oft: „Alleine wäre ich da nie reingegangen." Und im zweiten Satz: „Wie gut, dass Sie mit uns hierher gekommen sind." Nicht nur Filialleiter, auch Vorstände haben gesagt: „Ich hätte Angst gehabt, den Schritt alleine zu machen." Da wird mir selbst diese Schwelle deutlich, die oft zwischen dem liegt, was Menschen hier erleben können, und dem, was sie erst einmal davon abhält. Denn all das Gutbürgerliche, Gepflegte scheint ja von innen her letztlich wenig zu tragen.

Herr Kittelmann, nun sind wir hier bei Ihnen im MMK, weil ich dieses Haus schon lange kenne und hier selbst tiefe Inspirationsmomente erlebt habe. Die Konzeption dieses Museums, genau wie die Inszenierung seiner Ausstellungen, ist außergewöhnlich. Darauf werden wir in unserem Gespräch noch kommen. Ich mache in diesem Museum immer wieder die Erfahrung, dass hier die Zwischenräume verlebendigt sind, dass also die Interaktion zwischen den in den Ausstellungen versammelten Werken, aber auch die Prozesse, die diese Ausstellungen in den Besuchern des Museums hervorrufen, eine besondere Qualität haben.

Mit Michael Kolodziej in unserer Runde können wir heute direkte Bezüge zwischen Kunst und Wirtschaft herstellen. Es gilt hier wie dort, für eine erfolgreiche Arbeit Schwellen zu überschreiten und Brücken zu schlagen. Hier sehe ich auch meine Aufgabe: Zwischenräume für Menschen zu öffnen, über künstlerische Techniken, über Wahrnehmungstechniken, eben über Konfrontation und Begegnung an einem Ort wie diesem.

Ich würde gerne am Thema der Schwelle in unser Gespräch einsteigen. Ich sehe das Museum als Ort, an dem Schwellen überwunden werden. Dieses Überwinden von Schwellen ist ein zentrales Moment in allen Veränderungsprozessen. Der Gang in das Museum verändert die Wahrnehmungshaltung vieler Besucher.

Udo Kittelmann: Gut, da sind wir natürlich schon ziemlich weit. Zum Begriff der Schwelle: Da stellt sich zunächst einmal die Frage, wer eigentlich die Schwelle schafft. Ist es die Institution oder ist die Schwelle eher in den Köpfen der Menschen? Denn das Museum als Institution ist ja allgemein sehr viel liberaler und offener geworden, als das noch vor wenigen Jahrzehnten der Fall war. Mit anderen Worten, die Museen heißen jeden willkommen – und trotzdem, wie Sie gerade richtig anmerkten, gibt es nach wie vor eine Schwellenangst.

Wenn Sie erzählen, dass Sie mit Vorständen hier reingegangen sind, die von sich aus gesagt haben, dass sie ohne Sie als Vermittlungsperson nicht gekommen wären, dann stellt sich mir doch die Frage: Warum eigentlich nicht? Dafür gibt es sicherlich viele Gründe, aber hier handelt es sich doch um sogenannte Führungskräfte, die ja eigentlich Vorbildfunktion haben. Bei denen kann man ein hohes Maß an Bildung voraussetzen, die genau diese Schwellenangst nehmen müsste. Aber dennoch unterscheiden sich die Führungskräfte in kulturellen Angelegenheiten nicht unbedingt von Nicht-Führungskräften.

MS: Das heißt aber doch, die Schwellenangst ist für Sie ein immer noch tägliches Phänomen. Wie beeinflusst das Ihr Handeln, wie gehen Sie in Ihrer kuratorischen Arbeit damit um? Versuchen Sie Brücken zu bauen oder sagen Sie, das ist Fakt?

UK: Zunächst ist die Schwellenangst Fakt. Gleichzeitig müssen natürlich die Brücken gebaut werden. Dafür gibt es unterschiedliche Strategien. Die könnte man jetzt natürlich in aller Breite formulieren, aber ich möchte es mal ganz kurz fassen: Ich glaube, es kann nur so gehen, dass man dem Publikum gegenüber sowohl einen intellektuellen wie auch einen visuellen Anspruch formuliert. In dem Moment, wo der Besuch in einem Museum ein visuelles Ereignis ist, gesellt sich mit Sicherheit auch das Intellektuelle dazu. Das heißt, ich kann hier nicht die alte Idee des Elfenbeinturms pflegen, sondern ich muss Verführungen anbieten. Und diese Verführungen führen dann dazu, dass wir eine ganze Reihe von Menschen in das Museum bekommen. Wir müssen uns aber darüber klar sein, dass wir, wenn wir gleichzeitig anspruchsvoll bleiben und nach vorn blicken wollen, anstatt immer nur retrospektiv zu arbeiten, natürlich niemals die großen Massen gewinnen können.

Ich möchte aber noch einmal auf die Schwelle zurückkommen. Ich verstehe das Museum immer noch – und da spreche ich für jedes Museum, nicht nur für dieses sehr spezielle Museum für zeitgenössische Kunst – grundsätzlich als Ort der Bildung. Wenn wir dieses Ziel aufgeben, haben wir verloren. Da stellt sich aber die Frage, wo Bildung im kreativen Sinne eigentlich ansetzt? Wenn dies frühzeitig geschehen würde, gäbe es auch keine Schwellenangst. Aber hier versagt unser Schulsystem völlig. Und so müssen wir uns im Museum mit allem herumplagen, was vorher versäumt worden ist.

Eine zusätzliche Schwierigkeit kommt hinzu: In dem Moment, wo sie zeitgenössisch ist, wird die Vermittlung von Kultur so schwierig, weil sie noch nicht abschließend zu beurteilen ist. Da hat natürlich ein anderes Museum mit anderen Ausstellungstypen, egal ob große Toulouse-Lautrec- oder Cézanne-Ausstellungen, oder das beste Beispiel ist sicherlich Picasso, ganz andere Voraussetzungen. Die Kunst, die in unserer Zeit, in dieser Minute entsteht, hat niemals ein gesichertes Publikum.

MS: Aber das ist ja gerade das Spannende, dieses provokative Moment, dieser Unsicherheitsfaktor. Zeitgenossenschaft bietet so große Möglichkeiten für unmittelbares Erleben. Hier, in diesen Räumen, kann eine direkte Berührung stattfinden.

An diesem Punkt möchte ich die Brücke zur Wirtschaft schlagen. Meine Arbeit mit künstlerischen Mitteln in Betrieben ist so lange notwendig, wie Bildung und Erziehung in dieser Hinsicht so große Defizite aufweisen. Solange die Menschen nur auf Ergebnisse und auf Ziele orientiert sind und nicht auf Prozesse, wird diese elementare Arbeit am Schwellenerlebnis in den Unternehmen geleistet werden müssen.

Michael J. Kolodziej: Allerdings! Diese Schwelle gibt es nicht nur im Museum. Ich habe die gleichen Probleme, alle Mitarbeiter kommen aus unserem Bildungssystem. Die Schwelle ist im Grunde genommen direkt bei mir vor der Tür. Warum kommt der Einzelne nicht zu mir und sagt, ich habe etwas zu verändern? Das hat meiner Meinung nach viel mit der heutigen Medienwelt zu tun. Wir haben das Gefühl, durch die Medien zwei Dinge gleichzeitig zu haben: Sehen und Verstehen. Gerade die zeitgenössische Kunst lehrt uns aber den Unterschied zwischen Sehen und Verstehen, denn hier muss man sich zuerst einmal einlassen, und das bedeutet, man räumt sich erst selbst einmal auf: Man nimmt das, was auf einen tradiert worden ist, was man im Bildungsbürgertum mitbekommen hat, zur Seite und sagt, damit kann ich jetzt nichts anfangen. Das bringt erst einmal eine Hilflosigkeit mit sich, die erlebe ich ja genauso in der Wirtschaft. Diese Hilflosigkeit bedeutet aber, ich kann mich einlassen, um einen Raum zu schaffen, in dem ich mehr machen kann als vorher. Hier stellt man sich selbst infrage. Und man hat Angst, man wird berührt, weiß aber nicht, wie man mit dieser Berührung umgeht. Da fängt für mich der Prozess an. Diese Auseinandersetzung ist man in der Wirtschaft nicht gewohnt, weil man dort durch so viele Normen gleich wieder reglementiert wird.

Wir sind mit dm-drogerie markt in diesen dreißig Jahren ein erfolgreiches Wirtschaftsunternehmen geworden. Warum haben wir uns so gut entwickelt? Weil wir die Dinge immer wieder infrage gestellt haben. Gerade diese Schwellenangst sehe ich bei meinen Mitarbeitern immer wieder, und ich denke, dass viele, die heute mit ihren Schulabschlüssen kommen, gebildet sind. Sie kommen mit einem Wissen, das ich gerne als Punktwissen bezeichne. Ich habe früher Mitarbeiter eingestellt. Eines Tages kam ein Abiturient, und ich fragte, worüber wollen wir uns unterhalten? Was will man mit einem 19- oder 20-Jährigen sprechen? Sprachlosigkeit. Ich fragte ihn: „Was haben Sie denn so im Leistungskurs gemacht?" Er sagte: „Biologie." – „Prima, unterhalten wir uns mal über Gentechnik." Er antwortete aber: „Ja, Gentechnik, das hatten wir noch nicht, wir haben auf Seite 79 aufgehört." Das ist genau der Punkt, wo ich sage, damit kommst du in der Wirtschaft nicht weiter. Wenn prozesshaftes Denken nicht bereits in den Schulen vermittelt wird, komme ich in den wirtschaftlichen Zusammenhängen nicht weiter und komme in der Auseinandersetzung mit Kunst nicht weiter. Ein Einserabitur bekommt man heute, wenn jemand zum richtigen Zeitpunkt ein richtiges Wissen fehlerfrei repetieren kann. Man muss aber keine Zusammenhänge wissen. Aber genau darauf käme es an.

Vor-Gesetzte und Ermöglicher

UK: Eine lange Entwicklung hat dazu geführt, dass dieses, nennen wir es ruhig mal dieses freiheitliche Denken, immer weniger gefördert wird. Nur mit Repetieren kann kein Fortschritt erreicht werden, vor allem kein geistiger. Aber der ist nun mal die Voraussetzung, um wirtschaftlich weiterzukommen. Viele Unternehmen können ja heute überhaupt kein neues Produkt mehr schaffen, weil sie nicht das kreative Potenzial haben, um es sich erst einmal vorzustellen, und sei es auch nur abstrakt. Zudem scheuen sie auch das Risiko.

Wir scheuen hier in unserem Museum das Risiko nicht, in ein Produkt zu investieren, das vielleicht nicht erfolgreich sein wird. Genau in so etwas ist

Investition notwendig. Anderenorts wird immer nur in das Sichere investiert, und das kann Kultur natürlich nie sein. Kultur ist grundsätzlich etwas ganz Unsicheres.

MJK: Ich möchte nochmal bei der Kreativität anknüpfen. Unternehmen, die heute erfolglos sind, haben nicht erkannt, dass die Kreativität eigentlich in den Menschen steckt. Heute hat das Kapital schwarze oder braune Schuhe an und wandert, und zwar ganz schnell, von einem Ort zum andern. Aber dieses Kapital wirklich zu nutzen, es aufzuschließen, das trauen sich die Unternehmen nicht, denn da könnten ja Antworten rauskommen, die nicht gefallen. Warum? Weil viel zu viele Menschen sich einfach nur daran halten, was früher gut war.

An den Hebeln sitzen eben immer noch größtenteils Menschen mit einer Verbotsethik im Kopf, weil es einfach bequemer ist, dass man den Menschen sagt, was sie zu tun und zu lassen haben, und dass man sich eben immer noch so begreift in der Wirtschaft, dass man vorgesetzt ist. Der Vorgesetzte sitzt buchstäblich vor dem Mitarbeiter und kehrt ihm den Rücken zu. Er bekommt überhaupt nicht mit, was der gerade macht, und wenn er ihn nicht sieht, kann er ihn auch nicht begleiten. Deswegen sage ich, der Vorgesetzte muss sich heute in der Wirtschaft zu einem Ermöglicher wandeln. Ein Ermöglicher sitzt neben dem Mitarbeiter, dann sieht er ihn nämlich, und er muss sich mit seiner Biografie auseinandersetzen und sich fragen, was der Mitarbeiter jetzt braucht, damit er seine Entwicklung vorantreiben kann. Das Grundprinzip in der Wirtschaft ist eigentlich: Meine Mitarbeiter müssen besser sein als ich.

UK: Das setzt ein hohes Interesse am Menschen voraus, am Einzelnen. Das leistet dieses Museum mit Sicherheit: Wir bieten zum Beispiel über das Jahr hinweg tausend Führungen an. Wenn wir ein Projekt machen, zerbrechen wir uns die Köpfe, wie die unterschiedlichen möglichen Zielgruppen es wahrnehmen werden. Es geht uns immer um die Menschen. Wir wollen, dass wenn die Menschen hier wieder rausgehen – wir haben ja an die 100.000 Besucher im Jahr –, sie eben nicht den Moment dieses Besuches sofort wieder vergessen, sondern sich darüber hinaus damit beschäftigen. Nur dann ist eine kulturelle Institution tatsächlich erfolgreich. Nur dann ist eine Ausstellung erfolgreich, wenn sie langfristig über den Besuch hinaus etwas bewirkt.

Ich weiß nicht, wie viele Unternehmen sich heute um den Mensch als Menschen kümmern, in seiner individuellen Ausprägung, in seinen Möglichkeiten, die jeder Einzelne von ihnen hat.

MS: Sie machen die Ausstellungen mit Blick auf den individuellen Menschen – das finde ich sehr wichtig. Gleiches erlebe ich in der Wirtschaft, wenn es um langfristigen Erfolg geht, wohingegen der kurzfristige Erfolg ja mit allen möglichen punktuellen Konditionierungen zu erreichen ist.

Wenn ich mit Menschen im Workshop hierher komme, lasse ich erst einmal sämtliche sekundären Informationen weg und bitte sie sogar, das, was im Museum an Infomaterial vorhanden ist, nicht zu lesen. Ich werfe sie so in eine komplette Unsicherheit. Dieser Sequenz ist natürlich schon ein Weg vorausgegangen, auf dem Schritt für Schritt so viel Vertrauen zwischen den Menschen aufgebaut worden ist, dass sie sich trauen frei zu reden. Im Museum erhalten sie nun eine ganz einfache Aufgabe: Sie haben eine Dreiviertelstunde Zeit und sollen sich jeweils zwei Werke oder zwei Räume suchen, die sie erwärmen, und eine Seite darüber schreiben. Aversion, Antipathie, Hass machen mich warm, Sympathie und Liebe machen ebenso warm. Nur unter diesen beiden Aspekten sollen sie schauen. Alles Konventionelle, Einengende, also etwa „Ich muss es mögen" oder „Es muss gut/berühmt sein" oder „Das würde ich mir auch mal ins Wohnzimmer hängen" ist dann schon mal weg, weil nur noch diese Frage zählt: „Was hat mich angerührt?".

Wenn sich dieser Freiraum öffnet, werden die Menschen wirklich in ihrem Ich angesprochen. Da sind dann erst mal Schreck und hohe Ratlosigkeit, aber ich bin jedesmal fasziniert, wie schnell die Teilnehmer/innen in diese freie Wahrnehmung kommen. Das hängt natürlich auch sehr stark vom jeweiligen Museum, von der Art der Inszenierungen ab. Was etwa hier in Frankfurt wunderbar funktioniert, läuft anderswo viel schlechter. In einem Museum in Süddeutschland bemerkten die Teilnehmer einmal zu einer Ausstellung: „Die Kunst hängt hier nur rum." Das höre ich hier nie.

UK: Ja, es geht hier sehr viel um Psychologie. Das ist ein Faktor, den ich immer berücksichtige, obwohl er beim Ausrichten von Ausstellungen, bei der Inszenierung eines Museums gewöhnlich eine eher untergeordnete Rolle spielt. Ich muss erst mal die Psychologie der Menschen verstehen können, mit allen Zweifeln und Fragen. Und das kann ich dann tatsächlich auch durch eine Inszenierung zelebrieren.

MS: Da höre ich einen hohen Respekt vor dem Anderen heraus, mit seinen Fragen, mit seinen Schatten, mit seinen Ängsten.

MJK: Udo Kittelmann hat das eben so schön ausgedrückt, er hat gesagt: „Nur wenn jemand aus dem Museum geht und es ihn weiterhin beschäftigt, hat er etwas gewonnen." Wenn er nur zum Eindruck kommt: „Schön ...

MS: „... hänge ich mir ins Wohnzimmer ..."

UK: Schön ist gar nichts.

MJK: Eben. Das ist, wie wenn ich von einer Reise zurückkomme und gefragt werde: „War es denn schön?“ Dann sage ich: „Ja bitte schön, was soll auf meiner Reise jetzt schön gewesen sein? Ein Essen oder ein Sonnenuntergang oder irgend so etwas?“

UK: Genau, das ist nämlich schön.

MJK: Das ist schön. Ich verfolge das Prinzip, mir als Ermöglicher immer dasselbe zuzumuten, was ich meinen Mitarbeitern zumute. Ich denke, das, was Sie Ihren Besuchern zumuten, müssen Sie sich auch selbst ganz persönlich bewusst halten: mit offenen Fragen rauszugehen und nicht immer für alles gleich eine Antwort zu haben. Das ist, was ich am Anfang mit Sehen und Verstehen gemeint habe. Ich kann es jetzt noch nicht begreifen, aber ich versuche es, ich werde mich darum bemühen, das zu begreifen. Vielleicht beim zweiten Mal. Und wenn beim zweiten Mal nicht – vielleicht beim dritten Mal.

UK: Aber Sie werden immer weniger begreifen, wenn Sie lediglich geschult werden zu repetieren. Das ist es aber, was unsere Gesellschaft immer mehr favorisiert – nach dem Motto „Friss oder stirb!“.

Irritation und Erfahrung des Neuen

MS: Ich würde gerne Konkreteres von dem Prozess hören, den Sie sich hier im Museum für die Menschen wünschen. Gerade am Beispiel der aktuellen Ausstellung „Spinnweb-Zeiten“, wo ja der Brückenschlag wirklich zum Prinzip gemacht wird.

UK: Das kann ich ganz allgemein verdeutlichen. Ich sage immer, eine Ausstellung fängt schon bei der Einladungskarte an, das ist der erste Moment, in dem das Publikum mit der Idee einer Ausstellung konfrontiert wird. Die Einladungskarte muss schon ein gewisses Quäntchen an Irritation schaffen. Irritation – das ist für mich das eigentliche Zauberwort. Nur über eine Irritation setzt sich der Denkapparat in Bewegung. Wenn ich nur auf Bekanntes stoße, wird nichts passieren. Das ist ein Prinzip, das ich hier, aber auch schon an früheren Orten, seit über anderthalb Jahrzehnten anwende. Eigentlich entscheidet es sich schon im ersten Moment, ob ich jemanden mit einer Ausstellung packen kann. Mache ich ihn neugierig oder nicht? Der Besucher muss spontan sagen: „Moment mal, was ist das denn?“, dann wird er auch dranbleiben, weiter schauen, weiter denken.

MS: Fragen stellen.

UK: Fragen stellen, sich selbst damit beschäftigen. Und natürlich hat er dann auch die Möglichkeit, zusätzliche Informationen klassischerer Art zu nutzen, wie etwa Führungen. Aber letztendlich muss eine Ausstellung, muss ein Museum, sogar ein Museum für zeitgenössische Kunst, auch ohne diese Vermittlung den Denkprozess auslösen können. Und genau das erleben wir hier.

Ich habe großes Vertrauen in das Publikum. Das ist ja nicht dumm, kein Mensch ist dumm. Es kommt nur auf die Initialzündung an, und die muss ich ihm liefern. Wenn er dann reagiert, in welcher Form auch immer, positiv oder negativ, habe ich mein Ziel erreicht. Denn auch das Negative ist eine Reaktion. Und das Positive kann eine negative Reaktion sein, wie auch immer. Es muss nur eine Initialzündung geschaffen werden, um den Denkprozess auszulösen.

MS: Da sind wir genau an dem für Kunst und Wirtschaft gleichermaßen zentralen Punkt: über Irritation Initiative erzeugen. Hier geht es um Potenzialentwicklung: Wie bringe ich den Menschen auf den Weg, dass er seine eigene Frage findet und nicht meine Antworten lernt? Und zum Stichwort Irritation fällt mir natürlich Ihre Ausstellung von Teresa Margolles ein ...

UK: Ja, der konnte man sich wirklich nicht entziehen. Teresa Margolles ist eine mexikanische Künstlerin. Als Auftakt der Ausstellung trat man in die große zentrale Halle dieses Hauses ein und sah von den Balkonen große Seifenblasen, durch spezielle Maschinen erzeugt, herunterschweben. Das war ein sehr poetischer Moment. Das ist etwas, wo jeder Mensch, ob jung oder alt, ob sich für Kunst interessierend oder nicht, fasziniert ist, diesem Spiel des Fallens durch die Luft zuzuschauen, dieser Spiegelung der Seife, die ja in den verschiedensten Farben changiert, die Seifenblasen aufzufangen, das Zerplatzen zu beobachten. Und dann kam der Moment, in dem der Besucher erfuhr, dass dem Wasser dieser Seifenblasen das Wasser von gewaschenen Leichnamen aus Mexiko zugesetzt war. Dieses Schockerlebnis nach der vorhergehenden Erfahrung der Schönheit: Das ist die Kraft der Kunst! Über dieses Spannungsmoment kann nur die Kunst verfügen. Hier war der Mensch im buchstäblichen Sinne berührt.

MS: Verbunden. Im physischen Kontakt.

UK: Aus dieser Ausstellung ist keiner hinausgegangen, ohne sich damit nachhaltig zu beschäftigen, was das jetzt eigentlich war und was es bedeutet. Er musste sich zwangsläufig auch mit dem Kontext auseinandersetzen, in dem die Künstlerin arbeitet.

MS: Ich war mit einer Gruppe in der Ausstellung, es war ein Seminar „Kreativität & Entwicklung“. Wir hatten nach dem Ausstellungsbesuch wie immer ein abschließendes Gespräch, und das war eines der tiefsten überhaupt. An dem Abend waren wir wirklich bei Leben, Sterben, der Frage, was Kreativität im wirklichen Sinne heißt. Das Todeselement, der Absterbe-Prozess ist ja die Basis für wirkliche Kreativität. Und da waren wir natürlich durch diese Ausstellung mittendrin. Fast noch intensiver war ja der Raum, in dem man die Luft, die mit diesem Wasser befeuchtet wurde, eingeatmet hat, das war ein Schwellenerlebnis ...

UK: Wobei viele Menschen, nachdem sie schon wussten, was da jetzt eigentlich passiert, aufgehört haben zu atmen und durchgelaufen sind, ohne aber zu bedenken, dass über die Luftfeuchtigkeit das Wasser in jedem Fall auf ihre Haut kommt.

MS: Die Teilnehmer/innen haben schnell begriffen: „Was Teresa Margolles hier erfahrbar macht, passiert mir mit meinen größten Feinden jeden Tag – sie atmen meine Luft ein und ich ihre. Ob ich einen Menschen leiden kann oder nicht, es bleibt mir nicht erspart, ihn so tief in mich hineinzunehmen.“ Das war für mich ein sehr eindrückliches Beispiel von Berührtwerden und wie aus einer solchen Situation Fragen entstehen.

UK: Was wurde diese Ausstellung erst kritisiert! Viele Menschen hier im Frankfurter Umfeld haben gesagt, da gehen wir nicht hin, auf keinen Fall! Die, die drin waren, haben aber dann die anderen überzeugt, haben gesagt: „Nein, da musst du aber einfach hin, diese Erfahrung, der musst du dich jetzt aussetzen.“ Und dann sind auch viele gekommen, trotz dieser ganz, ganz großen Schwellenangst.

Hier haben wir es einfach mit einem Tabu zu tun, das in unserer Gesellschaft über Jahrzehnte immer größer geworden ist. Der Tod hat in unserer Gesellschaft keine Sinn-Bilder mehr – man sieht einfach auch keine Toten mehr, obwohl es die natürlichste Sache der Welt ist, genauso natürlich wie die Geburt. Und Teresa Margolles geht ja genau mit diesem Selbstverständnis um. Wir kennen andere Kulturkreise, die den Tod genauso feiern wie die Geburt, nur in unserer Gesellschaft wird dieser Bereich komplett ausgeblendet.

MS: Ich komme vom Bauernhof und sah noch meine Großmutter aufgebahrt im Wohnzimmer, wofür ich immer noch dankbar bin. Da hat man von Natur aus einen etwas anderen Bezug zum Sterben.

Aber, um auf diese Ausstellung zurückzukommen – durch die Irritation lösen sich die Grenzen unserer standardisierten Gesellschaftsräume auf. Das ist die Voraussetzung für Entwicklung, für die Gestaltung der Zukunft.

UK: Wir werden die Zukunft nur gestalten können, wenn wir den Mut haben, etwas anderes auszuprobieren. Ohne genau zu wissen, was das Resultat ist. Deswegen ist man noch kein Kamikaze-Typ. Es braucht einfach die feste Überzeugung, dass, wenn ich drei, vier Versuche mache, einer wahrscheinlich funktionieren wird. Aber wenn ich keinen Versuch wage, dann wird überhaupt nichts mehr funktionieren.

MS: Also fordert Irritation erst mal Risikobereitschaft heraus. Ohne die Risikobereitschaft verharren wir in der Tradition, die auch in der Wirtschaft noch so mächtig ist und die vom Prinzip bestimmt ist: Fehler müssen unbedingt vermieden werden.

Bei der Ausstellung von Teresa Margolles haben wir auch schon den Punkt des Schattens berührt. Das Durchgehen durch diesen Schatten, das ja nur eine von vielen Möglichkeiten der Irritation ist, ist ganz wesentlich. Die Irritation bei Margolles setzt sehr tief an, hier geht es wirklich um eine direkte Konfrontation mit dem Schattenthema, das auf diese Weise durchdrungen und verwandelt werden kann.

Kunst im Unternehmen

UK: Herr Kolodziej, Sie haben in unserem Vorgespräch, und das verwunderte mich etwas, den Begriff der Kunst benutzt, der eine große Rolle in Ihrer internen Unternehmenskommunikation spielt. Ich habe mich gefragt, warum gebrauchen Sie gerade diesen Begriff? Ich hätte „Kultur" für viel passender gehalten, denn Kunst ist nur ein Ausschnitt von Kultur – warum also nicht „Kultur"?

MJK: Ja, wir sind mehr in der Kultur unterwegs, wenn man unsere Initiativen anschaut. Aber ich möchte, bevor ich auf diese Frage eingehe, gerne noch mal eine Parallele ziehen: Sie haben als Ausstellungsmacher eine hohe Kundenorientierung – genau wie wir. In unseren Filialen haben wir jeden Tag rund 900.000 Kaufakte, da ist die Kundenorientierung selbstverständlich. Warum kommen die Kunden zu uns? Genau wie die Besucher Ihres Museums haben unsere Kunden eine bestimmte Erwartungshaltung. Sie haben nun eben sehr schön ausgeführt, dass es nicht genügt, nur die Erwartungshaltung der Kunden zu befriedigen. Sondern wir beide müssen die Kunden überraschen. Das heißt, wir müssen den Kunden etwas geben, was sie nicht erwarten. Egal ob in der Konzeption einer Ausstellung oder im Design einer Filiale, im Sortiment oder in der Entwicklung meiner Mitarbeiter – das Überraschungselement muss ich immer bereits vordenken.

UK: Das ist es, was ich mit Irritation meinte. Irritation und Überraschung sind zwei fast identische Punkte. Ich würde meinen Job nicht machen wollen, wenn es nur darum ginge, die Erwartungshaltungen, die relativ leicht herauszufinden sind, zu bedienen. Dann gäbe es nur noch Picasso-Ausstellungen. Das ließe überhaupt nichts anderes, nichts Neues mehr zu.

MJK: Die Irritation bringt unsere Kunden dazu, zu sagen: „Ich bin freudig überrascht, ich habe mehr bekommen, als ich erwartet habe, und deswegen komme ich wieder." Wir müssen also sehen, dass wir jedes Mal wieder etwas Neues schaffen, und das geht nur, indem man sich von den tradierten Vorstellungen löst. Im Grunde genommen muss es uns gelingen, in jeder Filiale – das kann ich natürlich nicht selbst anweisen – dafür Räume zu schaffen, dass der Filialleiter und sein Team sich mit ihren Ideen einbringen können und dann den Kunden eben überraschen. Ich hoffe, in der Mehrzahl aller Fälle freudig, manchmal gibt es auch weniger erfreuliche Dinge, dann kommt der Kunde nicht wieder, denn bei uns, wie bei Ihnen, stimmen die Kunden ja mit den Füßen ab. Die singen keine schmutzigen Lieder, sondern kommen einfach nicht mehr.

MS: Die Kritiker-Szene ist da anders, die singen dann manchmal schon schmutzige Lieder. Das ist härter im Kulturbereich.

MJK: Ja, wir haben natürlich auch Kundenbeschwerden, aber das Interessante ist: Wenn ich mir die Kundenbeschwerden heute anschaue, sind die oft unglaublich offen und konstruktiv. Ein Beispiel: Da meldet sich ein Kunde per E-Mail, der eine Auseinandersetzung erlebt hat zwischen Filialleiter und Mitarbeiter. Und nun schreibt er, um mitzuteilen, dass ihm nicht gefallen hat, wie die beiden miteinander umgegangen sind. Am nächsten Tag kommt eine zweite E-Mail von ihm, er hätte mit seiner Frau drüber gesprochen, und da hat seine Frau gesagt: „Du bist ein Idiot, wie kannst du das der Firma schreiben? Die holen sich jetzt den Vorgesetzten, und dann geht es anschließend dem Mitarbeiter noch schlechter als vorher." Aber was hier eigentlich zählt, ist doch, dieses Vertrauen zu haben, das erst mal sagen zu können, dass das innerhalb eines Unternehmens aufgegriffen und verändert wird.

Wenn wir beide durch Filialen fahren würden, dann würden Sie feststellen, dass man eine gewisse Sensibilität braucht, um zu spüren, ob in einer Filiale etwas nicht stimmt, und wenn ja, was. Es kommt für mich darauf an, dass auch die Mitarbeiter ein feineres Gefühl für die Dinge bekommen, die sich eben nicht unmittelbar im Kassenbon manifestieren, sondern in der nicht vorhandenen Zusammenarbeit, in Ängsten, in Krankheit und Fluktuation. Auf diesem Weg komme ich auf Ihre Frage zurück: warum Kunst? Weil wir mit künstlerischen Mitteln versuchen, Erkenntnisse hervorzurufen, die ich mit traditionellen Mitteln, mit Schulung, nicht erreichen kann. Das ist der Hintergrund. Deswegen sage ich bewusst „Kunst" statt „Kultur".

UK: Ich sage immer, ich habe einen absoluten Traumjob. Traumjob nicht in dem Sinne, dass ich wenig arbeiten müsste – eigentlich bin ich ja 24 Stunden im Einsatz –, sondern weil es mich geistig so wach hält. Und weil es eine wahnsinnige Freude macht, den Menschen zu begegnen und mit der Kunst ein Mittel zu haben, das tatsächlich die Wahrnehmung anders prägt als alle anderen Methoden, wie wir sie aus dem traditionellen Schulsystem kennen. Kunst schafft wirklich kreative Wahrnehmung, Kunst lässt uns die Welt anders sehen. Ich kann Freude haben an den alltäglichsten Dingen der Welt, ein Farbklecks an einer Litfaßsäule oder Straßenlaterne, ein zersprungenes Fenster oder eine zufällige Szene auf der Straße, wenn sich wildfremde Menschen begegnen – was auch immer es ist. Wenn man darin etwas erkennen kann, dann fängt ein anderes Denken an. Dieses Denken und diese Art der Wahrnehmung, die müssen geschult werden, und da kann die Kunst in ihren vielfältigen Formen einen wesentlichen Beitrag leisten.

MJK: Also ich möchte Ihnen ja nicht widersprechen, aber den schönsten Job habe ich. Wir beide arbeiten im Grunde genommen am gleichen Thema, nämlich Menschen die Möglichkeit zu geben, neue Einsichten zu gewinnen. Und meine Freude ist, wenn ich Mitarbeiter bekomme, die vor zehn, fünfzehn Jahren angefangen haben, die ich über einen nicht unbeträchtlichen Teil ihrer Biografie begleiten durfte und die sich so entwickelt haben, dass sie heute große Abteilungen führen, tolle Ideen haben, ihren Mitarbeitern gegenüber positiv eingestellt sind und so auch zu Ermöglichern werden.

Und eine mindestens ebenso große Freude habe ich daran, wenn ich mit einem Filialleiter durch eine Filiale gehe und der Filialleiter die Dinge sieht, die notwendig sind, damit seine Filiale stimmig wird.

UK: Es ist schon unglaublich, dass dieser Qualitätsanspruch im Umgang mit den eigenen Mitarbeitern in der Wirtschaft keine Selbstverständlichkeit ist. Aber genau diese Qualität entscheidet dann tatsächlich über die Wahl der Einkaufsstätte. Das würde aber dann auch bedeuten, dass letztendlich die Unternehmen – und da schließe ich auch das Museum wieder als Unternehmen ein –, die hierauf Wert legen, das größte Zukunftspotenzial haben.

MS: Deshalb habe ich Michael Kolodziej gebeten, heute an unserem Gespräch teilzunehmen, deshalb arbeite ich jetzt auch schon seit 16 Jahren mit dieser Frage. Es beflügelt mich nach wie vor, wenn ich sehe, was durch Kunst ermöglicht werden kann, was Irritation in diesem Sinne auslöst, wie Menschen sich über die Auseinandersetzung mit Kunst in die Haltung des Fragens, des Perspektivwechselns entwickeln.

UK: Dafür brauchen Sie aber ganz selbstbewusste Menschen.

MJK: Ja, Entwicklung ist fluktuationsfördernd. Wir hatten die Situation, wo ein Mitarbeiter, 41 Jahre alt, zum Unternehmensgründer kam und gesagt hat: „Herr Werner, ich bin jetzt 41, mit der Entwicklung muss jetzt aber mal Schluss sein!"

UK: Was meint der jetzt mit Entwicklung?

MJK: So nach dem Motto: „Ich hab doch Abitur und Studium und ich habe einen Job – jetzt muss es doch auch mal gut sein. Mit den acht Stunden am Tag. Ich muss mich doch nicht jetzt noch mit neuen Dingen beschäftigen." Aber die Mitarbeiter, die begreifen, dass das Unternehmen die rückwärtige Wand ist, auf der sie ihre Biografie ausleben können, die sind hochzufrieden und sagen, so ein Unternehmen habe ich immer gesucht. Wir bekommen viele Bewerbungen, in denen die Menschen sagen: „Ihr habt eine Unternehmensphilosophie, ihr habt Grundsätze im Umgang mit Mitarbeitern und Kunden – da möchte ich mich einbringen!" So haben wir natürlich ein hohes Potenzial an Eigenmotivation in Mitarbeitern, die in das Unternehmen eintreten, weil sie ganz genau wissen, auf was sie sich hier verlassen können.

Wenn wir die Menschen in eine erfolgreiche Entwicklung bringen wollen, dann geht es eben nicht mehr so, dass wir sagen, so ist es und so machen wir das, sondern wir müssen die Menschen dazu führen, dass sie sich mit den Dingen auseinandersetzen, dass sie prozesshaft denken.

MS: Es geht doch grundsätzlich um die Individualität der Menschen. Wenn sich jemand von einem Unternehmen trennt, ist das ja auch wieder ein kreativer Prozess. Dann ist sich jemand darüber klar geworden, wohin er eigentlich gehört, und er hat sich den Ermöglichungsraum eröffnet, der seiner Kreativität freien Lauf lässt.

MJK: Ich möchte noch einmal einen Bogen zurückschlagen: Herr Kittelmann, Sie haben gesagt, Sie seien im Grunde genommen 24 Stunden im Einsatz. Es ist im Unternehmen wichtig, dass man aufhört, zwischen Freizeit und Arbeitszeit zu unterscheiden. Worum es geht, ist die Lebenszeit. Und wenn ich die Lebenszeit in einem Unternehmen verbringe, dann kommt es darauf an, dass ich von diesem Unternehmen wiederum viel für meine Lebenszeit bekomme. Ob ich jetzt in der Bahn, unter der Dusche oder wo auch immer eine gute Idee habe – da kann ich nicht sagen: „Ich brauche sofort eine Stechuhr!" Deswegen gibt es bei uns die selbstbestimmte Arbeitszeit. Wir lassen die Mitarbeiter selbst entscheiden. Der Filialleiter ist beispielsweise bei uns so frei, dass er sagen kann: „Heute komme ich nicht." Er muss seine Aufgabe bewältigen, wie er sie macht, das überlassen wir ihm. Aber dafür müssen wir ihn auch befähigen, und dafür brauchen wir all das, was wir jetzt gerade angesprochen haben.

MS: Lebenszeit – Arbeitszeit: Wenn ich hier mit den Menschen ins Museum komme, denken sie erst, sie wären ausgeschlossen, hätten hier nichts zu suchen und zu begreifen. Sobald sie aber hier eintauchen, merken sie: „Oh, ich war ja zu gar keinem Zeitpunkt ausgeschlossen, ich bringe ja meine Lebensfrage mit, und für die finde ich hier Raum." Im künstlerischen oder im kreativen Bereich gibt es diese Trennung in Arbeitszeit und Freizeit, dieses Ein- und Ausschließen überhaupt nicht.

UK: Alles, worüber wir jetzt reden, funktioniert nur, wenn es eine starke Identifikation mit dem Unternehmen gibt. Das ist dann letztendlich wie eine Lebenspartnerschaft. Und wenn man innerhalb einer Partnerschaft enttäuscht wird, stirbt natürlich auch immer mehr die Identifikation. Aber wer kann denn die Lebenszeit, die Sie eben als Maß angeführt haben, Herr Kolodziej, überhaupt noch vorausdenken? Wir beschäftigen hier sehr viele junge Leute auf der Basis sogenannter Werkverträge auf ein Jahr, maximal anderthalb Jahre. Viele von ihnen werden aber nach ihrem Studium keine wirklich greifbare berufliche Zukunft vor sich haben. Und das gilt für die jetzt nachkommende Generation wahrscheinlich noch einmal mehr. Die können sich schon gar keine Zukunft mehr denken. Aber warum ist das so? Das liegt sicherlich einmal an den veränderten Umständen, aber vor allem auch daran, dass sie nicht kreativ denken können. Weil sie auf das fertig Vorbereitete warten. Weil ihnen immer nur das vorgegeben wurde.

MS: Wieder ein Beispiel von dm-drogerie markt: Wir haben hier auch schon mit Auszubildenden Museumsmodule gemacht. Ich habe die Begegnung mit Kunst peu à peu aufgebaut, und am Ende von fünf Tagen hat ein junger Mann aus einer türkischen Familie in Köln ein Bild von Salvador Dalí, den „Bahnhof von Perpignan", in unglaublich intensiven Assoziationen aus seiner eigenen Erfahrung heraus erklärt. Das war ein für mich sehr anrührendes Erlebnis, weil er von seiner Tradition her nicht wusste, was die Wunde in Christi Brust bedeutet. Ich habe aber nicht einfach die Bedeutung dieser Wunde erklärt und gesagt: „Jetzt musst du dich erst mal mit christlicher Ikonographie auseinandersetzen!" Nach all den vorbereitenden Wahrnehmungsübungen und durch das eigene künstlerische Schaffen hat er wirklich über dieses Werk von Dalí so gesprochen, dass seine Chefin fast mit Tränen in den Augen dasaß, als er ihr gesagt hat, was auf diesem Bild passiert und was da alles möglich ist.

Eine andere junge türkische Auszubildende mit jenem Doppelkontext deutsche Gegenwart und türkische Tradition setzte sich in diesem Modul mit

Max Beckmann auseinander. Sie fand ein Bild von ihm faszinierend, auf dem viele Nackte zu sehen waren. Wie sollte das Mädchen mit der Nacktheit umgehen? Sie stellte dann auch die Frage: „Wie weit muss ich denn gehen?“ Da sagte ich: „So weit du willst.“ Und schließlich ist sie ganz weit gegangen in der Betrachtung dieses Bildes – vor zwanzig, dreißig Leuten, die ihr zugehört haben. In dieser Situation haben die jungen Menschen etwas in sich entdeckt, sie sind plötzlich mit sich selbst so in Berührung gekommen, dass sie sich auch jenseits der im Moment greifbaren Möglichkeit auf den Weg machen konnten. Da sind Räume aufgegangen!

UK: Das beobachten wir hier auch an den Schulklassen: Die Schüler selbst haben ein unglaublich großes Interesse, und wenn man ihnen die Möglichkeit gibt, wenn man sie auf dem Weg begleitet, passiert da sehr viel. Was ich aber gleichzeitig auch beobachten kann, ist das häufige Versagen des Lehrpersonals, die solche Barrieren im Kopf haben, so wenig bereit sind, sich auf etwas Neues einzulassen. Und wenn sie es nicht können – wie sollen es dann die Schüler können?

MS: Da sind wir wieder beim Begriff des Ermöglichers. Ich habe auch einmal Kunstgeschichte studiert und könnte viel erzählen über die Werke. Aber es kommt eben gerade darauf an, nicht sofort Antworten zu geben, diesem jungen Menschen keine Vorträge über Christentum und Dalì und Bildaufbau und Ikonographie zu halten – damit hätte ich ihn völlig blockiert.

MJK: Wenn ein Geschäftsführer als Vor-Gesetzter in eine Filiale kommt, achten die Filialleiter und die Mitarbeiter normalerweise darauf, dass sie möglichst wenige Berührungspunkte mit ihm haben. Bei uns ist es anders. Warum? Weil wir uns auf einer ganz anderen Ebene verstehen. Da begegnen sich nicht der Vor-Gesetzte und ein Azubi, sondern da begegnen sich zwei Menschen, und diese beiden Menschen haben etwas Gemeinsames, nämlich das Unternehmen und die Gestaltung im Unternehmen. Wir gehen mit einem anderen Bewusstsein aufeinander zu, lernen voneinander, haben etwas voneinander. Der Geschäftsführer hat ganz konkrete Vorstellungen, was er haben möchte, was er machen möchte, und er kann sich ausdrücken. Eigentlich machen wir uns wechselseitig Geschenke. Das bringt uns natürlich im Geistigen weiter, und das spüren auch die Kunden.

Intuition und Entscheidung

MS: Herr Kittelmann, Sie hatten von Ihrer Beobachtung erzählt, dass die Pädagogen im Museum häufig die Jugendlichen darin behindern, Fragen zu stellen. Da sind wir beim pädagogischen Auftrag von Ermöglichern allgemein, egal ob Lehrer, Führungskraft oder Museumsdirektor.

Wie gehe ich mit den Fragen der Menschen um? Wenn jemand sagt: „Das ist doch alles Quatsch hier!“, dann halte ich das schon mal für einen guten Einstiegspunkt und sage: „Ja, dann beschreib’ mir doch mal, was da dran Quatsch ist – wie fühlt er sich denn genau an für dich, dieser Quatsch?“ Hier haben dann die Beleidigtheiten der Kunstvermittler und der Künstler gegenüber derartigen Aussagen zur Kunst keinen Platz. Im Grunde braucht man diese Ermöglichungshaltung auf allen Ebenen, egal wo ich die Räume aufmachen möchte.

UK: Und zwar zu einem sehr, sehr frühen Lebenszeitpunkt. Ich las kürzlich einen Zeitungsbericht über Dänemark, wo, gemessen an der Bevölkerungszahl, die größte Filmproduktion weltweit existiert, die meisten Bücher weltweit publiziert werden und und und. Das wird darauf zurückgeführt, dass dort tatsächlich schon in der Grundschule ausdrücklich Kreativität geschult wird. Das ist eigentlich etwas so Selbstverständliches, das ist dem Menschen ja angeboren. Das hat er doch! Und das ist ja eine der höchsten Formen der Intelligenz, das Potenzial von Kreativität.

MS: Dieses Erspüren von Potenzialität ist eine wichtige Frage in Ihrer Arbeit. Wie können Sie das erspüren? Wenn Sie Kunstwerke inszenieren, soll doch so etwas wie ein gemeinsamer Klang entstehen. Entscheidend ist, ob es Ihnen gelingt, Räume zu gestalten, in denen die Menschen in Kontakt mit sich selbst, mit ihren eigenen Ideen kommen, die Potenzialität dieser Ideen erfahren und nutzen – so wie Sie vorher gesagt haben, Sie möchten an jeder kleinsten Sache da draußen aufwachen.

Das ist auch in meiner Arbeit eine wichtige Vorübung für uns, in welcher ich mit den Menschen das Rausgucken und den Perspektivwechsel übe, sie rauskatapultiere aus dem Prinzip „ein Schrank ist ein Schrank ist ein Schrank“ und sie erfahren lasse, dass das auch etwas ganz anderes sein kann. Ich muss es ja erst mal überwinden, dieses Bildungsding, diese Angst, diese traditionelle Erziehung.

Das kann beispielsweise über die Konzeption einer Ausstellung gelingen, in der, im übertragenen Sinne, dieser starke Klang in den Räumen entsteht. Dieses Phänomen, dass in einer bestimmten Konstellation plötzlich etwas wächst, dass in ihr mehr anwesend ist als nur die Summe ihrer Teile. Wie machen Sie das eigentlich? Wo und wie erspüren Sie das? Intuition?

UK: Das ist schwer zu beantworten. Ich weiß nur, dass es sehr viel Arbeit ist. Richtig mühsame Arbeit. Und das hat weniger mit Intuition zu tun als mit Wissen und mit einer Logik, das kommt tatsächlich eher einem Schachspiel gleich: welche Züge man vor welche oder neben welche setzt, um das Ziel zu erreichen. Nur dürfen diese Schwierigkeiten, diese Mühsal am Schluss natürlich nicht sichtbar sein. Aber ich glaube, es hat weniger mit Intuition zu tun ...

MS: Ich denke, Intuition ist im Arrangement des Zusammenspiels schon wichtig, hier kommt es ja auf die Synergieprozesse an, aus denen die Inszenierung lebt.

UK: Na klar, ohne das geht es nicht. Nur die Frage, wie entdeckt man Künstler, wie kann man entscheiden, ist einer ein guter Künstler oder ist einer ein weniger guter Künstler – das ist schwer in Worte zu fassen. Man entwickelt, glaube ich, über einen langen Lebensprozess hin ein intuitives Wissen, lassen Sie es uns mal so bezeichnen, um Entscheidungen treffen zu können. Dieses Moment der Entscheidung liegt mir näher als der Begriff der Intuition ... Ja, Entscheidungen, es geht immer um Entscheidungen.

MS: ... um Handlungen. Sie müssen Täter werden.

UK: Ganz genau! Ich kann nur einen gewissen Moment warten, aber dann müssen Entscheidungen her, und bei den Entscheidungen, die in unserem Bereich hier fallen, kann ich das Ende oft nicht absehen. Ich weiß nicht, ob sie richtig sind, ich weiß nur in diesem Moment, ich kann diese Entscheidung nicht weiter hinauszögern. Und dann sage ich, das wird jetzt entschieden.

MJK: Und mit den Folgen muss man leben.

UK: Und mit den Folgen muss man leben, ja. Manchmal kann man vorher abwägen und versuchen, sie sich vielleicht auch schon vorzustellen. Ich persönlich neige meistens dazu, die Entscheidung zu treffen, die die größere Herausforderung darstellt. Denn da weiß man zumindest, das wird einen wach und aktiv halten.

MJK: Im Grunde genommen haben Sie gerade das beschrieben: die Hingabe an die Aufgabe – bei uns ein geflügeltes Wort.

UK: Dann brauchen Sie allerdings auch wieder Freiräume. Wenn die Freiräume zu lange ausbleiben, ist es kontraproduktiv.

MJK: Ja, man braucht Regeneration. Man kann nicht immer mit Vollgas durch die Gegend fahren – aber was wichtig ist, ist das Dranbleiben im Geistigen. Was ich damit sagen will, ist, wenn ich einen Raum aufmache, dann gibt es auch Mitarbeiter, die diesen Raum nutzen. Und je besser sie ihn nutzen, umso besser geht es auch insgesamt der Arbeitsgemeinschaft oder der Wertegemeinschaft, wie immer man es bezeichnen will.

Das Potenzial der Kultur

MS: Herr Kittelmann, Sie hatten vorhin nachgefragt, warum „Kunst" und nicht „Kultur" im Unternehmen. Wo sehen Sie denn grundsätzlich die Hauptrisiken im Umgang mit Kunst im Unternehmen? Wo sehen Sie aus Ihrer täglichen Praxis die Risiken, die auch darin lauern können, mit Kunst umzugehen oder kunstähnliche, kunstverwandte Methoden einzusetzen?

UK: Da gibt es keine Gefahren, es kann überhaupt keine Gefahren geben. Über den Tellerrand zu schauen ist ganz, ganz wichtig. Es wäre fatal, wenn sich meine Mitarbeiter nur um die Kunst kümmern würden. Die sollen auch in andere Bereiche reinschauen und dort lernen. Kultur kann keine Gefahr bedeuten, Kunst kann keine Gefahr bedeuten, weil sie immer nur Freiheiten schafft. Nichts anderes. Weil sie Bildung schafft. Wo Bildung geschaffen wird, wird sich eine Gesellschaft immer nur positiv entwickeln, das ist die Grundvoraussetzung.

MS: Völlig richtig, so habe ich es auch nicht gemeint. Mir ging es eher darum, dass Kunst in vielen Fällen als Schönheitspflästerchen oder Placebo in einer ansonsten kunstfernen Unternehmensphilosophie oder eben nur als ein Element in der Corporate Identity eingesetzt wird.

Michael, erinnerst du dich, wir hielten mal einen Vortrag zusammen und trafen die Kuratorin einer großen Landesbank des hiesigen Raumes. Wir erzählen und erzählen und sind voll Feuer, was man da alles machen könnte, und sie weinte dann fast und meinte: „Aber die Menschen können doch gar nichts mit den Bildern anfangen, die ich an der Wand aufhänge".

UK: Das ist aber schon der nächste Schritt. Wir haben auch eine ganze Reihe von Banken als Partner. Bei diesen und auch bei anderen größeren Sponsoren spreche ich immer von der externen und der internen Kommunikation. Früher habe ich festgestellt, dass die Unternehmen von der externen Kommunikation sprachen, und ich war dann derjenige, der gesagt hat: „Ist alles wunderbar, das ist die eine Seite, aber bitte, ihr müsst es auch intern kommunizieren!" Und das war Anfang bis Mitte der 1990er Jahre noch etwas, was die Unternehmen sich im kulturellen Bereich überhaupt nicht vorstellen konnten, eine interne Kommunikation. So fragten sie, wie die denn aussehen soll. Und hier konnten wir natürlich unser Know-how einbringen. Wir luden sie ein, mal einen Mitarbeiterabend bei uns zu machen, boten Führungen an und konnten auf diesen Wegen erklären, was wir hier eigentlich machen und was da dahintersteckt. So konnte das kulturelle Engagement nach innen kommuniziert werden.

In den letzten zwei, drei Jahren sagen allerdings immer mehr Unternehmen: „Wir würden ja gerne unser kulturelles Engagement halten" – von erweitern reden sie schon gar nicht mehr – „aber wir können es nicht, weil wir Schwierigkeiten haben, unser Engagement vor dem Hintergrund von Personalabbau oder schlechten Geschäftsberichten zu kommunizieren." Das ist eine ganz fatale Entwicklung. Da wird die Kultur als Feindbild herangezogen. Wenn sie frühzeitig angefangen hätten, den Mitarbeitern die Notwendigkeit von Kultur und von Kultur fördernden Maßnahmen klar zu machen, dann würde das auch nie infrage gestellt werden. Der Mehrwert für ihr eigenes Selbstverständnis, für ihr Leben, stünde außer Zweifel. Da läuft es aber im Moment total aus dem Ruder.

MS: Aber Herr Kittelmann, daran sind die Kunstvermittler nicht ganz unschuldig. Viele haben einfach nicht den Mut, die kritischen Fragen auszuhalten, die die Menschen an die Werke richten. Auch wenn ich hier im Museum einen anderen Ansatz erlebe, haben nichtsdestotrotz die Kulturschaffenden diese Barriere mitproduziert, die eine wirkliche Verbindung verhindert.

So ist eben auch auf Seiten der Kunstvermittler Initiative gefragt – und mindestens ebenso notwendig ist es, dass sie Respekt, Verständnis und auch Irritationsbereitschaft haben für die geistigen Initiativen der Menschen vor den Bildern. Es gab Fälle, in denen mir Menschen berichteten, dass sie etwas vor einem Kunstwerk sagten und dass daraufhin ein Kunstgeschichtler gekommen ist und erwidert hat: „Das stimmt alles überhaupt nicht, was Sie sagen, um Gottes Willen, es ist ganz anders!" So etwas erleben Sie ja höchstwahrscheinlich auch in diesem Hause, solche Erweckungserlebnisse, wenn dann Menschen sagen: „Ja, ich darf auch meine eigenen Gedanken über die Werke haben, das ist genauso relevant ..."

UK: Ganz unbedingt sogar. Wenn jemand in einem Bild etwas sieht, was so noch nicht gesehen wurde, dann scheint es ja genau in diesem Bild an Potenzial drin zu sein. Ja, er hat das Recht es zu sehen, wie immer er es will. Es gibt nicht nur den einen Weg.

MS: Ich denke, da sind wir wieder mitten im Kernthema, worin auch meine Überzeugung begründet ist, dass genau deshalb die Kunst so wichtig ist, weil ich in vielen anderen Bereichen im Leben sehr wenig Variationsmöglichkeit habe. Manchmal stehen fünf Menschen vor der gleichen Arbeit, und der eine sagt, das sei für ihn aus dem und dem Grund das Furchtbarste, worauf der andere erwidert, genau das sei es, was ihn an einem bestimmten Punkt absolut positiv weiterbringe. An dieser Stelle, wo es in die Polaritäten geht, entsteht neuer Raum. Aber den mache ich natürlich kaputt, wenn ich den Menschen erzähle, was sie zu denken und zu tun haben.

MJK: Deswegen müssen Kulturschaffende und Kunst in unserem Unternehmen präsent und erlebbar sein. Wir haben jetzt für 1400 junge Menschen in der Ausbildung in diesem Jahr 56 Gruppen mit Theaterworkshops.

UK: So sichern Sie sich auf wunderbare Art und Weise Arbeitskraft.

MS: Und vor allem Kreativkraft. Aus diesem Grunde werde ich diesen Sommer zusammen mit meinen Team bei einem anderen großen Kunden für seine Auszubildenden eine Kultur-Werkstatt durchführen.

MJK: Jetzt vielleicht noch ein Aspekt über das Unternehmen hinaus: In den nächsten zehn, fünfzehn Jahren werden nur diejenigen Unternehmen überleben, die es schaffen, jedes Gramm Intelligenz ihrer Mitarbeiter zu nutzen und über das Unternehmen hinaus prozessual in Wertschöpfungsketten zu denken. Beim Erüben dieser elementaren Fähigkeiten sind Kunst und Kultur unverzichtbar. Das wird zukünftig wettbewerbsentscheidend sein, davon bin ich völlig überzeugt. Kultur wird wettbewerbsentscheidend werden!

UK: Ja das glaube ich auch. Dieses Land nennt sich ja immer noch eine Kulturnation – nur beruht dieses Verständnis auf einer Kultur, die vor langer, langer Zeit geschaffen wurde. Wir können uns nicht ewig auf Goethe berufen, obwohl es immer noch irgendwie funktioniert. Nein, es muss auch jetzt etwas geleistet werden für die Zukunft, worauf wir uns dann wieder berufen können, denn Goethe wird immer älter.

MS: Wenn man ihn nicht verlebendigt.

UK: In hundert Jahren müssen wir uns auf etwas berufen können, was wir jetzt geschaffen haben.

MJK: Weil uns sonst über die Jahre einfach die Identität abhandenkommt.

UK: Ganz genau. Deswegen glaube ich, dass sich die sogenannte Globalisierung zwar im Wirtschaftlichen erfüllen wird, nicht aber im Kulturellen. Das geht nicht, denn Kultur ist immer individuell ausgeprägt, es gibt eben verschiedene Kulturen, und da müssen wir aneinander lernen. Das wird ein ganz wichtiger Prozess sein, dass wir offen sind für die anderen, für ein anderes kulturelles Selbstverständnis und wiederum bei den anderen die gleiche Offenheit erfahren.

MS: Genau über dieses Thema haben wir einen Workshop für dm-drogerie markt durchgeführt. Der war erfolgreich, weil es eben um diese Begegnungsqualität im Erfahren verschiedener Kulturen ging, ohne Identitäten zu zerstören und ohne gleichmacherisch zu werden. Da hat das künstlerische Moment natürlich die höchste Aufgabe überhaupt, in dieses Erkennen vom anderen zu führen.

MJK: Jetzt würde ich den anfänglichen Gedanken einbinden: Wie schaffe ich es, dem anderen in seinem fremden Wollen so positiv gegenüberzustehen, dass ich das auch aushalten, vertreten, akzeptieren und unterstützen kann? Das ist genau, was Sie vorhin sagten: Wenn die Besucher hier rausgehen, dann müssen sie Fragen mitnehmen. Und die Fragen, die hier aufgeworfen sind und die sie mitnehmen, setzen voraus, dass ich die Toleranz habe, den anderen verstehen zu wollen, auch wenn ich ihn gerade noch nicht verstehe. Also das Bemühen um den anderen. Auch im Museum für zeitgenössische Kunst bemühen Sie sich, sein Anderssein zu begreifen und das fremde Wollen auch für sich selbst akzeptieren zu können. Daran fehlt es heute.

MS: Das bringt mich wieder zum Schwellenort Museum: Ich behaupte aus der Beobachtung hier: Je höher die Qualität des Schwellenortes in der Zeitgenossenschaft angesiedelt ist, desto stärker werden die Menschen dazu provoziert, in diese Frage zu kommen.

UK: Ja, ich muss doch einen Anspruch formulieren, und je höher dieser Anspruch ist, desto weiter bewegen sich die Menschen auch in diese Richtung. Wenn ich die Messlatte tief lege, dann werden sie sich damit ganz schnell zufriedengeben. Wenn ich sie anhebe, werden sie diese Herausforderung auch annehmen.

MS: Das lässt mich an mein Grundprinzip von Liebe und Freiheit denken: Sie provozieren ja sehr stark und stellen damit auch hohe Ansprüche. Andererseits, wie Sie den Prozess geschildert haben, wie Sie dazu kommen, dieses Mühsame, dieses intuitive Sammeln von Wissen, dieses Entscheiden, dieses Ringen und dieses Schauen nach den Bedürfnissen der Menschen – das ist ja die Hinwendung zum anderen. Das sind eigentlich die beiden Pole Liebe und Freiheit. Es gibt andere Ausstellungen, wo nur provoziert wird, wo niemand mitgenommen wird. Also einfach als Provokation der Provokation wegen.

UK: Ja, aber dann habe ich es am Menschen vorbei gemacht, und es kann nicht der Sinn sein, dass ich nur um der Kunst willen etwas mache. Derentwillen mache ich auch etwas, aber ich mache es vor allen Dingen der Menschen wegen.

6 Jeder Mensch ist Creator/in

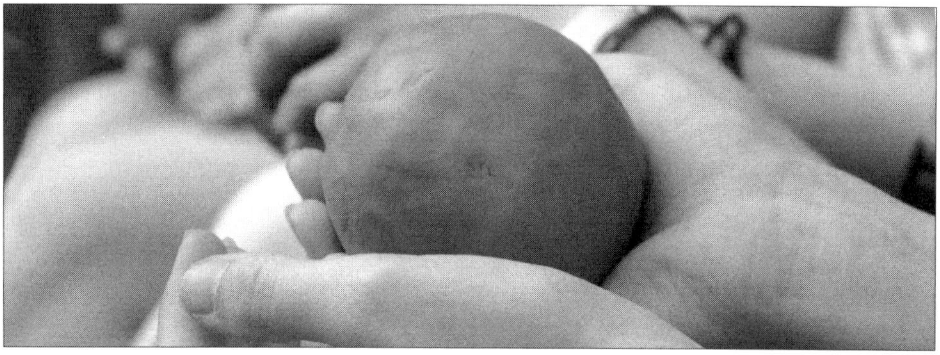

„Jeder Mensch ist Creator/in" ist ein Seminarkonzept, welches an fünf verschiedenen Orten durchgeführt wurde. Das Konzept dieses Seminars richtet sich an Führungskräfte, die in ihrer Biografie an grundsätzliche Fragen stoßen. Es ermöglicht Persönlichkeitsentwicklung und Schulung von Leadership in der aktiven Auseinandersetzung mit moderner Kunst.

Die Seminarreihe umfasste fünf Stationen und ist ein Schulungsweg zur Führungskraft. Ich nenne sie „Leadership-Lab-by-Art", denn sie bietet wie in einer Laborsituation die Möglichkeit zu forschen und zu experimentieren, und zwar nicht an Objekten, sondern in Bezug auf Wahrnehmung, Selbsterkenntnis und Selbstentwicklung. Leadership meint hier nicht nur die Führungstätigkeit in der Wirtschaft, sondern auch Selbstführung. Führungskräfte, die nicht auch sich selbst zu führen vermögen, sind lediglich Vorgesetzte. „Vor-gesetzt" heißt, wie Michael J. Kolodziej im Kapitel 5 ausführte, ein Mensch sitzt qua Hierarchie vor anderen und verdeckt ihnen den Horizont. Führung dagegen heißt, mit Menschen, die ich führe, in eine gemeinsame Bewegung zu einem neuen Horizont zu gehen. Dafür benötige ich als Basis die Erkenntnis, wie ich mich selbst in meiner Entwicklung vorwärts bewege. Dieses Wissen, das immer zur Anwendung kommen muss, wenn ich andere Menschen führe, erlange ich nur durch fundamentale Erfahrungen, Begegnungen mit mir selbst und die Reflexion darüber.

> Jegliche Kunsterkenntnis kann man sich niemals auf abstrakt-begriffliche Weise aneignen; sie ist weder lehr- noch lernbar. Es bedarf hierzu eines immerwährenden, ja lebenslangen Umgangs mit den Werken der Kunst, es bedarf der geduldig erworbenen Erfahrung des wirklichen Sehens, der tieferen Erlebniskraft

> und der schöpferischen Geistesgegenwart. Es bedarf sowohl der inneren Reife wie einer umfassenden Bildung. Es bedarf aber nicht zuletzt der Fähigkeit der Unbefangenheit, die sich immer wieder neu und frisch den Eindrücken hinzugeben vermag, ohne sich den Blick durch Vorurteile verstellen und einengen zu lassen.
>
> Zur Kunsterkenntnis bedarf es der harmonischen Vereinigung von aristotelischer und platonischer Geistigkeit im Menschen, von Freiheit und Liebe, von Wissenschaft und Kunst.
>
> Diether Rudloff

„Zeige deine Wunde“ – Den Todespunkt durchschreiten

Diese Begegnung mit sich selbst in einer radikalen Form war Thema der ersten Etappe unseres Leadership-Labs. Die Reihe begann mit Joseph Beuys' Installation „Zeige deine Wunde“ (1974/75) in München. Die Auseinandersetzung mit dieser Arbeit konfrontiert unmittelbar mit Tod und Vergänglichkeit, und schon der Titel „Zeige deine Wunde“ trifft sofort ins Zentrum. In den gängigen Schulungen für Führungskräfte kommt die Erinnerung daran, unsicher, verwundbar und sterblich zu sein, nicht vor. Dort zählen nur traditionelle, äußere Stärken: Wie werde ich erfolgreich, wie bin ich morgen noch etwas schneller? Im Seminar betraten wir unseren Weg mit der Aufforderung „Zeige deine Wunde“ genau am entgegengesetzten Ende. Wir fragten nicht: „Was wäre, wenn du deine Wunde zeigen würdest?“, sondern wir forderten auf: „Zeige deine Wunde“. In der Art, wie Beuys diesen Satz auf die Tafeln der Installation geschrieben hat – dieser dünne Strich, ganz zart, flüchtig und zerbrechlich –, ist schon die ganze Fragestellung angelegt.

Einen ganzen Tag lang stand diese Installation für uns im Mittelpunkt. Sie erschütterte zum Zeitpunkt ihrer Entstehung den normalen, bürgerlichen Kunstbegriff und tut dies auch heute noch. Die Teilnehmer/innen haben sich ohne einengendes Vorwissen, ohne kunstgeschichtlichen Kontext mit ihr beschäftigt und sich selbst eingehend befragt: Was geschieht mit mir beim Betrachten dieser Arbeit? Was bewegt mich? Eine Dreiviertelstunde wurde schweigend geschaut, nichts ausgetauscht. Es ging darum, sich wirklich einzulassen und erst dann über die persönlichen Eindrücke zu sprechen. In dieser intensiven Auseinandersetzung hatten die Teilnehmer/innen starke Assoziationen: Ängste, persönliche Ängste vor Krankheit, Verlust und Tod, die hauptsächlich von den beiden Leichenbahren ausgelöst wurden. Darüber hinaus besteht diese Installation aus einigen anderen Gegenständen, die im ersten Schauen nicht eindeutig zugeordnet werden können und insgesamt sehr bedrückend wirken.

Aus fünf Doppelobjekten stellte Joseph Beuys in den Jahren 1974/75 „Zeige deine Wunde" zusammen. Aus diversen kruden Materialien hat er eine intensive, den Besucher aufwühlende und aus seiner distanzierten Betrachterhaltung herausholende Situation gestaltet, zu Beuys' Zeiten sagte man dazu „Environment", heute ist der Begriff der „Installation" üblich.

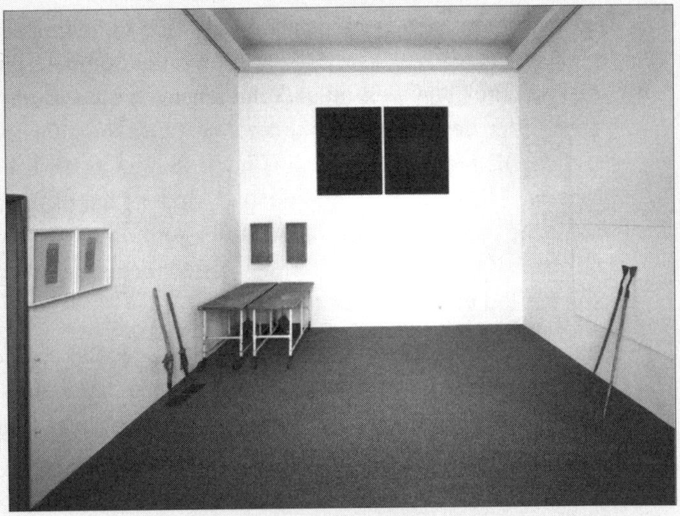

Abbildungen 27-29, Joseph Beuys, Zeige deine Wunde, 1974/75
Städtische Galerie im Lenbachhaus, München, © VG Bild-Kunst, Bonn 2008

Beuys' Installation, die ich bereits im ersten Kapitel kurz beschrieben habe, arbeitet mit Dingen, die in ihrer Materialität verschiedene Qualitäten ausdrücken und sinnlich vermitteln: das Alte, Ausrangierte (die Feldzeichen und Werkzeuge, die alten Schultafeln), den Tod (die Leichenbahren, die Vogelschädel in den Reagenzgläsern darunter), das Vorsorgen, Bewahren und Konservieren (die gazeverschlossenen Weckgläser, die Zinkblechkisten unter den Bahren), die Wärme (das Fett in den Kästen und die darin eingebetteten Fieberthermometer), die Tat und der Schritt in die Zukunft (die Zeitungen „La Lotta Continua" der italienischen Linkspartei gleichen Namens, die auf die Schultafeln geschriebene Aufforderung „Zeige deine Wunde").

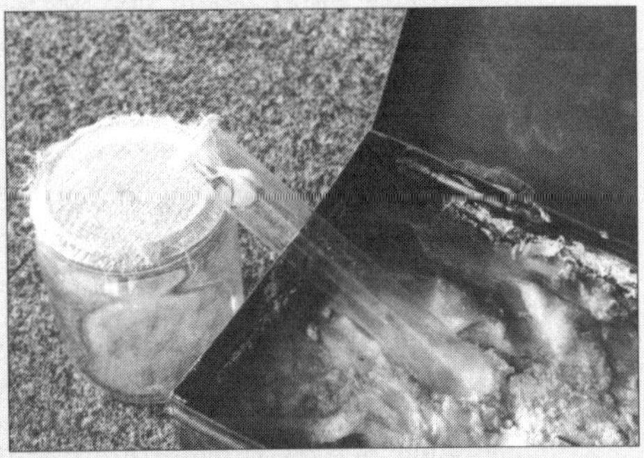

Ich finde den Begriff des „Environments" in diesem konkreten Fall sehr inspirierend, denn das ist es, was Beuys schuf, als er „Zeige deine Wunde" in einer neonhellen, kalt abweisenden, unterirdischen Halle in München aufbaute (bevor er es in der Galerie im Lenbachhaus eher in der Art eines Depots in einem vergleichsweise winzigen Raum reinszenierte): ein Um-Raum des Spürens mit allen Sinnen, der Auseinandersetzung mit den eigenen spontanen Reaktionen und Gefühlen, ein Um-Raum der Selbstreflexion und der Selbsterkenntnis.

Im anschließenden gemeinsamen Gespräch kamen wir schließlich auf tiefgreifende Fragen: Welche Rolle spielt der Tod, wenn ich etwas Neues beginnen möchte? Wie weit muss/kann ich mich öffnen und verwundbar machen? Hier begannen wir, landläufige Erfolgsbegriffe radikal in Frage zu stellen. Die meisten Teilnehmer/innen stießen an die Grenzen ihrer Akzeptanz, weil alles so „grau und düster" wirkt, so gar nicht „schön und erbaulich". Sie nahmen wahr, wie sie in der Konfrontation mit dieser Arbeit auf sich selbst geworfen werden. Sehr persönliche Geschichten von Erlebnissen mit Tod und Krankheit tauchten auf.

Dazu las ich den Teilnehmer/innen einen alten Text vor, das Märchen von der Skelettfrau. Da geht es wie in Beuys' Installation darum, wie ich im sogenannten Hässlichen das Neue aufbaue, wie ich in Grenzsituationen Erkenntnisse gewinnen kann, die mich weiterbringen.

Die Skelettfrau

Jahre vergingen, bis sich niemand mehr daran erinnern konnte, gegen welches Gesetz das arme Mädchen verstoßen hatte. Die Leute wussten nur noch, dass ihr Vater sie zur Strafe von einem Felsvorsprung ins Eismeer hinabgestoßen hatte und dass sie ertrunken war. So lag sie für eine lange Zeit am Meeresboden. Die Fische nagten ihr Fleisch bis auf die Knochen ab und fraßen ihre kohlschwarzen Augen. Blicklos und fleischlos schwebte sie unter den Eisschollen, und ihr Gerippe wurde von der Strömung um- und um- und umgedreht.

Die Fischer und Jäger der Gegend hielten sich fern von der Bucht, denn es hieß, dass der Geist der Skelettfrau dort umginge. Doch eines Tages kam ein junger Fischer aus einer fernen Gegend hergezogen, der nichts davon wusste. Er ruderte seinen Kajak in die Bucht, warf seine Angel aus und wartete. Er ahnte ja nicht, dass der Haken seiner Angel sich sogleich in den Rippen des Skeletts verfing! Schon fühlte er den Zug des Gewichts und dachte voll Freude bei sich: „Oh, welch ein Glück! Jetzt habe ich einen Riesenfisch an der Angel, von dem ich mich für lange Zeit ernähren kann. Nun muss ich nicht mehr jeden Tag auf die Jagd gehen."

Das Skelett bäumte sich wie wild unter dem Wasser auf und versuchte freizukommen, aber je mehr es sich aufbäumte und wehrte, desto unentrinnbarer verstrickte es sich in der langen Angelleine des ahnungslosen Fischers.

Das Boot schwankte bedrohlich im aufgewühlten Meer, fast wäre der Fischer über Bord gegangen, aber er zog mit aller Kraft an seiner Angel, er zog und ließ nicht los und hievte das Skelett aus dem Meer empor. „Iii, aiii", schrie der Mann, und sein Herz rutschte ihm in die Hose hinunter, als er sah, was dort zappelnd an seiner Leine hing. „Aiii", und „igitt", schrie er beim Anblick der klappernden, mit Muscheln und allerlei Getier bewachsenen Skelettgestalt. Er versetzte dem Scheusal einen Hieb mit seinem Paddel und ruderte, so schnell er es im wilden Gewässer vermochte, an das Meeresufer.

Aber das Skelett hing weiterhin an seiner Angelleine, und da der Fischer seine kostbare Angel nicht loslassen wollte, folgte ihm das Skelett, wohin er auch rannte. Über das Eis und den Schnee, über Erhebungen und durch Vertiefungen folgte ihm die Skelettfrau mit ihrem entsetzlich klappernden Totengebein.

„Weg mit dir“, schrie der Fischer und rannte in seiner Angst geradewegs über einige frische Fische, die jemand dort zum Trocknen in die Sonne gelegt hatte. Die Skelettfrau packte ein paar dieser Fische, während sie hinter dem Mann hergeschleift wurde, und steckte sie sich in den Mund, denn sie hatte lange keine Menschenspeisen mehr zu sich genommen. Und dann war der Fischer bei seinem Iglu angekommen. In Windeseile kroch er in sein Schneehaus hinein und sank auf das Nachtlager, wo er sich keuchend und stöhnend von dem Schrecken erholte und den Göttern dankte, dass er dem Verderben noch einmal entronnen war.

Im Iglu herrschte vollkommene Finsternis, und so kann man sich vorstellen, was der Fischer empfand, als er seine Öllampe anzündete und nicht weit von sich, in einer Ecke der Hütte, einen völlig durcheinander geratenen Knochenhaufen liegen sah. Ein Knie der Skelettfrau steckte in den Rippen ihres Brustkorbs, das andere Bein war um ihre Schultern verdreht, und so lag sie da, in seine Angelleine verstrickt. Was dann über ihn kam und ihn veranlasste, die Knochen zu entwirren und alles vorsichtig an die rechte Stelle zu rücken, wusste der Fischer selbst nicht. Vielleicht lag es an der Einsamkeit seiner langen Nächte, und vielleicht war es auch nur das warme Licht seiner Öllampe, in dem der Totenkopf nicht mehr ganz so grässlich aussah – aber der Fischer empfand plötzlich Mitleid mit dem Gerippe.

„Na, na, na“, murmelte er leise vor sich hin und verbrachte die halbe Nacht damit, alle Knochen der Skelettfrau behutsam zu entwirren, sie ordentlich zurechtzurücken und sie schließlich sogar in warme Felle zu kleiden, damit sie nicht fror. Danach schlief der Gute erschöpft ein, und während er dalag und träumte, rann eine helle Träne über seine Wange. Dies aber sah die Skelettfrau und kroch heimlich an seine Seite, brachte ihren Mund an die Wange des Mannes und trank die eine Träne, die für sie wie ein Strom war, dessen Wasser den Durst eines ganzen Lebens löscht.

Sie trank und trank bis ihr Durst gestillt war, und dann ergriff sie das Herz des Mannes, das ebenmäßig und ruhig in seiner Brust klopfte. Sie ergriff das Herz, trommelte mit ihren kaltenKnochenhänden darauf und sang ein Lied dazu. „Oh, Fleisch, Fleisch, Fleisch“, sang die Skelettfrau. „Oh, Haut, Haut, Haut.“ Und je länger sie sang, desto mehr Fleisch und Haut legte sich auf ihre Knochen. Sie sang für alles, was ihr Körper brauchte, für einen dichten Haarschopf und kohlschwarze Augen, eine gute Nase und feine Ohren, für breite Hüften, starke Hände, viele Fettpolster überall und warme, große Brüste.

Und als sie damit fertig war, sang sie die Kleider des Mannes von seinem Leib und kroch zu ihm unter die Decke. Sie gab ihm die mächtige Trommel seines Herzens zurück und schmiegte sich an ihn, Haut an lebendige Haut. So erwachten die beiden, eng umschlungen, fest aneinandergeklammert.

Die Leute sagen, dass die beiden von diesem Tag an nie Mangel leiden mussten, weil sie von den Freunden der Frau im Wasser, den Geschöpfen des Meeres, ernährt und beschützt wurden. So sagt man bei uns, und viele unserer Leute glauben es heute noch.

Über diesen Text näherten wir uns gemeinsam einer Neufassung des Begriffs „Leiden" im positiven Sinne, ähnlich Leonardo da Vincis Prinzip des „Sfumato", welches ja ebenfalls als Leidensprozess zu verstehen ist. Auch hier gibt es keinen geraden Weg zum Ziel. Es gilt den Zustand der Unsicherheit und Orientierungslosigkeit als essenziellen Bestandteil des Schaffensprozesses zuzulassen. Auf der Schwelle zwischen Tod und Leben liegt die große Frage nach dem Wohin und Wozu: Wo führt unser Weg eigentlich hin? Wofür war das alles gut? Themen, die auch im Arbeitsalltag Bedeutung haben: Warum erleben wir viele Dinge in der Arbeitswelt so abgetrennt von uns? Warum lassen wir uns von Routinen fortreißen? Warum nehmen wir uns keine Zeit, um auf uns selbst zu hören?

Es gibt in Beuys' Installation als Objekte zwei ungeöffnete Zeitungen mit dem Titel „Lotta continua" („Der Kampf geht weiter") – diese Parteizeitung der italienischen Linken lieferte für Beuys einen wichtigen Gedanken unabhängig von parteipolitischen Bezügen. Für ihn zählte die Aufforderung weiterzugehen, durchzustoßen. Die Teilnehmer/innen begriffen, dass sie erst dann ins Aufbauen des Neuen kommen, wenn sie sich auf den Todesdurchgang einlassen. In jedem Prozess gibt es einen solchen Todespunkt, an dem das Vertraute losgelassen werden will, um neue Wege einschlagen zu können. Künstler/innen wissen, wie leicht ihr Schaffen zur Masche verkommt, wenn sie sich nicht von ihren erprobten Werken verabschieden können.

Der Einstieg in die Seminarreihe über die Konfrontation mit Beuys' Arbeit war ein Paukenschlag. Es gibt viele Darstellungen des Todes, die uns weniger intensiv berühren. Ihre sehr konkrete Illustration des Todes entrückt ihn gleichsam – es ist ja nicht unser Tod! Anders bei Beuys. Unsere Phantasie fügt die Requisiten zusammen, und so schaffen wir uns unsere ureigene Imagination des Vergänglichen. Eine solche Konfrontation wirkt viel tiefer.

Installationen haben als künstlerisches Medium ein besonders Potenzial: Die Menschen müssen bereits rein körperlich ein klares Verhältnis zum Kunstwerk aufbauen, müssen eine Position im Raum finden. Sie können nicht im distanzierten Gegenüber verharren, sondern müssen sich entscheiden, einzutauchen oder einfach weiterzugehen. Sie müssen eine Haltung einnehmen. In einer Installation werden Betrachter zu Forschern im Geiste, weil sie sich buchstäblich ins Werk versenken können.

Ziel dieser ersten Station des Seminars war es, die Teilnehmer/innen mit einer grundsätzlichen Entscheidung zu konfrontieren. Sich hineinzubegeben in die Auseinandersetzung mit ihren eigenen Ängsten vor Tod und Verfall und zu erkennen, dass der Tod eine Station in diesem permanenten Prozess von Sterben und Werden, dem Zyklus der Wiedergeburt ist, in seiner mikrokosmischen wie in seiner makrokosmischen Dimension. Dazu müssen sie eine Möglichkeit finden, ihre Ängste zu überwinden und sich dem Gedanken zu öffnen, dass das alles dazugehört: „Lotta continua" – der kreative „Kampf" geht immer weiter. Oder sie entscheiden sich, in einer rein materialistischen Haltung draußen zu bleiben. Sie verharren im Heute und schieben das „Woher?", „Wohin?", „Wozu?" erst einmal beiseite. Auch das ist eine Lebensentscheidung, die ich respektiere. Eine Führungskraft, die Verantwortung für die Biografien anderer Menschen hat, sollte den Prozess des Sterbens und Werdens jedoch nicht nur kennen, sondern bewusst erfahren haben, um den nötigen Respekt gegenüber der Entwicklung anderer Menschen leben zu können.

Ich liebe Erfolg, ich liebe Hochleistung, und ich weiß, dass Geschwindigkeit wichtig ist. Aber ebenso wichtig ist auch die absolute Verlangsamung. Im Todespunkt, im Nullpunkt hält jede Bewegung inne. Wo der Gedanken- und Gefühlsstrom zur Ruhe kommt, herrscht Stille. Erst durch die Erfahrung des Nullpunkts erlangen wir ein Gefühl für die Rhythmik aller menschlichen Prozesse: Wo ist es sinnvoll, Situationen durch führende Impulse zu beschleunigen? Wo bedarf es dagegen einer Verlangsamung? Wo muss für eine gewisse Zeit der Stillstand ausgehalten werden? Wo ist es wichtig, sich einer Frage zu stellen, auf die erst einmal überhaupt keine konkrete Antwort in Sicht ist?

Peripherie und Kern im sozialen Zwischenraum – Der „rote Lebensfaden"

Nachdem wir an Beuys' Installation „Zeige deine Wunde" in München geübt hatten, unsere inneren Ängste, den Todespunkt als Entwicklungsmoment anzschauen, stand die zweite Station unter dem Thema: „Was hält mich als Menschen zusammen, was ist mein roter Lebensfaden?"

Einen Schwerpunkt bildete hier die Auseinandersetzung mit einer Skulptur von Alberto Giacometti in der Staatsgalerie Stuttgart: „Femme debout/ Stehende Frau". Giacometti machte in seinen Werken das Ringen um die Freilegung des Kerns, um den Vorstoß zur Essenz deutlich. Sein bildhauerisches Schaffen war von der Frage bestimmt, was den Menschen als Menschen aufrecht und auf der Erde hält. Wenn man die für seinen Stil so typischen Füße seiner Figuren sieht, die im Vergleich mit den extrem dürren Körpern als gigantische „Klumpfüße" erscheinen, entsteht der Eindruck, diese Figuren könnten niemals vorwärtskommen. Und man merkt, dass das Vorwärtskommen nicht seine innerste Frage war. Es ging ihm vielmehr um die Fragen, wie der Mensch überhaupt zu einem aufrechten Wesen werden kann – im physischen wie im geistigen Sinn –, und welche Beschädigungen und Bedrohungen ihm aus der Vereinzelung und Vereinsamung in einer Zeit ohne spirituelle Orientierung erwachsen können.

Die Übungen kreisten in dieser Sequenz mit Blick auf die Biografien der Teilnehmer/innen um folgende Fragen: Welche Einflüsse gibt es in meiner Biografie? Was hat mich zu dem Menschen gemacht, der ich bin? Welches Umfeld, welche Peripherie gibt mir Halt und hilft mir, meinen Platz in der Welt zu finden?

Giacometti hat Modelle von Plätzen geschaffen, auf denen kleine Figürchen wie installiert wirken, wie isolierte Wesen, die in ihrer Abgegrenztheit die Macht des Umraums spürbar werden lassen. Diese Werke stoßen ganz direkt die Frage an, was das Ich des Menschen ist und wie dieses Ich strukturiert ist.

In München hatten wir persönliche Entwicklung in ihrer großen Dimension als Bewegung zwischen Geburt, Tod und Wiedergeburt erfahren, die auch jeden Prozess im Kleinen bestimmt, nun wandten wir uns also der Wechselbeziehung von Peripherie und Kern zu – von Umraum und Ich. Unser Ziel war es, Bewusstsein für die Kraft des Zwischenraums, des sozialen Feldes, das uns mit unseren Mitmenschen verbindet, zu entwickeln. Es ist für Führungskräfte hoch relevant, in der Interaktion mit anderen Menschen, im sozialen Zwischenraum, die eigene individuelle Essenz, die sich wie ein „roter Faden" durch das Leben zieht, in klarem Bewusstsein zu haben. Menschenführung nur von außen hat längerfristig negative Konsequenzen, da sie keinen gemeinsamen Prozess anregt.

Der Schweizer Bildhauer, Maler und Zeichner Alberto Giacometti (1901-1966) bezeichnete es als das Ziel seines künstlerischen Schaffens, die „Totalität des Lebens" in allem, was er unternahm, wiederzugeben.

Bereits 1948, im Entstehungsjahr der „Femme debout" in der Stuttgarter Staatsgalerie, wurde die Wahrnehmung von Giacomettis extremer Reduktion des menschlichen Körpers auf ein extrem überlängtes, haardünnes Schemen mit winzigem Kopf und überdimensionierten Füßen durch ein Katalogvorwort von Jean-Paul Sartre in eine existenzialistische Richtung gelenkt und als Ausdruck einer Verzweiflung an der menschlichen Existenz in ihrer Gefährdung und absoluten Vereinsamung interpretiert. Der Künstler selbst hatte wohl anderes im Sinn.

Abbildung 30: Alberto Giacometti, Femme debout (Stehende Frau), *1948-49, Bronze, 125 x 20 x 34 cm, Staatsgalerie Stuttgart, © VG Bild-Kunst, Bonn 2008*

Wichtig war für ihn, der in seinen künstlerischen Anfängen dem Kubismus und dem Surrealismus nahestand, die Auseinandersetzung mit der Kunst außereuropäischer Kulturen, die damals als „primitive" bezeichnet wurden. Das Erratische, Idolartige, die starke Aufgeladenheit mit spirituellen Inhalten, welche deren Darstellung des menschlichen Körpers oft ausstrahlen, wirken bei Giacometti deutlich sichtbar fort.

In seinen Werken spielt das „Unsichtbare" eine beherrschende Rolle – das was den Menschen als geistig-seelisch-körperliches Wesen ausmacht und ihn in dieser Dreiheit zusammenhält. Was in Giacomettis Figuren physisch sichtbar und vorhanden ist, betrachte ich nicht als Darstellung einer skelettartig abgemagerten Essenz des Menschlichen, sondern als Orientierungsmarken des Universellen im Raum. Sie sind für mich wie Elektroden einer Batterie, um die herum sich die Spannung des Lebendigen in all seinen Dimensionen machtvoll aufbaut.

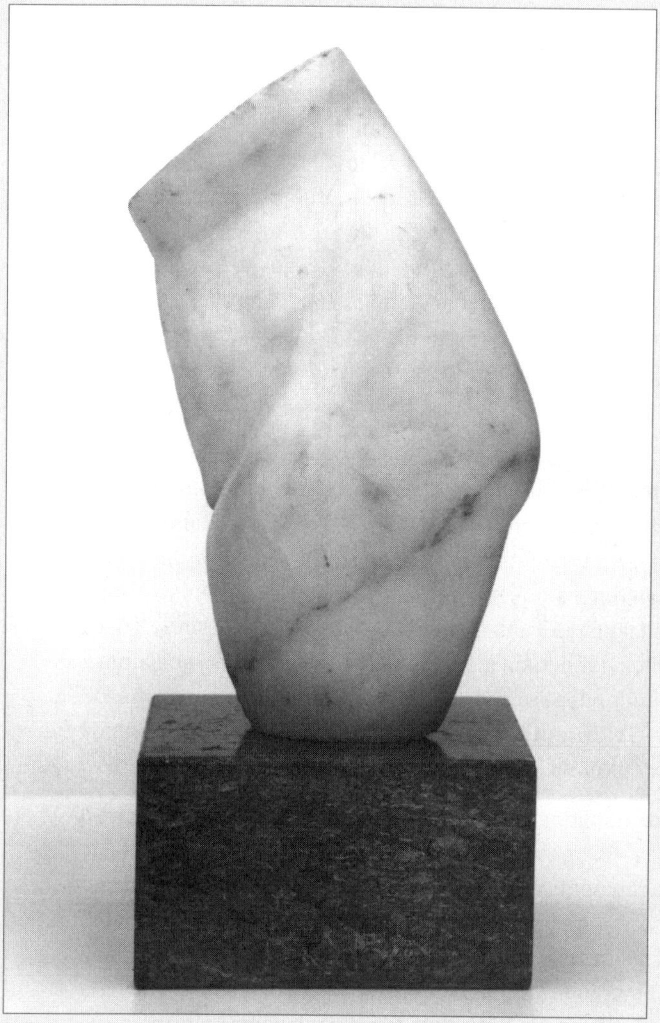

Abbildung 31: Constantin Brancusi, Torso, 1912, Marmor auf braunem Granitsockel, 31,5 x 18 x 14 cm, Staatsgalerie Stuttgart, © VG Bild-Kunst, Bonn 2008

Die kompromisslose Reduktion der Form, welche die Naturähnlichkeit aufhebt, ohne den Ausdruck des organischen Lebens zu verlieren, bestimmt wie ein Leitmotiv das Schaffen des französischen Bildhauers rumänischer Abstammung Constantin Brancusi (1876-1957).

Sein künstlerisches Grundprinzip war, Materialien so auszuwählen und mit ihnen in hoher handwerklicher Meisterschaft so umzugehen, dass deren Eigencharakter wahrnehmbar blieb und im vollendeten Werk zur Geltung kam – eine Schaffensweise, die als „Ehrlichkeit gegenüber dem Material" großen Einfluss auf nachfolgende Künstler/innen hatte. Er betonte immer, dass die Bezeichnung seiner Arbeit als „abstrakt" grundsätzlich falsch sei. Das was hier als „abstrakt" bezeichnet wurde, war für ihn selbst nämlich das Allerrealistischste – der Ausdruck der Idee, der „Essenz" der Dinge.

Der Torso in der Staatsgalerie Stuttgart ist ein relativ frühes Werk, an dem zwei wichtige Themen im Schaffen Brancusis deutlich wahrnehmbar sind: die figurative Vereinfachung und Reduktion des Körpers auf ruhige geometrische Grundmuster sowie der Dialog mit dem Material, dessen Eigenästhetik gleichberechtigt neben der durchgestalteten Form steht.

Die weitere Entwicklung seines Werks ist von einer immer stärkeren Glättung der Form wie auch der materiellen Erscheinung geprägt und führte zu so berühmten Arbeiten wie „Vogel im Raum" oder „Schlafende Muse" – einzigartige Synthesen aus organisch-geometrischer Klarheit und anrührender sinnlicher Schönheit, immer konkret etwas aus dieser Welt bezeichnend und es zugleich ins Universelle sublimierend.

Als zweites Schlüsselwerk in dieser Sequenz wählte ich eine Arbeit von Constantin Brancusi im selbem Museum: „Torso“ (1912). Die kleine Skulptur ist auf einer Seite als Torso klassisch durchgearbeitet, auf der anderen Seite als purer, roher Marmorblock belassen. Für die Annäherung an diese Arbeit wählten wir einen ganz besonderen Einstieg: Den Teilnehmer/innen wurden die Augen verbunden, und wir führten sie zur „klassischen“ Seite der Skulptur, wo wir die Binden abnahmen. Vom Anblick dieser wunderschönen, ästhetisch durchgebildeten Marmorfigur waren alle sehr angenehm berührt. Sie nahmen diese Qualität bereitwillig auf und genossen die positive Grundstimmung, die uns „schöne“ Kunst schenkt: „Die Welt ist geformt, die Welt ist eindeutig, das ist eine perfekte Form. Und wir sind in ihr ebenso geformt, wir sind erfolgreich. Alles ist gut!“

Die Teilnehmer/innen schlossen ein zweites Mal ihre Augen, und wir führten sie auf die andere Seite. Nach Maßstäben der „klassischen“ Seite sieht man dort eigentlich nichts, nur den rohen Block. Brancusi deutete das, was an Form im Stein schlummert, auf dieser Seite nur an. Es wirkt richtiggehend schockierend, wenn man von der durchgestalteten Seite in der Erwartung kommt, jetzt gehe es rundherum so weiter. Die Teilnehmer/innen öffneten die Augen und stießen auf einen rohen Block, in dem Formwerdung und Formverlust aus dem absolut Rohen heraus nur zu erahnen sind.

Nach diesem zweiten Anblick umschritten sie die Skulptur mit offenen Augen, mit der Aufgabe, die Übergänge zwischen Bearbeitetem und Rohem anzuschauen. Die Nahtstellen zwischen den beiden Hemisphären sind auf faszinierende Weise unterschiedlich, die eine wie ein scharfer Grat, als abrupter Übergang schneidend herausgearbeitet, die andere eher langsam und fließend, im Diffusen gehalten. Manche Teilnehmer/innen erschraken, als sie auf der rohen Seite ankamen – ein fruchtbarer Schock, denn aus ihm erwuchs die Erkenntnis, dass es beides braucht, dass die beiden Seiten Hemisphären einer Ganzheit bilden.

Wichtig ist die Erfahrung, dass das Potenzielle erst einmal „hässlich“ erscheinen kann. Die Begrifflichkeiten von hässlich und schön, von Harmonie und Disharmonie können im Hinblick auf den Prozess des Werdens neu definiert werden. Wenn ich mich in einem Innovations- oder Führungsprozess mit Mitarbeiter/innen oder auch in einem biografischen Prozess für das Werden entscheide, muss es die andere Seite geben: das Potenzielle.

Nach dieser Betrachtung war es dann ein Leichtes für die Teilnehmer/innen, ihre qualitativen Assoziationen vor der Skulptur auf ihre Arbeitssituation zu übertragen: „Wenn ich das Fertige habe, wenn mir jemand nur Ergebnisse liefert, ist mir das sympathisch, aber ich bin passiv. Sobald es jedoch um das Potenzielle geht, um den Entwicklungsauftrag, also die andere Hemisphäre, dann bin ich erstmal ratlos und denke, das eine hat doch mit dem anderen nichts zu tun. Plötzlich merke ich aber in dem Übergang, dass es genau das war, was eigentlich die Spannung, die Essenz dieser Skulptur ausmacht. Erst dadurch wird sie interessant. Erst dadurch wird der Entwicklungsprozess der Gestaltung sichtbar."

Diese Seminarsequenz rund um Brancusis Werk trägt den Titel „Zwischenraum – Gegenraum". Hier wird unmittelbar die Wechselbeziehung zwischen dem Vollendeten und dem Potenziellen erfahren und der Zwischenraum erkundet, der Raum zwischen beiden Zuständen. Brancusis Werk zeigt, dass die Übergänge zwischen diesen Extremen fundamental sind, sie stellen erst die Verbindung her, schaffen die Ganzheit. So wird aus zwei Reliefs eine Skulptur.

Methodisch arbeitete das Seminar mit der qualitativen Wahrnehmung oder dem qualitativen Befragen. Die Eindrücke sprudelten schnell, da die Begegnung mit der Skulptur sehr intensiv erlebt wurde. Gerade von Brancusis Werk waren die Menschen erstaunt: Wie konnte eine so kleine Skulptur sie derart in Schrecken versetzen?

Bei Brancusi lassen sich Schillers Stoff- und Formtrieb in Interaktion erfahren. Die vollendete Seite stößt spontan auf eine hohe Sympathie, die potenzielle Seite dagegen meist auf eine ebenso hohe Antipathie. Aus der intensiveren Auseinandersetzung mit der Arbeit erwächst die Erkenntnis, dass die potenzielle Seite wie ein Gegenraum wirkt, den es zuzulassen gilt, um Wachstum und Veränderung möglich zu machen. Dies ist das Reservoir, aus dem in der Führungsarbeit, im Leadership, echte Innovation geschöpft wird.

Erkenntnis erwächst in „Jeder Mensch ist Creator/in" aus Wahrnehmung und Dialog und der permanenten Selbstreflexion des Erfahrenen. Diese Erkenntnisprozesse brauchen Freiheit für Eigeninitiative in Verbindung mit sehr gezielten richtungweisenden Impulsen. Zu Beginn der Seminarreihe wies ich darauf hin, dass alles, was wir in den fünf Stationen entdecken und machen werden, ursächlich etwas mit Arbeit, Führung und Selbstführung zu tun hat. Hierdurch wurde „Leadership" als Oberthema verankert und die Aufmerksamkeit entsprechend ausgerichtet. Mehr „Vortrag" brauchte es nicht. Im A.R.T.-Prinzip wird durch künstlerisches Handeln nicht „vor-gekaut" und dann „nach-gedacht", sondern konkrete Erfahrungen werden unmittelbar erlebt und impulsieren zum „Vor-denken".

Zehnmal Marilyn – In der Wiederholung das Besondere entdecken

In der dritten Station von „Jeder Mensch ist Creator/in“ galt unsere Aufmerksamkeit einer ganz anderen Art von Kunst. Wir nahmen drei Pop-Art-Werke von Andy Warhol in unseren Fokus: Eine Serie von zehn Marilyn Monroe Porträts, in der ein und dasselbe Motiv im Siebdruckverfahren in ganz unterschiedlichen Farbkombinationen dargestellt ist. Im Anschluss die Bilder „Red Race Riot“ (1963), eine Komposition aus mehreren siebgedruckten Zeitungsfotos eines brutalen Zusammenstoßes zwischen amerikanischen Demonstranten und Polizisten auf blutrot gefärbter Leinwand. Schließlich „Eighty Two-Dollar Bills, Front and Rear“ (1962), die vierzigfache Wiederholung von Vorder- und Rückseite eines Zwei-Dollar-Scheins.

Das Grundthema für die Beschäftigung mit Warhol lautete: „Im Alltag das Besondere entdecken“. Ziel war es, über Warhols Bilder sein Leben und Handeln in der Welt unter dem Aspekt des Entwicklungswegs zu betrachten. Diether Rudloff, den ich bereits im Zusammenhang mit der fundamentalen Dualität von Liebe und Freiheit erwähnte, prägte den Begriff des „kanonischen Lebens“. Dies meint exemplarische Lebenswege, wie zum Beispiel Warhols Biografie, die nicht nur individuell gegriffen werden, sondern auch paradigmatische Lernsituationen für andere biografische Entwikklungen sein können.

Wie Beuys war Warhol ein Künstler, der sich der Welt komplett und vorbehaltlos aussetzte. Mit dem Leben und Arbeiten in seinem Atelier, der Factory, die ein Treffpunkt unterschiedlichster Menschen war, mit seinen Filmen, seinen Performances, seinen Partys und seiner Auseinandersetzung mit Pop-Musik im Kontakt mit der Band „Velvet Underground“ war er auf verschiedensten Kanälen in Kontakt mit der Welt. In Andy Warhols „Philosophy“, in der er scheinbar beiläufig über Kunst und Leben nachdenkt, finden sich viele Äußerungen, die eine durchaus meditative Grundhaltung gegenüber der Welt erkennen lassen. Es bot sich an, Warhols Haltung mit Rudolf Steiners Definition des Entwicklungswegs zu vergleichen und den Teilnehmer/innen des Seminars die Zusammenhänge anhand ausgewählter Textpassagen zu vermitteln.

In Köln begannen wir mit der Marilyn-Serie, da sie exemplarisch für Warhols Werk steht. Fast jeder hat diese Bilder schon irgendwo gesehen, jeder glaubt Marilyn Monroe zu kennen. Auf den ersten Blick bietet sich scheinbar die Wiederholung ein und desselben Bildes, eines sehr vertrauten Bildes, an. Schließlich tauchen einzelne Bilder dieser Serie, die weltweit in Sammlungen vertreten sind, millionenfach in Kalendern und Postern auf. Das ist irreführend, denn die Gesamtheit des Zyklus ist das Entscheidende, Warhol ging es in erster Linie um das Serielle.

Abbildung 32: Andy Warhol, Eighty Two-Dollar Bills, Front and Rear, 1962, Siebdruck auf Leinwand, 210 x 96 cm, Museum Ludwig, Köln © Rheinisches Bildarchiv Köln und Andy Warhol Foundation for the Visual Arts / ARS, New York 2008

Als der amerikanische Künstler Andy Warhol (1928-1987) den Siebdruck „Eighty Two-Dollar Bills, Front and Rear" schuf, entstanden im selben Jahr 1962 in der gleichen Technik Bilder von Coca-Cola Flaschen, Suppendosen, Elvis Presley, Marilyn Monroe, Fußdiagrammen für Tanzschritte aus einem Lehrbuch, halb ausgemalten „Malen nach Zahlen"-Blättern für Hobbykünstler und noch manch anderen Motiven aus der Welt. Einer Welt, die Andy Warhol umgab, die er neugierig aufnahm und zu der er doch immer eine klare Distanz wahrte.

Pop-Art als Kunstrichtung wird als Kunst des Trivialen, des Alltäglichen bezeichnet. Sie entstand Mitte der 1950er-Jahre gleichzeitig in England und den USA, als Künstler begannen, Motive aus Comic-Strips und aus der Werbung, aber auch reale Fundstücke des Alltäglichen und Kitschobjekte auf sehr unterschiedliche Art zum Thema und Inhalt ihrer Kunst zu machen.

Die Bandbreite reicht von Collagen, malerischen Umsetzungen, Materialbildern, über mechanisierte Techniken, wie den Siebdruck, bis zur plastischen Monumentalisierung von Objekten in ihrer provozierenden Banalität. Ein wichtiges Merkmal der Pop-Art ist ihre Ambivalenz gegenüber dem Sujet. Kritik der Konsum- und Mediengesellschaft ist nicht zu trennen vom Willen, das Spektrum der Kunst und des Kunstwürdigen radikal in die Welt hinein zu öffnen und die Ästhetik der Oberfläche und des Oberflächlichen zu feiern.

Abbildung 33: Andy Warhol, Marilyn, *1967, Siebdruck auf Papier, aus einer Serie von zehn Siebdrucken, jeweils 91,5 x 91,5 cm, Museum Ludwig, Köln © Rheinisches Bildarchiv Köln und Andy Warhol Foundation for the Visual Arts / ARS, New York 2008 Marilyn Monroe™ is a trademark of Marilyn Monroe LLC*

Andy Warhol relativierte in einem Gespräch aus der Entstehungszeit der Marilyn-Bilder das Image der Monroe als absolutes Sexsymbol. Wie so oft betonte er sein Interesse an der Schönheit als solcher, die sich in der Erscheinung dieses Menschen – eines „Menschen unter vielen", wie er sagte – ebenso manifestierte, wie in den Farben, mit denen er sie in seinen Bildern darstellte. Außerdem hob er den Aspekt des Todes hervor und setzte die Marilyn-Bilder in einen Zusammenhang mit anderen Arbeiten, die Menschen darstellen, die auf verschiedene Weise gestorben sind. Doch, wie er sich ausdrückte, gab es überhaupt keinen „tiefschürfenden Grund" dafür, nur einen „Oberflächengrund".

Diese Aussage kann leicht als Statement der Beliebigkeit interpretiert werden – doch sie ist nichts weniger als das. Vielmehr bringt Warhol hier den Kern seiner künstlerischen Haltung zum Ausdruck, der ein besonderer Bezug zur Welt ist. Indem er das „Tiefschürfende", die Absolutheit eines notwendigen Grunds zum Erschaffen eines bestimmten Bildes deutlich zurückweist, definiert er seine individuelle Haltung gegenüber der Welt und der Kunst über diese Welt: Ich sehe in ihr Liebe und Freiheit verwirklicht. Die Art und Weise seiner Motivwahl folgt konsequent seiner Ästhetik der universellen Zugewandtheit zur Welt.

Als ich mit den Teilnehmer/innen vor den Bildern stand, kam von Männern der Gruppe gleich: „Oh ja toll, Marilyn Monroe ..." Der Nimbus der Sexbombe war im Raum, und alles schien sonnenklar. Man freut sich, sie anschauen zu können: diesen erotischen Mund, diesen verführerischen Blick, die blonden Locken. Freigegeben für ureigene Phantasien. Wir schauten die Bilder genauer an und konzentrierten uns darauf, wie Warhol die Farben wechselt. Plötzlich gab es nicht eines, sondern eine Fülle sehr verschiedener einzelner Gesichter. Selbst wenn das Foto als Ausgangspunkt dasselbe bleibt, ist vieles anders von Variation zu Variation. Es traten zahllose kleine feine Details in die Wahrnehmung, die in immer neuen Farbkombinationen beständig anders und neu erschienen, als würden uns ganz unterschiedliche Einblicke in die Seele ein und desselben Menschen gewährt.

Warhol nutzte in seiner Siebdrucktechnik ein künstlerisches Mittel, das scheinbar beschleunigend wirkt. Das Foto zeigt sich durch die Variation in einer Vermassung. Doch Warhol zwingt uns auf diese Weise dazu, genau hinzuschauen, und führt uns paradoxerweise zurück in eine radikale Verlangsamung. Die Teilnehmer/innen erlebten, wie schnell der erste oberflächliche Blick zufrieden stellt. Ein hübsches Motiv wird entdeckt, und wir könnten das Werk eigentlich schon „ad acta" legen. Eine neue Perspektive mit Blick auf den seriellen Aspekt enthüllte die unterschiedliche Ausstrahlung der verschiedenen Farbkombinationen. Wenn wir die „Hürde" des primären Gefallens bzw. Nichtgefallens überwinden, können wir uns bewusst tieferen Qualitäten öffnen. Bei den Teilnehmer/innen flossen die Assoziationen, und es wurde die Vielfalt der Stimmungen, der Seelenzustände und der unzähligen Facetten eines Menschen angesprochen: Wie ist die rosarote Marilyn gestimmt, wie die silberne? Was bedeuten die Farben eigentlich für mich? Wann bin ich silber-schwarz, wann rosarot-blau?

Als Quintessenz entwickelte sich die elementare Erfahrung, dass es die Verlangsamung braucht, den fragenden Blick auf das Serielle, scheinbar immer Gleiche, von dem unsere Welt heute bestimmt ist. Das Serielle kann durch die Wiederholung zum meditativen Prozess werden, der den Weg zum Tiefengrund des Seins eröffnet. Warhol zeigte auch in seinen Filmen, wie er an alltäglichen Phänomenen über die enorme Dehnung der Zeit mit meditativem Blick zur Essenz der Dinge vordringt. Acht Stunden lang einem schlafenden Menschen zuzuschauen, wie in seinem Film „Sleep", scheint gähnend langweilig. Diese Beobachtung wäre mit unserem Alltagsblick in fünf Minuten abgehandelt. Setze ich mich diesem alltäglichen Phänomen jedoch in seiner enormen Dauer aus, dringe ich irgendwann in ganz andere Bewusstseinsschichten vor.

Warhol schrieb in seiner „Philosophy" von der Faszination, die das immer gleiche Alltägliche in seinem Lebensumfeld auf ihn ausübte. Hier stellt sich die Frage: Wie steige ich liebevoll – wie Warhol – in das Triviale? Wie meditiere ich es so lange, dass ich durch das Triviale zum Weltengesetz durchstoße? Entscheidend ist dieser Blickwinkel auf die Welt und wie bewusst wir ihn im Alltag halten können. Warhols Credo lautete, grundsätzlich das Richtige am falschen Ort und das Falsche am richtigen Ort zu sein. Diese weltzugewandte Distanz gab ihm die notwendige Freiheit. Wie in vielen westlichen und östlichen Philosophien zum Ausdruck gebracht, müssen wir uns jeden Tag neu öffnen, unseren Geist leeren für genau die eine Sache, die wir aufs Neue in den Fokus nehmen wollen. Das Grundthema von „Liebe und Freiheit" in neuem Gewand: den Geist frei machen von vertrauten Inhalten und alten Eindrücken, um sich vorbehaltlos einem anderen zuwenden zu können.

> Business art is the step that comes after art. I started as a commercial artist, and I want to finish as a Business Artist. After I did the thing called „art" or whatever it is called, I went into business art. I want to be an Art Businessman or a Business Artist. Being good in business is the most fascinating kind of art. ... Making money is art and working is art and good business is the best art.
>
> Andy Warhol

Wichtig war in unserem Seminarkontext, dass Warhol Kunst und Business in einer sehr organischen Weise miteinander verband, was seine buchstäbliche Illustration nicht zuletzt im Bild „Eighty Two-Dollar Bills" findet. Warhol war in seiner Kunst absolut kommerziell, mitten im Geschäft, mitten im Tempo. In der starken Mechanisierung und Repetition seiner Vorgehensweise hat er eine Synthese aus Kreation und optimaler Vermarktung gefunden. Er war kein inaktiver Mensch. Er lebte in seinem Leben permanent mehrere Leben – das eines Künstlers, Geschäftsmanns, Regisseurs, Philosophen et cetera. Für das Seminar war dies ein hervorragender Anknüpfungspunkt. Wir stießen auf die Frage: Wo kann diese Synthese von Kunst und Leben im Alltag verwirklicht werden? Wo kann diese hohe Aufmerksamkeit im Immer-wieder-neu-Anschauen des Gewohnten Raum finden? In jeder Begegnung mit Menschen, mit Waren, mit Dingen! Die Teilnehmer/innen kommen jeden Tag an den gleichen Arbeitsplatz, und dennoch ist dieser nie derselbe – wie auch Marilyn in Lila und Rosa nicht Marilyn in Schwarz und Silber ist, oder gar in Gold. Das erkennen wir eben dann, wenn wir uns jedes Mal neu faszinieren lassen.

Eine ganz andere Wirkung als von den „Marilyns" geht von „Red Race Riot" aus, einer Verfremdung von sehr brutalen Fotos. Warhol provoziert den Betrachter unmittelbar, indem er diese grauenvollen Motive ganz nüchtern, Bild für Bild, in Serie wiederholt. Im Betrachten dieser Bilder stoßen wir

Abbildung 34: Andy Warhol, Red Race Riot, *1963, Siebdruck auf Acryl auf Leinwand, 350 x 210 cm, Museum Ludwig, Köln*
© Rheinisches Bildarchiv Köln und Andy Warhol Foundation for the Visual Arts / ARS, New York 2008

Gewalt, Tod und Verbrechen und deren Erscheinung in den Alltagsmedien, insbesondere Zeitungen und Illustrierte, waren bereits ein selbstverständliches Thema in Warhols Kunst, bevor er die Technik des Siebdrucks für sich entdeckte und noch Zeitungsseiten in meist monumentale Malerei umsetzte. In „Red Race Riot" verwendete er zwei Reportagefotos aus dem „Life"-Magazin, die das brutale Vorgehen der Polizisten gegen schwarze Bürgerrechtsdemonstranten in Birmingham/Alabama zeigen – damals tagesaktuelle Ereignisse, die die amerikanische Gesellschaft in ihren Grundfesten aufrüttelten.

Aus der heutigen Perspektive, in der Andy Warhol ein Klassiker der Kunstgeschichte ist, kann nur noch mühsam nachvollzogen werden, wie provozierend diese Art der künstlerischen Umsetzung dieser (die Fotos tauchen auch noch in anderen Arbeiten vor andersfarbigen Hintergründen auf), aber auch anderer Motive, auf viele Menschen zu jener Zeit gewirkt hat.

Andy Warhol scharte seit 1963 in einem großen Atelier, das als „Factory" bekannt werden sollte, eine wachsende und sich immer wieder verändernde Gruppe von Menschen ganz unterschiedlicher Herkunft und Begabung um sich, um mit ihnen zu arbeiten. Dies ermöglichte nicht nur eine stetig wachsende Produktivität in den mittlerweile schon berühmten Warhol-Siebdrucken, sondern führte auch zu einer breiten Palette künstlerischer Projekte, hauptsächlich Filmen, aber etwa auch zur Zusammenarbeit mit der Rockband „Velvet Underground".

Diese radikale Veränderung der Arbeitsweise, weg vom Modell des einsam schaffenden Genies, hin zum Prinzip des unter klarer Führung von Warhol hochkreativen Kollektivs – also einerseits „Industrialisierung" anstelle des Dogmas des Eigenhändigen, andererseits die Entwicklung und Umsetzung vielfältiger Impulse aus einem kreativen Pool unterschiedlichster Individuen –, ist eine konsequente Fortsetzung der Philosophie der Pop-Art in die Bedingungen des Schaffensprozesses.

immer auch auf unseren Voyeurismus. Eine wichtige Erkenntnis für uns war in der Auseinandersetzung mit diesem Bild, dass wir an die Kunst mit einer ganz anderen Wahrnehmungshaltung herangehen, als an das alltägliche Leben. Hier ist es sechsmal das gleiche Foto, aber wenn wir morgens die Zeitung aufschlagen, dann ist es tausendfach das gleiche Bild, doch es berührt uns nicht mehr.

In der Kunst wirken Bilder auf einer ganz neuen Wahrnehmungsebene, die sich von anderen Medien grundsätzlich unterscheidet. Ich möchte es so formulieren: Bei der Schaffung eines Bildes ist der Künstler, auf welchem Level auch immer, bereits einen Entwicklungsweg des neuen Blicks gegangen. Bei Warhol empfinde ich in dieser Hinsicht einen hohen Grad der Durchdringung. Seine Botschaft lautet für mich: „Sensibilisiere dich für die Welt! Schau' einfach, was du jeden Tag tust und woraus du dich bildest!" Ähnlich Giacomettis Aufforderung: „Fasse deine Peripherie ins Auge!"

> They always say that time changes things, but you actually have to change them yourself.
>
> Andy Warhol

Im Seminar wurden die Betrachtungen der Werke in dieser Sequenz durch eine Fülle praktischer Übungen ergänzt. Es sollte beispielsweise eine serielle Arbeit im Warholschen Sinne erstellt werden: Die Teilnehmer/innen fotografierten sich gegenseitig, und in diesen großformatigen Fotos wurden mit Stiften die markanten Konturen und Linien in verschiedenen Varianten akzentuiert, bis eigene Serien entstanden. Hier wurde das Grundprinzip von Warhols Schöpfungsprozess im eigenen Tun selbst erlebbar: Ich erschaffe mit meinem Blick auf das Gegenüber, dem Bild, das ich mir von ihm mache, immer auch dieses Gegenüber selbst neu. Alles, was ich zu erkennen meine, offenbart sich mir permanent neu, wenn ich mich intensiv damit auseinandersetze. Und die Teilnehmer/innen konnten erfahren, was mit ihnen selbst geschieht: Die eigene Wahrnehmung des Gegenüber verändert sich beständig, wenn sie das „immer Gleiche" in eine kreativ gestaltende Wiederholung geben.

So wie hier wurden in dieser Seminarreihe an allen Stationen Übungen auf die jeweiligen Werke abgestimmt, um ein Vertiefen der Erkenntnisse durch die konkrete Erfahrung des Entstehungsprozesses eines Kunstwerks möglich zu machen. Die Übungen waren sehr vielfältig und reichten von Elementen der Bewegung über Schreiben, Malen und Zeichnen bis hin zur Fotografie.

Grenzerfahrungen – Den Schritt ins Neue wagen

Die vierte Station führte uns zu einem Wiedersehen mit Joseph Beuys. Wir besuchten die Installation „Palazzo Regale", sein letztes großes Werk, in der Kunstsammlung Nordrhein-Westfalen in Düsseldorf. Beuys hat hier auf eindrucksvolle Weise ein Bild der Auferstehung und der Verwandlung kreiert: Der Weg zum Selbst durch das Abstreifen des Unwesentlichen. Die Installation wird beherrscht von sieben großen Messingspiegeln an der Wand. Dazwischen stehen Vitrinen aus Messing wie Schatzkästen aus dem Grab eines Pharaos. Der Pharao scheint eben diese Welt verlassen und auf der anderen Seite angekommen zu sein. Die sieben großen Spiegel sind wie Tore zu einer jenseitigen spirituellen Welt, die zugleich jede/n von uns auch in der diesseitigen Welt spiegeln.

Die Teilnehmer/innen schrieben eingangs in freier Betrachtung ihre Gedanken zur Installation auf, wobei verschiedenste Assoziationen auftauchten. So etwa in Bezug auf die Gegenstände in den Vitrinen: „Da ist jemand gewandert und hat Proviant mitgenommen." All diese Gegenstände erscheinen in „Palazzo Regale" ganz anders als in „Zeige deine Wunde". Das Münchner Werk symbolisiert den Karfreitag, das Sterben, während die Düsseldorfer Installation für Ostersonntag steht, für die Auferstehung. So erfahren die Objekte der Münchner Installation in Düsseldorf eine Art Verwandlung. Die Bahren finden sich wieder in Form der schreinartigen Vitrinen. Das Prinzip der Paarungen beherrscht beide Arbeiten.

Die Begegnung mit „Zeige deine Wunde" und dem Thema von Tod und Verlust hatte etwas Schockartiges. In Düsseldorf verfügten die Teilnehmer/innen bereits über Erfahrung mit Beuys' Kunstbegriff und hatten begriffen, dass Momente der Prüfung – „Stolpersteine", die nicht einfach zu überwinden sind – einen notwendigen Teil des Entwicklungswegs in unserem Leadership-Lab bilden. So hieß es in Düsseldorf: „Aha, Beuys noch einmal... Aber das ist hier nicht so gefährlich." Die Erfahrung des Münchner Werks war anwesend, und es gab auch hier bewegende Momente. Etwa angesichts des Eisenkopfes, der wie ein stummer Schrei wirkt, oder auch des Pelzmantels, der schön drapiert in der Vitrine liegt und den Menschen, der ihn getragen hatte, so schmerzhaft vermissen lässt. Oder angesichts der beiden Becken, die wie Sonnenscheiben wirken und in ihrer Stummheit zu fragen scheinen, wo der Klang geblieben ist. Als die Teilnehmer/innen sich in diese Objekte vertieften, tauchten Empfindungen auf, die von Verlassenheit zeugen, von verlorener Fülle oder vom Weggehen. Alles mündete schließlich in die Frage: „Welche Signatur hinterlassen wir eigentlich in der Welt?"

Vor den golden schimmernden Messingspiegeln dieser Installation stehend, tauchen wir in einen besonderen Zwischenraum. In diesen leicht

Abbildungen 35-36: Joseph Beuys, Palazzo Regale, 1985, Installation, K20 Kunstsammlung Nordrhein-Westfalen, Düsseldorf, © VG Bild-Kunst, Bonn 2008

Joseph Beuys schuf die Installation „Palazzo Regale“ („Königspalast“) für eine wenige Wochen vor seinem Tod eröffnete Ausstellung im neapolitanischen Museo di Capodimonte, der ehemaligen königlichen Sommerresidenz.

In der Auswahl der Objekte, die Beuys hier in einer der beiden Vitrinen arrangierte – Requisiten von verschiedenen Performances und ein Element aus einer frühen Installation –, ist eine Art Rückschau auf den weiten Bogen seines geschaffenen Werks zu erkennen. Die andere Vitrine birgt Dinge, die auf einer Reise gute Dienste leisten und die hohen Symbolwert als Elemente des Energieflusses und der Wärme haben: ein Rucksack mit einem Filzkeil in der Seitentasche, drei elektrische Klammern mit Kupferdrähten, zwei große Nadeln sowie zwei Spazierstöcke aus Kupfer, drei Scheiben Schinken und ein großes Stück Speck.

Das beherrschende Element dieser Installation ist Messing: Die Gestelle der Vitrinen sind ebenso aus diesem Metall geformt wie die sieben großen rechteckigen Tafeln an den Wänden. Dies taucht den Raum in ein warmes, goldenes Licht und schafft eine Atmosphäre des Feierlichen und Entrückten.

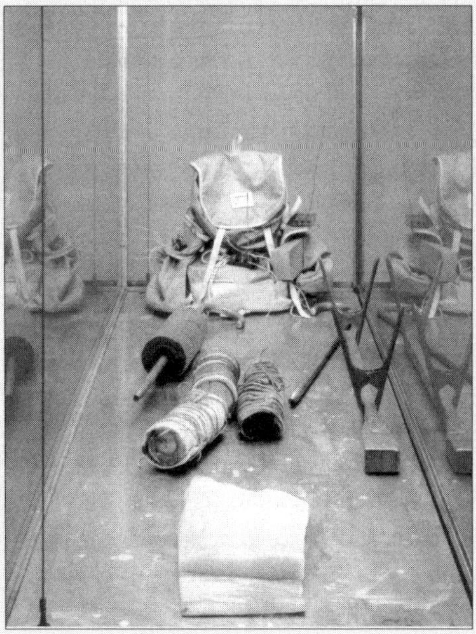

Joseph Beuys, der sich der Endlichkeit seiner Zeit wohl bewusst war, beschrieb in einem kurz vor seinem Tod gegebenen Interview die Idee des Palazzo Regale als etwas, das auch in vielen seiner früheren Werken enthalten ist und das er als die Quintessenz des menschlichen Handelns ansah: Das „Feierliche der Selbstbestimmung des eigenen Lebens und der eigenen Gesten“ im Einklang mit der „Bescheidenheit unserer Handlungen und unserer Arbeit in jedem Augenblick.“

unebenen Flächen spiegeln wir uns nicht so, wie wir uns kennen. Wir erscheinen wie verklärt im goldenen Ton, zugleich aber auch in der Verschwommenheit verunklart. So entsteht in diesem Raum ein fast magisches Moment: ein Blick auf das eigene Ich, nicht ganz klar und zugleich sehr wohlgefällig. Es herrscht ein gewisser Zwiespalt zwischen der feierlichen, goldenen Stimmung und der Mühsal, die manche Objekte in den Kästen ausstrahlen. Der Proviant, der mit Filz umwickelte Spazierstock und der Rucksack deuten auf einen beschwerlichen Weg. Andere Objekte wirken in ihrer Aura und Pracht fast königlich. Die Notwendigkeit des Durchhaltewillens, die aus „Zeige deine Wunde“ spricht, ist auch in der Vitrine mit den Objekten des Wegs deutlich präsent.

Das Moment der Grenzüberschreitung, das in „Palazzo Regale“ so unmittelbar greifbar wird, brachte ich mit dem Video „Coyote III“ von Beuys und Nam June Paik in einer weiteren Facette in unser Seminar. Einige Teilnehmer/innen stießen hier in einer Heftigkeit an ihre persönlichen Grenzen, die ich so nicht erwartet hatte.

> By passion the world is bound,
> by passion too it is released.
>
> The Hevajra Tantra

Als wir dieses Video gemeinsam ansahen, verließen sie den Raum. Sie hielten Beuys' extreme Art, den Text zu rezitieren, einfach nicht aus. Das Video wurde für Menschen, die noch nie eine Performance gesehen haben, unerträglich lang. Im Ansehen des Films fehlt uns ja die Live-Atmosphäre, und Nam June Paiks Improvisationen am Klavier sind auch nicht eben gefällig und eingängig. Beuys' radikale Sprechweise, all diese Laute und Begleitgeräusche – Husten, Atmen und Stöhnen – machen sein Ringen um die Worte direkt spürbar, mit dem er die unüberwindliche Schwierigkeit vermittelte, das Unbegreifliche der Botschaft in Worten auszudrücken.

Für mich stand bei „Coyote III“ die Zusammenarbeit zwischen Beuys und Paik im Mittelpunkt, ihre gemeinsame Improvisation über ein Sprachelement. Beuys gelingt es, mit seiner bei aller Ernsthaftigkeit immer anwesenden Spielfreude und seinem Humor Steiners Zitat, das beim ersten Hören recht eigenartig klingt, völlig „auf die Erde zu bringen“. Er spricht diese Worte auf eine Art, wie „Im Urbeginn war das Wort“ im Johannes-Evangelium gesprochen würde, und vermittelt auf diese Weise eine ganz grundsätzliche Qualität nicht nur der Reinterpretation, sondern der Neufassung. So war das Video im Zusammenhang des Seminars ein Neuschöpfungsprozess nach der Auferstehung.

Abbildungen 37-40:
Joseph Beuys/Nam June Paik, Coyote III, 1984,
Videoprints, © VG Bild-Kunst, Bonn 2008

Dieses Video dokumentiert eine Performance mit dem Titel „Coyote III“, die Beuys am 2. Juni 1984 zusammen mit Nam June Paik in Tokio in einem Konzertsaal vor großem Publikum aufführte. So geht diese Performance der Installation „Palazzo Regale“ zeitlich und biografisch unmittelbar voran.

Das Grundmuster von Beuys’ Aktion innerhalb dieser Performance war ein mantraartig wiederholter „ö-ö“-Laut, dazwischen sprach er verschiedene Sätze und Texte, unter anderem Rudolf Steiners Spruch „Erfüllung geht durch Hoffen, geht durch Sehnen, durch Willen. Wollen weht im Webenden, webt im Bebenden, webt bebend, webend bindend, im Finden, findend windend, kündend“, aber auch erst scheinbar sinnlose und zugleich provozierende Worte wie „Bach Meat Fleisch, Mozart Meat Fleisch, Beethoven Meat Schweinefleisch“. Nam June Paik improvisierte am Flügel dazu mit einem breiten Spektrum an Klaviermusik von japanischer Unterhaltungsmusik bis hin zu Stücken von Chopin. Das Video verfolgt diese ständig wiederholende Improvisation etwa eine halbe Stunde lang.

Die Performance heißt „Coyote III“, weil Beuys sich bereits in einer früheren Performance und einer Installation mit dem Tier auseinandergesetzt hat, dem er hohen Symbolcharakter zusprach. Es verkörperte für ihn einerseits die Ursprünglichkeit und spirituelle Bedeutung, die es in der Kultur der amerikanischen Ureinwohner hatte, und zugleich die Dekadenz der modernen (amerikanischen) Gesellschaften, die dieses Tier für verschlagen und furchteinflößend hielten.

Beuys setzte sich in die Rolle des Schamanen, der jenseits des Rational-Bewussten agiert und klar gedachte Grenzen verschwinden lässt – nicht nur die zwischen Tier und Mensch, sondern auch zwischen den Kulturen.

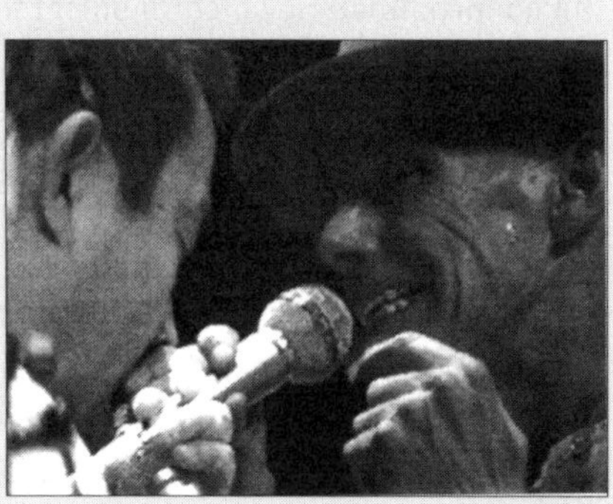

Aber viele der Teilnehmer/innen drangen beim Anschauen des Videos in der ersten Begegnung nicht zu den Inhalten vor, sondern wurden von der Form komplett abgeschreckt. Die Vorurteile über Beuys, die nach der intensiven und fruchtbaren Auseinandersetzung in München in den Hintergrund getreten waren, kamen jetzt mit Macht wieder. Diese Situation wandelte sich erst, als wir inhaltlich in Steiners Spruch einstiegen. Es wurde sichtbar, wie viel jene eingangs unverständlichen Worte mit der eigenen Persönlichkeit und der Arbeit als Führungskraft zu tun haben. Das Motto „Erfüllung geht ..." konfrontiert uns mit der Frage, wo ich selbst Erfüllung suche, auf welche Prozesse ich mich einlasse. So wurde die Performance langsam verständlicher. Die Teilnehmer/innen stellten sich die Frage: „Wie offen bin ich eigentlich für etwas ganz anderes, Fremdes, und wie bereitwillig öffne ich mich einer ungewohnten Situation? Wie bereit und offen bin ich, die ‚Erfüllung' in meiner eigenen Biographie zu finden und täglich zu realisieren?"

> „Schütze die Flamme, denn schützt man die Flamme nicht, ach eh man's erachtet, löscht leicht der Wind das Licht, das er entfachte. Brich dann Du ganz erbärmlich Herz, stumm vor Schmerz."
>
> Joseph Beuys

Beuys' Video war ein guter Spiegel für die Entwicklungsstufe, auf der wir im Moment stehen. Wie weit sind wir bislang eigentlich gekommen auf unserem inneren Entwicklungsweg, der uns in jeder Situation abverlangt, genau hinzuschauen? Diese Auseinandersetzung war sicher der grenzwertigste Moment im gesamten Seminardurchgang. Dieser „Stolperstein" machte deutlich, wer sich während dieser fünf Stationen wirklich in den Entwicklungsprozess eingelassen hatte. Und glücklicherweise gerieten die meisten Teilnehmer/innen nicht ins Straucheln, sondern erlebten den Film wie auch Steiners Zitat als zentrale Erfahrung. Dies spiegelte sich in den Rückmeldungen am Ende der Seminarreihe wider: „Ungewöhnliche Dinge bewusst aushalten lernen. Ich schaue mir dabei immer bewusst über die Schulter und halte mir so den Spiegel vor. Wahrnehmung hat nichts mit dem blanken ‚Sehen' zu tun." Einer der vielen Teilnehmer/innen, die wirklich etwas aus dem Durchgang mitnehmen konnten, schrieb: „Manchmal muss es auch schmerzen ... Üben im Ertragen, Aushalten üben ...! Aber der Coyote war eine extreme Herausforderung, es tat ‚weh', sich mit dem Thema zu beschäftigen."

Die Performance hat durchaus eine von Beuys selbst bewusst angelegte, humorvolle Qualität – es darf hier auch gelacht werden! Und die Aggressionen sind im Zusammenhang mit einem Kunstbegriff zu sehen, der in der

Kunst klassische Gestaltungsideale und einen positiven und durchgebildeten Gegenentwurf zur chaotischen Welt sucht. In „Coyote III" erwächst die Kunst aus Chaos in perfekter Durchführung. Die Teilnehmer/innen des Seminars wurden in den ersten Stationen vor allem im Darstellungsmodus des Gegenständlichen und im Medium der Installation geschult. So war der Sprung in die Performance nun sehr groß. Die Teilnehmer/innen, die zornentbrannt den Raum verlassen hatten, waren betroffen, als sie – nachdem der Zorn verraucht war – begriffen, was Beuys da eigentlich gesprochen hatte. Niemand von ihnen hatte auf den Inhalt hören können, weil die Form sie zu einem vorschnellen Urteil verleitet hatte. Sie hatten sich selbst ausgeschaltet und in ihrer Entwicklung beschnitten.

Hier eröffnete sich ein ganz direkter Transfer in die Rolle als Führungskraft: Wo bin ich bereit, auch noch nicht „abgesegnete" Inhalte oder Vorschläge zu denken und ebenso bei anderen zuzulassen? Wie weit bin ich fähig, meine eigenen Grenzen zu verschieben und zu erweitern? Nur wenn ich bei mir selbst dazu bereit bin, Grenzen auszuloten und mich in noch unsicheres Terrain zu begeben, befähige ich mich dazu, andere Menschen – Mitarbeiter/innen wie Kolleg/innen – in innovativen Prozessen zu begleiten.

Die Künstlerin Marina Abramovic äußerte einmal, Künstler/innen seien „Reiseführer zu neuen Ordnungen". Genau dies wird im A.R.T.-Prinzip durch konkretes Künstlerisches Handeln impulsiert. Aber zur guten Reiseführerin werde ich nur, wenn ich erste Forschungsreisen zur Sondierung des Terrains alleine und ohne Garantie auf Erfolg selbst unternommen habe. Dies gilt umso mehr für Führungskräfte, Ermöglicher/innen und „Selbst-Unternehmer/innen".

Virtuelle Welten – Reflexion des Alltäglichen

Was kommt nach der Neuschöpfung? Die letzte Station der Reihe war eine Variation des Schöpfungsprozesses im virtuellen Bereich. Wir besuchten das Zentrum für Kunst und Medien in Karlsruhe (ZKM), das deutsche Mekka der Medien- und Computerkunst. Dieser Ort stand bewusst am Schluss der Reihe, denn allzu oft sind wir heute von der „haptischen" Sinneswelt getrennt. Bewegung in virtuellen Prozessen ist uns allzu vertraut. Was dies für die Interaktion mit unserer Umwelt bedeutet, lässt sich über digitale und Medienkunst direkt erfahren.

In Karlsruhe bietet sich hierfür ein einzigartiger Experimentierraum, da in der permanenten Sammlung des Medienmuseums viele interaktive Arbeiten ausgestellt sind, in denen die Aktion der Besucher/innen den essenziellen Teil des Werks bildet. Die Teilnehmer/innen gingen im ZKM überall mit Eifer an die Sache und nutzten die Arbeiten ausgiebig. Vorab gab es keine Erklärungen, nur die Bitte, erklärende Schildchen nicht zu le-

Abbildung 41: Laurent Mignonneau, Christa Sommerer, The Interactive Plant Growing, *1993, Installation, Medienmuseum im Zentrum für Kunst und Medientechnologie Karlsruhe, © Franz Wamhof, VG Bild-Kunst, Bonn 2008*

Diese interaktive Computerinstallation ist ein Meilenstein im Bereich sowohl der Simulation von Wachstumsprozessen und deren graphischer Darstellung als auch in der Übertragung der Aktionen des Benutzers in den Prozess.

Fünf Topfpflanzen stehen auf Podesten vor einer großen Projektionsleinwand. Diese Pflanzen, Farne, Moose, ein kleines Bäumchen sowie ein Kaktus tragen in ihren Wurzelgeflechten Sensoren, die auf die minimalen elektrischen Spannungsimpulse reagieren, welche entstehen, wenn der Benutzer mit den Händen über die Pflanzen streicht. Sie registrieren nicht nur den Kontakt als solchen, sondern dessen Intensität und Bewegungsverlauf. Aus diesen Informationen errechnet eine aufwändige Software ein virtuelles Wachstum jeweils der Pflanze – Farn, Moos oder Baum –, die gerade berührt wird. Bewegungsrichtung und Intensität der Berührungen bestimmen direkt Struktur und Gestalt der simulierten Pflanzen, die schließlich, je nach Anzahl der gemeinsam aktiven Benutzer/innen, ein dichtes Geflecht bilden. Über die Berührung der fünften Pflanze – des Kaktus, der sogenannten „Killer Plant" – kommt ein fortschreitender Auflösungsprozess in Gang, der wieder einen Leerraum für einen neuen Wachstumszyklus schafft.

Christa Sommerer und Laurent Mignonneau sind als Künstlerduo seit Anfang der 1990er-Jahre aktiv und setzen sich in ihrer künstlerischen Arbeit wie in ihrer universitären Lehrtätigkeit mit Künstlichem Leben, Interaktivität und der Gestaltung von Schnittstellen auseinander. Sie haben zahlreiche internationale Preise gewonnen.

sen. Jeder lebte seine Gier, virtuell eine Scheinwelt zu erzeugen. Sie folgten ohne Blick für den Gesamtkontext den „Verführungskräften" eines egomanen Trips: Schöpfer einer neuen Welt zu werden, ohne einen Gedanken an die „Opfer" zu verlieren. Diese Mechanismen in der spielerischen Atmosphäre der Kunst selbst erfahren zu dürfen, macht für mich einen zentralen didaktischen Wert der Arbeiten im ZKM aus.

Zwei Arbeiten boten uns im Rahmen des Seminars besonders intensive Erfahrungen. Eine von ihnen war „The Interactive Plant Growing" von Christa Sommerer und Laurent Mignonneau. Das Angebot, an den lebenden Pflanzen herumtasten zu dürfen, die mit dem Computer verbunden sind, und auf diese Weise schöne virtuelle Dschungelbilder zu kreieren, wurde von den Teilnehmer/innen ausgiebig in Anspruch genommen. Leider überleben die betasteten echten Pflanzen diese Prozedur im Museumsalltag nicht lange. Unter diesem Aspekt wird hier Neugierde und Spielfreude ad absurdum geführt. Erst wenn wir unsere eigene Rolle und die Konsequenzen unseres Handels reflektieren, können wir den wirklichen Nutzen unserer „Welten" abschätzen. Sonst zerstören wir die Pflanze für ein flüchtiges Vergnügen virtueller Natur.

Wir können in der interaktiven Computerkunst auch wunderbar erproben, wie weit unser Respekt reicht, wenn Menschen, unsere natürlichen Gegenüber, nicht mehr physisch, sondern nur noch virtuell anwesend sind. Dies erfuhren wir an Lynn Hershmans Arbeit „America's Finest".

Hier wird der Sinn eines Entwicklungswegs für Leadership evident: die Zusammenhänge und Konsequenzen meines Seins und Handelns in der Welt zu begreifen und zu berücksichtigen. Mich damit auseinanderzusetzen, wie ich meine Ziele erreiche und was ich auf meinem Weg zum Ziel im Blick habe. An der Arbeit mit dem Gewehr, wo man virtuell auf andere Menschen im Museum schießen kann und dann schockartig mit den Konsequenzen seines Handelns konfrontiert ist, wird dies deutlich. Ähnlich wie bei der Arbeit von Sommerer/Mignonneau gibt es auch bei Lynn Hershmans Installation mehr als nur eine Art, sie zu benutzen und sich mit ihr auseinanderzusetzen. Die Botschaften der Künstler/innen kommen nicht immer zur Gänze bei den Benutzer/innen an. Für mich persönlich war es hochinteressant zu erleben, dass es durchaus Spaß macht, mit dem Gewehr auf Menschen zu zielen. Hier verschwimmen die Grenzen zwischen Virtuellem und Realem sehr schnell. Wir können uns vorstellen, wie auch in den realen Kriegen das Virtuelle und Reelle sich durchdringen und es vor allem jungen Menschen leicht gemacht wird, ins ganz reale Töten zu gehen.

Parallelen finden sich etwa leicht in Entscheidungsprozessen in Firmen, wo „der Zweck die Mittel heiligt". Wenn zum Beispiel der Shareholder Value in einer Zieldefinition die entscheidende oder gar alleinige Rolle spielt.

Abbildung 42: Lynn Hershman, America's Finest, *1990-94, Installation, Medienmuseum im Zentrum für Kunst und Medientechnologie Karlsruhe, © Zentrum für Kunst und Medientechnologie Karlsruhe 2008*

„America's Finest" (1990-94) gehört wie die Arbeit von Sommerer/Mignonneau zu den Pionierwerken der interaktiven Computerkunst. Auf einem hohen Sockel mit Drehgelenk ist ein echtes amerikanisches Sturmgewehr mit Zielfernrohr montiert. Sobald der Benutzer den Abzug der Waffe betätigt, erscheinen im Zielfernrohr, das in sich einen kleinen Monitor trägt, Videobilder: Es sind verstörend grausame Bilder von Kriegsschauplätzen – Vietnam, Korea, Irak, allesamt Orte, an denen diese Waffe, die das Standardgewehr der US-amerikanischen Armee ist, zum Einsatz gekommen ist.

In diese Aufnahmen sehen die Benutzer jedoch ein Bild von sich selbst einkopiert, das von einer versteckten Kamera aufgenommen wurde. Sie finden sich auf digitalem Weg in die Kriegsschauplätze transportiert und erscheinen so als Ziel im Fernrohr scheinbar vor der Waffe, die sie selbst ausgelöst haben. So erfahren sie sich zugleich in der Rolle des Täters und des Opfers.

Hershman formuliert in dieser Arbeit nicht nur ein eindrückliches Plädoyer gegen den Krieg und insbesondere Amerikas stete Bereitschaft zu militärischen Interventionen auf der ganzen Welt, sondern sie thematisiert auch den Zusammenhang zwischen dem Schießen mit einer Waffe und dem „Schießen" von Bildern mit einer Kamera. In der medialen Beobachtung, Überwachung und Abbildung können Menschen sehr schnell zu Opfern werden.

Schnell wird alles zur Makulatur, was vormals als Dialogkultur oder Entwicklung definiert wurde. Wie nehme ich die Menschen mit? Wie werden die Umstände gestaltet, dass Menschen die Prozesse mitformen können? Wie stehe ich zu meiner Verantwortung? – Diese Fragen entfallen sofort.

Im Vergleich zu den vorigen Stationen besitzt Computer- und Medienkunst eine andere Wirkung, einen anderen Reiz. Das Medienmuseum im Karlsruher ZKM erinnert an ein Technikmuseum, in dem wir viele Knöpfchen drücken und vieles selbst ausprobieren können. Die Betrachtungs- oder Benutzungshaltung ist eine ganz andere. Da redet man mehr, da macht es mehr Spaß, da ist es lustiger. Jene Frage, die ganz am Anfang der Reihe vor Beuys' Installation laut wurde: „... und das soll Kunst sein?", wurde nun, als wir uns in diesem „Grenzbereich" bewegten, nicht mehr gestellt. Im Gegenteil wurden hier erste Früchte des Entwicklungswegs sichtbar. Es zeigte sich eindeutige Akzeptanz: „Das ist Kunst, das ist eine Schnittstelle, über die ich einsteigen und etwas lernen kann." Oder auch: „Hier lerne ich nicht nur etwas über irgendwelche Künstler, sondern über mich und mein Sein in der Welt." Gerade die Kunst im ZKM ist in ihrer Interaktivität unserem Alltag sehr nahe.

Doch diese Nähe macht den Transfer auf den Alltag nicht unbedingt leichter. Es erfordert noch mehr Konzentration und Wille, Reflexion in Gang zu setzen, wenn jener stille Punkt des Fremden, ganz Anderen fehlt. Bei Beuys ist er per se vorhanden, weil er uns erst einmal gar nichts sagt. Im Umgang mit der interaktiven Kunst muss man diesen stillen Reflexionspunkt über Fragestellungen richtig einfordern. Bleibt dies aus, bewegt sich die Auseinandersetzung auf der Ebene des „Das mach ich jetzt einfach mal". Zu vieles erinnert von seiner Erscheinung und Grundstruktur her an die Welt der Playstations, Computerspiele und des Fernsehens.

Hier fehlt die gewohnte Grenze zwischen Mensch und Werk im Museum, die den Menschen distanziert und zum reinen Betrachter macht. Hier ist plötzlich fast alles möglich. In dieser Situation beginnt der Erkenntnisprozess, sobald wir uns fragen: „Warum mache ich das eigentlich? Was ich hier in Gedanken oder Virtuellem mache, will ich das auch in der Wirklichkeit oder eher nicht?"

In der Erfahrung von virtueller Kunst bietet Marshall McLuhans Gedanke „The medium is the message" eine perfekte Reflexionsleitlinie: Schau nicht nur darauf, was kommt, sondern wie es zu dir kommt und was es mit dir macht. Auf den Transfer in die Bereiche Unternehmensentscheidungen und Leadership bezogen, bedeutet dies: Habe ich sowohl das „Was" als auch das „Wie" im Blick? Ist es echte Entwicklung oder steuere ich nur auf das „Was", und alles andere ist mir eigentlich gleichgültig? Reflektiere ich auch wirklich die Mittel und den Gesamtprozes auf das „Wie"? Denn McLuhans

Gedanke konsequent weitergedacht, führt Unternehmen direkt zur Frage ihrer Verantwortung in Bezug auf Sustainability und ihre Corporate Social Responsibility.

„Jeder Mensch ist Creator/in" ist ein Entwicklungsweg. Transformation geschieht im Schritt vom Tod zur Wiedergeburt. Hier kommen wir zu der Grundfrage, wie wir Bewusstsein für die Ganzheit der Welt erlangen. Die Seminarreihe zeigt beispielhaft, dass wir über die Auseinandersetzung mit exemplarischen Kunstwerken der Gegenwart und des 20. Jahrhunderts einen großen Schritt näher an dieses Bewusstsein für die Ganzheit gelangen. Mit diesem Ziel wählte ich die Kunstwerke konsequent nach dem Aspekt der Grenzüberschreitung aus: Schwellenkunstwerke zwischen irdisch Fassbarem und spirituell oder geistig Erfahrbarem.

Aus dieser Grenzüberschreitung erwächst im Geistigen die Provokation zur Selbstreflexion. Zeitgenössische Kunst und Kunst der Moderne sind dann ein wunderbares Medium, wenn sie nicht religiös, dogmatisch oder moralisch vorgedacht sind, wenn Künstler wie etwa Giacometti oder Brancusi mit elementaren Themen gerungen haben. Die grundsätzlichen Fragen – wo kommen wir her, wo gehen wir hin? – sind hier nicht aus einer Ideologie, sondern aus der Individualität heraus gefasst. In der Konzeption dieser Begegnungen mit Kunst ließ ich mich grundsätzlich von der Frage leiten: Wie hat sich ein individueller Künstler von seinem Ort aus mit den Fragen des Entwicklungswegs auseinandergesetzt? Dies führte die Teilnehmer/innen auf die Spur ihres ureigenen, individuellen Selbst-Entwicklungsweges für Leadership.

7 Licht und Schatten

Licht und Schatten bestimmten unsere Auseinandersetzung mit Kunst in der Workshopreihe „Jeder Mensch ist Creator/in“, wo wir neben glückhaften Erfahrungen der Schönheit auch Begegnungen mit elementaren Ängsten und Aversionen durchliefen. Gerade dieses polare Erleben schenkte vielen Teilnehmer/innen starke Energie für Veränderungsprozesse. Wo Licht ist, ist auch Schatten. Diese Dualität hat für mich im Kontext von Unternehmen ebenso wie auf dem Weg der Selbstentwicklung grundlegende Bedeutung.

Fehler und Schuld

Schatten sind jedoch ein unbeliebtes Thema – und zwar gerade im Wirtschaftsleben. „Licht und Schatten“ als Dualität zweier gleichwertiger Zustände findet gesellschaftlich wenig Akzeptanz. Wir alle kennen den Druck, uns beständig in positiver Stimmung und im Licht des Erfolgs zu präsentieren. Die andere Seite – der Schatten, der Schmerz, der Verlust, die Trauer, der Tod, der Niedergang, das scheinbare Versagen – wird allgemein negativ bewertet. Licht und Schatten gleiten sofort in moralische Kategorien hinüber: Dies wird erwartet, jenes tut man nicht oder spricht zumindest nicht darüber.

In den drei großen monotheistischen Religionen – Christentum, Judentum und Islam – kennen wir das Paradies und die Hölle als Orte des Guten bzw. des Bösen. Unser Handeln wird in diesen Traditionen in direkte Kausalbeziehung mit unserem jenseitigen Schicksal gesetzt. Das ist unser kulturelles Erbe. Kaum jemand, der nicht gehört hat: „Wenn du das nicht machst, kommst du in die Hölle!“ Oder: „Wenn du ganz brav bist, kommst du in den

Himmel!“ Und vor diesem Hintergrund ist der Slogan „Brave Mädchen kommen in den Himmel, böse kommen überall hin!“ weniger kulturelles Erbe als ein guter PR-Versuch.

Wir lernen von Kind auf, Fehler automatisch mit persönlicher Schuld zu assoziieren. Sie gelten als persönliches Defizit. Eben diese negativ kategorisierende Bewertung erschwert die positive Weiterentwicklung nach einem Fehler. In Unternehmen passiert es oft, dass jemand etwas ganz Neues entwickelt, das nicht sofort erfolgreich ist. Wenn das Ausbleiben des unmittelbaren Erfolgs als Fehler bewertet und so moralisch belegt wird, schreckt der Mitarbeiter zurück. Er sagt sich: „Das war ein Flop, das mache ich so nie wieder!“ Und er wird sich in Zukunft an dem orientieren, wo der Erfolg garantiert und eine Belohnung sicher ist. So schränkt er seine Kreativität ein, und seine Ressourcen und Potenziale werden brachliegen. So werden Menschen zu Mittelmaß! Und wie Reinhard K. Sprenger in „Aufstand des Individuums“ sagt: „Mit dem Besonderen ... ist die Hierarchie überfordert.“

Natürlich geht es auch ganz anders. Ein Beispiel: Gabriele Fischer, die Herausgeberin des Wirtschaftsmagazins „brandeins“, hatte zuvor ein anderes Magazin ins Leben gerufen, mit dem ihr kein Erfolg beschieden war. Es floppte. Dieser Schatten brachte sie jedoch augenscheinlich nicht von ihrem Weg ab. Heute ist Gabriele Fischer mit ihrem hochinnovativen Wirtschaftsmagazin im Verlagsgeschäft stilbildend und äußerst erfolgreich.

Die Auseinandersetzung mit den Schatten wagen

Im Künstlerischen ist es für mich gar nicht vorstellbar, Misslungenes nicht genau anzuschauen. Wenn ein Objekt oder eine Installation nicht gelingt, wenn ich meine Idee nicht wirklich umsetzen konnte, muss ich mich als Künstlerin dieser Erkenntnis stellen, anderenfalls würde ich mich nicht weiterentwickeln. Am Anfang steht meine Ideenwelt, eine Imagination des Kunstwerks. Je frühzeitiger ich punktuelles Scheitern, sei es technischer oder inhaltlicher Natur, erkenne, umso besser das ganz konkrete Ergebnis des Prozesses.

Immer wenn ich aus Gründen des Selbstschutzes mein eigenes Unvermögen positiv umdeute, schreibe ich den unentwickelten Zustand gleichsam fest. Das bedeutet Stagnation. Hierzu ein anderes Beispiel: Wenn ich etwa die Eigenschaft des Gleichmutes noch nicht ausreichend besitze, kann ich mir immer sagen: „Ich bin halt cholerisch, das ist einfach so.“ So richte ich mich komfortabel in meinem So-Sein ein.

Das Anschauen der eigenen Schwächen fällt nie leicht. Wenn ich einem Schattenthema begegne, sehe ich ja erst einmal nur mein Unvermögen. Das eigene „Vermögen“ wird durch den Vergleich mit dem, „was möglich wäre" – einem Ideal, einer Norm oder einem anderen Menschen –, zum Defizit. Dieses Auseinanderfallen von Realität und Anspruch führt nicht selten zu Denkblockaden und erschwert es mir, meine geistige Orientierung zu behalten. In einem solchen Zustand geschieht es leicht, dass ich nicht nur in der prekären Situation „stecken" bleibe, sondern zeitgleich neben mir stehe und mich für dieses Unglück anklage und verurteile. Dieser doppelte Schatten, der sich zusätzlich im Außen aufbaut, begegnet uns etwa in der Psychosynthese als „Schattenpersönlichkeit", die wiederum jedes innovative Handeln behindert.

Die Angst durchschreiten

Der Schatten ist immer mit Angst verbunden. Der erste Schritt, sich von ihr zu befreien, liegt – so Otto C. Scharmer – in der Auseinandersetzung mit ihr. Kennen wir das nicht alle schon aus unserer Kindheit? Ich kann mich noch gut daran erinnern, wie ich immer abends raus ging, um die Garage abzuschließen. Hinter unserem Bauernhaus befand sich ein langer einsamer Hof, und weiter hinten lag das Garagengebäude. In der Garage standen der Traktor, das Auto und die Benzinkanister, da war es schon wichtig, nachts abzuschließen. Ich hatte als Kind eine wirklich blühende Phantasie, habe überall alles Mögliche gesehen – trotzdem wollte ich da raus. Und so bin ich abschließen gegangen, obwohl ich wusste, dass ich eine Riesenangst habe. Im Sommer gab es kein Problem, da war noch Licht, aber im Winter war es natürlich gegen sieben Uhr abends dunkel. Und im Hof keine Menschenseele. Die Tiere waren gefüttert, es war alles fertig. Ich weiß noch, dass ich erst schnell lief und dann immer langsamer ... Das Gefühl steigerte sich, bis ich am Tor ankam. Dort wurde die Angst „irrsinnig" groß. Ich dachte: „Wenn ich jetzt den Schlüssel rumdrehe, dann hört mich jeder, der sich dort vielleicht herumtreibt." Zum Garagenschloss gehörte ein großer eiserner Schlüssel, und das Herumdrehen hallte mächtig in der Garage. Da schlug mir das Herz bis zum Hals. In diesem Moment kam die Erleichterung: Ich hatte es geschafft! Jedes Mal, wenn ich danach wieder in der warmen Küche stand, spürte ich, wie glücklich ich war, weil ich da durchgegangen bin.

Diese Situation erlebte ich auch immer wieder auf unserem Heuboden. Wir brachten im Sommer das Heu ein, und ich musste es mit meiner Schwester einstampfen. Auf unserem Heuboden gab es natürlich auch ganz dunkle Ecken. Meine Schwester blieb immer da, wo die Heugabel reinfuhr und wo noch so ein bisschen Licht war. Ich habe mir dagegen immer vorgenommen, in jede Ecke vorzudringen. Wenn ich das geschafft hatte, wusste ich, jetzt bin ich durch, durch die Angst, das ist geklärt, das ist aufgeräumt – und irgendwann hatte ich dann keine Angst mehr auf dem Heuboden. Das Terrain war erforscht, und irgendwie dachte ich damals, wenn ich das mache, gehört der Heuboden mir. Wenn es mir aber nicht gelingt, habe ich immer Angst, und die dunklen Ecken werden immer als Bedrohung anwesend bleiben. Kindliche Erfahrungen mit der Angst begleiten uns alle durchs Leben und können als Orientierungspunkt zur Konservierung unserer Ängste oder zur Auseinandersetzung mit ihnen dienen.

Wir erreichen „Scheidepunkte“ in unserem persönlichen Entwicklungsweg meist in den banalen Alltagssituationen. Als ich mit Anfang dreißig nach Köln kam, war es mir plötzlich unangenehm, abends allein auszugehen in dieser neuen Stadt, in der ich niemanden kannte. Da war keine offene Angst, doch ein Unwohlsein, das mit einem Schattenthema zusammenhing. Und so beschloss ich: „Bevor ich jetzt nirgendwo mehr hingehe, übe ich das einfach.“ Ich ging also ganz gezielt alleine aus, etwa in ein Restaurant, obwohl es mir am Anfang wirklich keinen Spaß machte. Das war wie ein Trainingsprogramm, und ich habe mir dieses so erarbeitete Vertrauen in meine Unabhängigkeit bis heute bewahrt. Wenn ich heute an einem Ort alleine bin, fühle ich mich wohl und kann gut für mich sein. Durch das bewusste Ausprobieren ist der Freiheitsraum zurückgekommen.

Ein ähnlicher Prozess kann in Unternehmen gelingen, wenn Menschen die echte Möglichkeit haben, ihre Schatten selbst zu thematisieren: Ängste gegenseitig auszusprechen, Fehlschläge zu kommunizieren. Auf diese Weise wird, in der Begrifflichkeit der Psychosynthese gesprochen, der Schattenpersönlichkeit die Nahrung genommen. Wenn wir jedoch der Angst erlauben, im Hintergrund zu wirken, wird sie permanent größer und verhindert zunehmend, dass wir unser Terrain „erobern“ können. Je öfter ich durch meine Schattenthemen hindurchgehe, umso mehr erweitert sich dieses „Terrain der Möglichkeiten“. Doch Vorsicht: Das Spiel mit der Angst kann auch zur Sucht werden. Wenn wir nur auf der Suche nach dem „Kick“ sind, kommen wir unseren eigenen, tiefen Ängsten nicht wirklich näher. Hier geht es eher um scheinbare Macht denn um grundlegende Freiheit.

Das bewusste Durchschreiten von Angstmomenten birgt die Möglichkeit zur Verwandlung in sich. Hierzu noch ein Beispiel: Ich besuchte vor einigen Jahren in Italien eine etruskische Gräberstätte. Wie gesagt, habe ich schon seit Kindertagen dieses besondere Verhältnis zur Dunkelheit. In ihr habe ich das Gefühl von unendlichem Raum, von grenzenloser Weite. So öffnete sich mir, als ich allein in diese Gräber ging, plötzlich eine andere Sinnesdimension. Über das Nicht-Sehen kam ich ins Hören. Und im Hören fiel mir auf, dass jeder dieser Räume einen besonderen Klang hatte. Ich konnte in jedem Tumulus einen bestimmten Ton summen und stand mitten in meinem eigenen Klang. Entscheidend war, das Nicht-Sehen zu akzeptieren, nicht ängstlich herumzutasten, sondern es anzunehmen und mich zu sensibilisieren für diesen Klangäther. Da kam ich auf die Idee zu singen. Im Singen spürte ich, wie der ganze Tumulus mit mir ein Klangraum wurde.

Dieses Erleben weckte wie in einer Art Rückkopplung ein Urvertrauen in diese Dunkelheit und eine Offenheit für sehr intensive Sinneserfahrungen. So konnte ich in der absoluten Dunkelheit eine neue Dimension hinzugewinnen.

Schock und Orientierungslosigkeit

In der Arbeit mit Menschen ist leider nicht immer eine etruskische Grabhöhle zur Hand. Die Begegnung mit Kunst bietet uns jedoch ebenfalls die Möglichkeit der „Durchschreitung des Dunkelraums". Es gibt zum Beispiel eine Arbeit des amerikanischen Installations- und Objektkünstlers Paul Thek im Kölner Museum Ludwig, „Die Sänfte", die auch ich persönlich tief beängstigend und schockierend erlebe. In diesem Objekt, dem Arrangement einer farbbeschmierten Babypuppe, die mit Ketten in einem Holzgerüst gefesselt ist, geht es um eine extreme Körperlichkeit. Verletzung und Auflösung werden hier sehr drastisch dargestellt. In der Erstarrtheit des Kunstwerks ist das Motiv der grausamen Deformation, dem jede Lebendigkeit fehlt, ein Todesthema. Daher rühren auch der starke Schock, die große spontane Empörung und die damit verbundene Abwendung bei den meisten Teilnehmer/innen der Seminare, in denen wir dieses Werk aufsuchen.

Die „Sänfte" weist uns im Gegensatz zu Joseph Beuys' Installation „Zeige dein Wunde", die wir aus Kapitel 6 kennen, keinen Weg. Bei Beuys entdekken wir Transformation. Wir gehen durch den körperlichen Verfall und erleben durch die Offenheit des Geistes den Moment der Auferstehung. Bei Paul Thek herrscht die Physis, und es ist erst einmal kein Weg in die Transzendenz greifbar. Wir sehen ein malträtiertes Kind in einer Foltersituation als einen qualvollen Endpunkt. Diese Darstellung in Verbindung mit dem Titel „Sänfte" löst bei den meisten Menschen spontan Angst, Ablehnung und Abscheu aus. Häufig wenden sie sich schnell von dem Werk ab und sind noch lange danach aufgewühlt. Dies lässt erahnen, wie tief der mit diesem Werk korrespondierende Schatten und die Angst, sich damit auseinanderzusetzen, in vielen Menschen sitzen, und welch nachhaltige Reaktion durch das Kunstwerk ausgelöst werden kann.

Bei näherer Betrachtung wird den Besuchern klar, wovor sie eigentlich Angst haben: Sie werden sich ihrer eigenen Verletzlichkeit und ihrer Angst vor Krankheit, Verfall und Tod bewusst, die in der Begegnung mit dem Kunstwerk geweckt worden sind. Viele begegnen jedoch nicht nur ihrer eigenen Verletzlichkeit, sondern zugleich ihrem tief verborgenen Potenzial, selbst jemandem grauenvoll Gewalt antun zu können. Mir selbst erging es so angesichts der „Sänfte". Hier wird die eigene Schattenpersönlichkeit wirklich greifbar, und ich nehme in dieser Auseinandersetzung nicht nur die Position des Opfers ein, sondern auch die des Täters. Ich spüre meine unglaubliche Angst vor meinem eigenen negativen Potenzial. Wo bin ich verleitet, andere zu verletzen? Wo gestalte ich Dinge so, dass sie auf einen Todespunkt zulaufen, an dem nichts mehr möglich ist? Wo bewirke ich Stillstand und Resignation? Erst wenn das zur Sprache kommt, gestehen sich Menschen ein, dass es nicht immer nur die anderen sind, die Schatten produzieren, sondern dass auch sie selbst dazu fähig wären. Diese Erkenntnis erst lässt uns unsere wahre Freiheit erleben, uns bewusst dagegen zu entscheiden. Hier nehme ich ganz aktiv eine „Lichtposition" ein. Indem ich mir die Ambivalenz bewusst mache, habe ich die Freiheit der Wahl.

Dieser Prozess hat etwas Kathartisches. Wie im griechischen Drama nimmt das Kunstwerk eine Art Stellvertreterfunktion an. Aus diesem Grund sind auch gerade diejenigen Kunstwerke wichtig, welche im ersten Moment nicht transformativ erscheinen und keine positiven, auf die Zukunft gerichteten Fragen an mich stellen. Gerade sie können meinen Willen stärken, die Sprachlosigkeit des Schattenreichs zu überwinden und meine eigene Entscheidungsfreiheit und Entscheidungsmöglichkeit aktiv zu ergreifen.

In Seminaren wird ein solcher Weg natürlich immer von uns flankiert. Die Begleitung ist in der Auseinandersetzung mit dem Schatten überaus wichtig. Schattenthemen wirklich als Anstoß für einen bewussten Durchgang anzunehmen, bedarf grundsätzlich eines begleitenden Flusses, einer Wahrnehmung des Prozesshaften. Wenn der Schatten nicht im Prozess erlebt wird, gewinnt die destruktive Seite sofort die Oberhand, und es fällt sehr schwer, sich von ihr wieder zu befreien. Dann stecken wir fest.

Schatten nehmen uns die Orientierung, und wir sind in ihnen wie von Nebel oder Rauch umgeben, eben in jenen diffusen Sichtverhältnissen, die Leonardo da Vinci als „Sfumato" bezeichnete. Es erfordert Anstrengung diesen Zustand auszuhalten, nicht in Panik zu geraten und gleich umzudrehen. Wir müssen uns der Möglichkeit bewusst sein, immer umkehren zu können. Manchmal ist das auch das Richtige, wenn wir zum Beispiel merken, dass die Kraft im Moment einfach nicht reicht und wir tief in eine Depression rutschen würden, wenn wir trotzdem weitergingen. In diesem Fall sollten wir durchaus wieder unser „kleines spirituelles Geländer" in die Hand nehmen und uns zurücktasten. Wenn wir jedoch die Kraft zum Durchschreiten haben, hat es natürlich immer etwas unglaublich Befreiendes, diesen Chaospunkt zu durchqueren. Genau hier liegt auch der Unterschied zwischen einer Depression und dem Zustand des Sfumato: Während wir uns in einer Depression wie in einem Loch befinden, stehen wir im Sfumato in einer kompletten Leere ohne Orientierung. Im Loch stecken wir fest, in der Leere haben wir Raum, uns nach allen Richtungen weiterzubewegen.

Und in diesen Situationen müssen wir Vertrauen wagen – angefangen beim Heustock bis hin zur Auseinandersetzung mit Paul Thek oder wenn wir den wirklichen Tod eines Menschen erleben. So erging es mir selbst beim Tod von Diether Rudloff. Ich hatte damals mit ihm zusammen ein großes Projekt geplant, hier in Deutschland alle Zelte abgebrochen und war drauf und dran, zu ihm nach Spanien zu gehen. Und plötzlich war er fort und meine Lebensplanung von einem Moment auf den anderen über den Haufen geworfen. Ich erlebte einen kompletten Verlust der Orientierung und zugleich jeden Raumes. Ich fühlte mich erstickt in einer gigantischen Verengung, in der ich nicht mehr dachte, dass irgendetwas weitergehen könnte. Ich sah keinen Sinn mehr.

Ich erinnere mich noch gut, wie ich nach seiner Beerdigung nachts alleine durch die katalanischen Felder gelaufen bin und stundenlang Steine in die Luft geworfen habe – in der Hoffnung, dass mich einer auf dem Kopf trifft. Von außen betrachtet ein psychotisch anmutendes Verhalten. Ich fühlte mich, als würde ich fortwährend gegen eine Wand stoßen. Irgendwann kam ein Gefühl, als löse sich diese Wand auf – das war ein ganz eigenartiger Moment. Hinter der Wand wartete auf mich das Urzutrauen, dass das Leben weitergehen wird.

In unseren Seminaren bauen wir intensives Vertrauen auf, welches den Teilnehmer/innen hilft, sich nicht gleich instinktiv wieder zurückzuwenden, wenn sie an einen Schatten stoßen. Wir machen begreifbar, wie wichtig das Prozessuale ist. Wenn sie dann für sich die Sicherheit haben, dass sie die Konfrontation mit dem Schatten wagen können, erkennen sie den Gewinn, den ihnen diese Erfahrung bringt, im Schatten sich selbst zu begegnen. Wir erlangen neuen Freiheitsraum, wenn wir die Begegnung mit den Schatten in unserem Leben zulassen können und nicht weglaufen. Ein solcher Durchgang verlangt unsere ganze Hinwendung und Wahrnehmung.

So bedarf es einer gewissen Sensibilität, um das auslösende Moment einer schmerzhaften oder verletzenden Situation wahrzunehmen. Gerade in einer Begegnung mit einem primär so schockierenden Kunstwerk wie dem von Paul Thek ist es entscheidend, genau hinzuschauen: Wo berührt es mich? Wo bin ich selbst gefesselt wie das Baby im Glaskasten? Wo wurde ich verletzt in einer gefesselten, ohnmächtigen Situation? Wo sind in meiner Ehe, meiner Beziehung oder in meinem Beruf die Situationen, in denen ich mich selbst fessele, immer selbst blockiere? Wenn ich hier in einem vertrauensvollen Raum ehrliche und differenzierte Antworten finde, komme ich vorwärts und kann an die Verwandlung gehen. Ohne Wahrnehmung des Schattens fehlt die Erkenntnis, und die Verwandlung bleibt schlicht aus.

Viel zu leicht rechtfertigen wir unsere Schatten mit: „Ich bin halt so." Aus Angst vor der Veränderung werden unsere unausgesprochenen Ängste und negativen Emotionen dann zu ständigen Begleitern. Sie leben im Hintergrund unseres Bewusstseins, durchdringen unser Denken und Fühlen und steuern unser Handeln. Der berufliche Alltag begünstigt durchaus jedwede Verdrängung von Schattenthemen, denn ein Mensch in der aktuellen Auseinandersetzung mit seinem Schattenthema ist im Moment scheinbar weniger effizient.

„Effizienz" – was das bedeutet, ist eine Frage unseres individuellen Leistungsbegriffs. Wie so oft stehen wir hier vor der Alternative eines kurz- oder eines langfristigen Denkens. Will ich wirklich prozessual denken, muss mein Leistungsbegriff Licht und Schatten umfassen und langfristig auf eine Balance hinarbeiten. Götz Werner sagte einmal: „Schlechte Jahre sind gute Jahre für gute Händler." Es ist wichtig, sich vor Augen zu führen, dass eine Zeit, in der auf gesamtgesellschaftlicher Ebene ein Schattenthema stark ist und alle über eine schlechte Lage jammern, sei sie sozial, wirtschaftlich oder politisch, nur eine Durchgangsphase ist. Gesellschaftliche Schattenzeiten sind Zeiten der Verwandlung in großer Dimension. Ein guter Unternehmer greift den Schatten auf, wandelt ihn und schafft Neues. Dies gilt auch für alle Selbstunternehmer/innen: Schlechte Zeiten sind oft die besten Zeiten für Selbstentwicklung und die Entdeckung neuer Möglichkeiten!

Loslassen lernen – Die Entdeckung der inneren Freiheit

Eine solch gesteigerte Wahrnehmung, das Erspüren des Zukünftigen und seiner Möglichkeiten, ist natürlich nicht nur im Angesicht des Schattens nötig. Wenn ich den Selbstentwicklungsweg bewusst gehen will, darf ich mich selbst dann nicht in Ruhe lassen, wenn es mir gut geht. In jeder Situation muss ich in meiner Selbstreflexion wach und mir meiner Schatten bewusst sein. Denn die Schatten sind ja immer bei mir, genauso wie im Wirtschaftsunternehmen der Schritt von den schwarzen in die roten Zahlen jeden Tag ganz leicht passieren kann.

Ich lebe mit der Erkenntnis, dass Materie sich permanent auflösen kann. Alles, was wir hier an physischen Dingen bewegen, mein eigener Körper inbegriffen, ist existenziell wichtig und zugleich vergänglich. Unsere Lebensaufgabe besteht darin, dies nicht als Bedrohung, sondern als etwas permanent Anwesendes zu denken. Sich seinen eigenen Verfall vorzustellen, ist eines der dunkelsten Schattenthemen. Wenn ich mich diesem Thema ganz bewusst stelle, erlebe ich eine tiefe innere Befreiung aus den physischen Abhängigkeiten – von diesem Stück Erde, das ich als Körper bezeichne, oder von meinem Haus, das mich umgibt, oder diesem Auto, in dem ich mich fortbewege. Diese gedanklichen Abhängigkeiten für einen Moment aufzulösen, verschafft mir Freiheit, und mir kommen ganz neue Ideen, in und für die Welt zu wirken.

Entscheidend ist, mit diesem Gedanken nicht in weltabgewandte Mystik zu „entschwinden", sondern diese Dualität zu leben: aktiv im Alltag zu bleiben in Anerkennung der Begrenztheit des Physischen. Dies ist eine zutiefst dialogische Situation, in der wir uns in Liebe und Freiheit der Welt innig zuwenden und dann wieder aus der Distanz reflektieren. Das Akzeptieren der Endlichkeit und Begrenztheit des Physischen kann uns Raum im Hier und Jetzt geben.

Bezogen auf den Arbeitsalltag heißt das, wenn ich in einem Prozess ein Optimum erreicht habe, im nächsten Moment das Erreichte innerlich loszulassen. Der Schatten wohnt – prozessual gedacht – jedem Endprodukt inne, hier lauert die Erstarrung. Erst mit dem neu gewonnenen Abstand zur Sache öffne ich meinen Geist für einen neuen Schritt.

Dieselben Regeln gelten in der Wirtschaft wie in der Kunst. Auch hier finden sich viele Beispiele für Erstarrung, das Festhalten am einmal Entwickelten. Ein aktiver Umgang mit dem Schattenbereich erfordert hier vor allem, die eigene Eitelkeit anzuschauen und nicht den sicheren Applaus bis in alle Ewigkeit hören zu wollen. Loslassen des Erreichten heißt nicht Abwerten des Geleisteten. Es gilt zu sagen: „Ja, das habe ich gemacht und es ist gut gelungen! Und jetzt gehe ich weiter und schaffe etwas Neues." Als ich die Farbgestaltung für das Verteilzentrum Waghäusel des dm-drogerie markts realisiert hatte, stand ich genau an dem Punkt, wo es leicht gewesen wäre, in Eitelkeit zu verharren. Dann hatte ich eines Tages in Waghäusel ein Treffen mit einem neuen Kunden, der mir ziemlich provozierende Fragen stellte. Wenn ich dieses Gespräch in innerer Starrheit geführt hätte, wenn da nichts als Stolz in mir gewesen wäre, hätte kein Dialog zustande kommen können. Die Bereitschaft loszulassen ließ mich meine Arbeit neu anschauen. So konnte ich zugrunde liegende Prinzipien frei erklären. So wurde der Gesamtkontext deutlich, in dem diese spezifische Farbgestaltung nur eine Sache unter vielen ist, die in der Welt nötig sind. Es wurde ein umfassend fruchtbares Gespräch.

Blockaden lösen – Die Entwicklung und Entfaltung von Kreativität

Nicht nur innerhalb der Reihe „Jeder Mensch ist Creator/in" ist die Begegnung mit den persönlichen Schatten ein zentrales Thema. Auch in unseren Seminaren „Kreativität & Entwicklung" und „Kreativität & Entfaltung" setzen sich die Teilnehmer/innen intensiv mit den Hoch- und Tiefpunkten ihrer Biografien auseinander und arbeiten ihre Schattenthemen als Sprungbrett zu ihrer eigenen aktiven Verwandlung heraus.

Am Beginn beider Seminare stehen die Fragen: Wie komme ich überhaupt an das Phänomen Kreativität heran? Wie öffne ich mich für neue Ideen? Wie geht Innovation? Aus unseren Sequenzen entspringen nicht einfach zehn neue Ideen, die sofort im Arbeitsalltag umgesetzt werden können. Vielmehr wird hier ein Lebensprozess angestoßen. Unsere Vorgehensweise unterscheidet sich fundamental von eindimensionalen Strategien nach dem Motto: „Nun machen wir mal ein bisschen Brainstorming!“ – also Techniken mit sehr begrenzter Reichweite.

Die Entwicklung und Entfaltung von Kreativität verläuft über nachhaltige Lernprozesse. Diese lebenslange Entwicklung der eigenen Persönlichkeit hat eine jahrtausendealte philosophische Tradition. Alle Ansätze, von Platon bis in die Gegenwart, waren Wege zur Veredelung des Selbst. Wie kommen wir näher an unser eigentliches Ich, das in jedem von uns angelegt, doch meist etwas verschüttet ist? Psychologisch gedacht, geschieht diese „Verschüttung“ durch unsere Sozialisation. In der Reinkarnationslehre haben wir uns mit Themen auseinanderzusetzen, die wir schon in dieses Leben als Aufgabenstellungen mit hineinbringen, seien es Hemmnisse, Defizite oder bestimmte Ängste. Betrachten wir die Biografie eines Menschen in einer größeren Dimension, wird deutlich sichtbar, wie er sich seine Aufgabenstellungen immer wieder selbst zu suchen scheint – wie er immer wieder in die gleichen Situationen gerät. So ist die Selbstverwandlung eine Art Arbeitsprogramm. Ich bin der festen Überzeugung, dass jeder in seinem Leben eine eigene „Aufgabensammlung“ erhält, die er zum eigenen Wohl und zum Wohl der Gemeinschaft zu entwickeln beziehungsweise zu lösen hat.

A person, a human being with a distinct individual identity, with a distinct personality, with a distinct individual will, is the total sum or collection of those acts of his which reflect the supremacy of his will, of his inner freedom.

A person has identity to the extent that he has made his inner existential decision, and has decided to become master of himself, and has acted upon this decision.

A person therefore is a function of his freedom acts, and personal identity is a function of freedom...

We make our own essence; existence is prior to essence.

Sari Nusseibeh

Selbstverwandlung ist kein einsamer Prozess im egomanischen Vakuum! Selbstverwandlung und Entwicklung müssen immer bezogen auf die Entwicklung der Welt geschehen. Wenn ich meine Cholerik läutern und mein Temperament „in den Griff bekommen“ will, brauche ich essenziell die Begegnung mit anderen. Würde ich als Choleriker auf einer einsamen Insel hausen, hätte ich vielleicht gerade mal einen gebrochenen Zeh, weil ich vor lauter Zorn gegen einen Baumstamm getreten habe. Das würde ich dann aber nicht meiner Cholerik, sondern dem Baum zuschreiben. Der

Baum könnte mir jedoch schlecht eine „Reflexion" geben, indem er sagt: „Entschuldigung, es liegt gerade an Ihnen!"

Selbstverwandlung heißt im Grunde: Immer mehr davon aus dem Weg zu räumen, was zwischen mir und der Welt steht und die Sicht auf die Essenz versperrt – auf das, was Goethe im „Faust" so treffend „jene Kraft, die die Welt im Innersten zusammenhält" nennt. Was uns begrenzt, sind unsere Ängste, Eitelkeiten und Vorurteile, also alles, was unsere Wahrnehmung trübt. Auf längere Sicht können wir sie weder verdrängen noch einfach „ausschalten", wir müssen ihnen schon dabei helfen, sich zu verwandeln, wollen wir für uns alleine ebenso wie in einer Gemeinschaft klar sehen.

Ich habe kürzlich eine Führungskraft kennen gelernt, die große Angst hatte, öffentlich zu reden. Sie suchte einen Ausweg, indem sie ihre Reden bis in die letzte Formulierung ausarbeitete. Der Preis war hoch, denn sie konnte sich spontan aufkommenden Themen nicht souverän stellen. Sie hatte Angst, nicht geschliffen und rhetorisch perfekt auftreten zu können, und ihr fehlte das Vertrauen in ihre eigenen Inhalte. Diese Angst konnte sie nicht einfach wegschieben. Ich ermunterte sie, sie direkt anzuschauen und richtiggehend zu analysieren: Wo habe ich kein Vertrauen zu mir? Welche Erlebnisse sind es, die diese Angst immer wieder aufs Neue auslösen? Sie beschloss, sich in anderen Redesituationen selbst zu beobachten und sich wirklich Übungsaufgaben zu stellen, bis ihr die Durchdringung der Angstblockade gelingt. Die Angst wird dann nicht restlos verschwunden sein, doch sie wird mit ihr umgehen können. Einem selbstbewussten Handeln wird sie nicht mehr entgegenstehen.

Schattenthemen sind nicht nur Hindernisse auf dem Weg zu uns selbst, sondern spielen auch eine große Rolle im sozialen Kontakt, etwa in der Begegnung unter Kollegen/innen. Dieses Thema liegt buchstäblich im Schatten. Die unterschwelligen Aversionen auszusprechen und qualitativ zu reflektieren, ist tabu. Damit gäben wir uns selbst eine Blöße. Im Rahmen eines Seminarmoduls mit einer Abteilung im Bereich Sachbearbeitung (mittlere Ebene plus Führung), dessen Ziel die Findung eines Leitbildes war, stellten wir direkt die Frage: „Was stört mich am anderen?" In der Konstellation dieser Gruppe war sehr viel Unausgesprochenes im Raum. Bereits in den Vorgesprächen war mir klar geworden, dass diese Abteilung nicht in der Lage ist, ein Leitbild für sich zu entwickeln, solange sich die dort arbeitenden Menschen nicht ihre Schatten zeigten. Ihre Äußerungen richteten sich fast nur gegen oder für andere, es ging so gut wie nie um die Sache. Sie waren so ineinander verstrickt, dass sie die Abteilung aus den Augen verloren hatten – ganz zu schweigen davon, sich zu fragen, was sie denn im Kontext des Gesamtunternehmens bewirken und beitragen sollten. Es herrschten negative Vernetzung und eine Fülle von Projektionen eigener Gedanken und Gefühle auf die anderen. So gingen wir in den Prozess.

Wir erwarteten, dass diese Situation sehr intensiv und berührend für die Teilnehmer/innen werden würde. So bereiteten wir sie mit verschiedenen Sequenzen vor. Auf einem Tisch wurden zum Beispiel so viele Kerzen aufgebaut, wie Teilnehmer/innen anwesend waren – an die 30 Menschen. Sie mussten sich alle in einem Abstand von etwa einem Meter zum Tisch aufstellen. Nun sollte jeder alleine versuchen, alle Kerzen auszupusten. Das waren wirklich große Kerzen, die auf keine Geburtstagstorte gepasst hätten, und so misslang es ihnen natürlich aus dieser Entfernung. Ich regte an, sie sollten alle zusammen versuchen, die Kerzen auszupusten. Das war für die Teilnehmer/innen eine Schlüsselsituation, denn in einer Gruppe, wo immer jemand pustet, wo also ein gemeinsamer Atem ist, konnten sie wechselweise Luft holen, ohne dass der Fluss stockte. Ein beeindruckendes Gemeinschaftserlebnis!

Weitere Vorübungen mit malerischen Mitteln ermöglichten körperliche Begegnungen miteinander. So entstand langsam ein Vertrauen, dass jeder auch mal im wahrsten Sinne des Wortes einen „Aussetzer" haben darf, dass in einer Gemeinschaft nicht jeder immer durchgehend hundertprozentig „anwesend" sein muss, damit die Gemeinschaft etwas bewirken kann. Jeder darf auch mal schweigen, darf oder sollte auch mal seine Schattenseiten anschauen, um hinterher wieder seinen Beitrag leisten zu können. Es ist wie beim Chorsingen: Ein Chor würde nicht funktionieren, wenn nicht alle immer wieder abwechselnd Luft holen könnten.

Obwohl sie also in den Vorübungen Vertrauen bilden konnten, war es dennoch für die Teilnehmer/innen extrem schwierig, nun an die erste Frage heranzugehen. Sie wurden gebeten, pro Person einen Aspekt aufzuschreiben, der sie an ihren Kollegen/innen stört. Nach dem ersten Schock lasen alle ihre „Nörgellisten" in der Gruppe vor. Zu hören waren schließlich Dinge, die erst einmal trivial wirkten, es im Arbeitsalltag in einem Großraumbüro aber dann auf die Dauer doch nicht sind. Wie etwa: „Du sagst nie guten Morgen!" Oder: „Du hast dich noch nie bei mir bedankt!" Oder: „Du sprichst immer so laut am Telefon, obwohl ich daneben arbeiten muss!" Nach dieser Runde waren so etwas wie große Fragezeichen im Raum.

Jetzt sollten die Teilnehmer/innen aufschreiben, was sie jeweils an den anderen schätzten, was sie ihnen im Alltag an Positivem schenken und über welche Eigenschaften sie froh und dankbar sind. Dieses Thema wirkte wie eine Erlösung. Die Teilnehmer/innen erlebten, dass sie, wenn sie das Negative ausdrücken können, auch das Positive, das im Alltag gerade hier in Deutschland üblicherweise nie ausgesprochen wird, ganz gut über die Lippen bringen. Ihnen wurde deutlich, dass beides, die Mängel wie die Geschenke, immer anwesend sind und die „Schatten" ins Bewusstsein geholt werden müssen, damit das „Licht" scheinen kann.

Tagebuchblatt (2)

Lass dem Herzen diesen Streifen Trauer,
diesen Widerschein aus so viel Glück.
Alles wird durch ihn genauer,
auch die Freude, und ein Stück

Dunkelheit wie diese milde
zeichnet reiner die Konturen ein,
die im wandelbaren Bilde
Werden sind und Sein.

Jean Gebser

Wenn es mich stört, dass der andere mir nicht „Guten Morgen!“ sagt, so ist das mein Problem und nicht das des anderen. Ich muss mich fragen, was da mit mir passiert, warum ich mich so diskriminiert fühle in meiner Wertschätzung. Der andere meint es vielleicht gar nicht diskriminierend – kann sein, er ist ein Morgenmuffel und denkt sich gar nichts dabei. Möglicherweise hat es mit mir persönlich gar nichts zu tun. Diese Irritation sagt etwas über mich aus, nicht über den „Maulfaulen“. So haben die Teilnehmer/innen begriffen, dass sie, wenn sie anfangen, in vollem Bewusstsein das Negative auszusprechen, eigentlich ihren eigenen Schatten anstoßen. Wenn ich dem anderen sage: „Da habe ich ein Problem mit dir“, drücke ich damit aus, dass das eigentlich mein Problem ist. So kommt Bewegung in die Beziehung, und es geschieht eine wirkliche Berührung mit dem anderen.

Nachher wirkte alles so selbstverständlich: „Ja, warum haben wir das eigentlich nicht schon früher gemacht?“ Die Teilnehmer/innen haben nach dem Seminar ihre Schreibtischkonstellationen umgebaut, und so manche Topfpflanzenbarrikade wurde eingerissen. Arbeitsvorgänge wurden neu angeschaut und Gruppenstrukturen verändert. Schon die Gespräche unmittelbar nach dem Seminarmodul waren sehr praxisorientiert und von hoher Beweglichkeit getragen.

Das Aussprechen des Schattens gibt sehr viel Energie. Ängste und Schwächen werden so zu Sprungbrettern für neue Möglichkeiten: Wir springen drauf, es tut uns im Moment richtig weh, und wir denken: „Um Gottes Willen, jetzt sage ich ihm das, jetzt offenbare ich etwas von mir, das meine Verletzlichkeit verrät!“ Aber in dem Moment bemerken wir die Kraft des Sprungbretts unter uns. Es öffnet uns den Blick für das, was wir an uns und was wir am anderen schätzen. So gelingt uns ein weiter Sprung nach vorn.

Beim Einsatz solcher Übungen ist es natürlich wichtig, dass die Teilnehmer/innen im wirklichen Arbeitsleben etwas miteinander zu tun haben. Erst dann wirkt der Prozess im Alltäglichen weiter, erst dann kann sich die gewonnene Erfahrung im täglichen Umgang positiv entfalten.

Selbstentwicklung und Führung

Wenn ich mich als Individuum an ein Schattenthema heranwage und mich auf einen Selbstentwicklungsweg begebe, muss ich mich intensiv auf diese Situation einlassen. Wenn ich das nicht in einer Gruppe, sondern mit mir alleine mache, ist es unabdingbar, dass ich mich in vielen Situationen und Konstellationen sehr genau beobachte. Der erste Schritt ist die Gedankenkontrolle: Ich beginne damit, meine Gedanken zu beobachten, um in eine enge Berührung mit mir selbst zu kommen. Im zweiten Schritt bekomme ich dadurch Bewusstsein über meine Gefühle, um im dritten Schritt mein Handeln bewusst zu steuern. Da schließt sich der Kreis zwischen dem Selbstentwicklungsweg und der vorurteilsfreien Wahrnehmung: Wo ich nicht in Berührung bin, bin ich im urteilenden Sehen, sei es mir selbst oder einem anderen gegenüber.

Mit jedem Schritt auf diesem Weg werde ich authentischer, identischer mit mir selbst. Dies stärkt auch die Fähigkeit zu führen. Je klarer ich über mich Bescheid weiß, zum Beispiel meinen Machtwillen bewusst wahrnehme, umso freier werde ich dem anderen gegenüber. Je mehr Freiheitsgrade ich habe, desto besser kann ich ihm genau das geben, was er in einer dialogischen Führungsbeziehung braucht. Führung wird in unserer eigenen Fortentwicklung zu einem Instrument höherer Wahrhaftigkeit mir selbst gegenüber, ebenso wie in Auseinandersetzung mit einem Du. Der andere wird sich in seinem Wesen besser wahrgenommen sehen.

Neulich erkundete ich mit Vorständen die vier Führungsprinzipien nach Bernard Lievegoed, dem Gründer des Niederländischen Pädagogischen Instituts N.P.I. und Pionier der Organisationsentwicklung. Lievegoed unterscheidet „Eingreifen", „Steuern", „Begleiten" und „Inspirieren". Die meisten Führungskräfte meinen ja für gewöhnlich, sie steuerten. Oft ist ihnen nicht klar, dass Steuerung nur möglich ist, wenn sie über wirklich jedes Detail des zu steuernden Prozesses absolut Bescheid wissen. Das erfordert eine hohe Sachkompetenz. Oft ist es besser, sich bewusst auf das „Inspirieren" zu beschränken, speziell in Situationen, in denen noch nicht klar ist, wo es hingeht. Will ich inspirieren, brauche ich eine Grundidee, aber ich kann auch zulassen, dass etwas Neues entsteht. Ich begleite den anderen als Coach. Eine Entscheidung für ein angemessenes Führungsprinzip kann ich aber erst bewusst treffen, wenn ich über den Selbstentwicklungsweg erkannt habe, welchen Führungsstrang ich verfolgen will und welcher für die Situation adäquat ist.

Auch das „Begleiten" birgt manche Herausforderungen: Hier muss ich dem, den ich begleite, auch in Richtungen folgen, in die ich vielleicht selbst nicht gehen würde. Will ich das nicht, muss ich entweder steuern oder auch innovative Formen des Begleitens anwenden. Hierzu haben wir mit den Vorständen eine einfache Bewegungsübung gemacht: Aufgabe war es, sich paarweise körperlich zu führen. Im Modus der „Begleitung" lief ein zu Führender einfach durch den Raum, wie er wollte – kreuz und quer und er stieg sogar über die Stühle. Derjenige, der ihn zu begleiten versuchte, sah bald, dass der andere sich im ersten Moment nicht begleiten lassen wollte. Er lief erst einmal seinen Weg und erkundete das Terrain. Zu Beginn war der „Begleiter" sichtlich irritiert und folgte ihm buchstäblich über Tische und Stühle. Er beschränkte sich mehr und mehr darauf, schnell steuernd eingreifen zu können, falls sein Kollege – im schlimmsten Falle – vom Tisch fallen würde. Nach einer Weile des Herumirrens blieb der Begleiter stehen und begleitete ab jetzt den zu Führenden nur noch mit interessierten, offenen und achtsamen Blicken. Sein Partner verließ daraufhin den Raum und setzte sich im angrenzenden Garten auf einen Tisch – mit Blick in die entgegengesetzte Richtung. Bei allen Teilnehmern in der Beobachterrolle stieg die Spannung, wie denn nun die Führungsaufgabe des Begleitens von ihrem Kollegen umgesetzt würde. Alle erwarteten spätestens jetzt ein dringliches, direktes Eingreifen und Kontaktaufnehmen, denn mittlerweile waren schon an die 15 Minuten verstrichen. Genau in diesem Moment gingen beide aufeinander zu und setzten sich im Garten auf zwei nebeneinander stehende Stühle.

Im anschließenden Gespräch wurde sehr deutlich, dass auch das Begleiten eines sehr differenzierten Vorgehens bedarf, je nachdem welchen Menschen ich zu begleiten habe. Der Teilnehmer, der über Tische und Stühle sprang, hatte sich vorgenommen, eine sehr innovative und experimentierfreudige Haltung einzunehmen. Dem Begleiter wurde in seiner ersten Art der Begleitung sehr schnell deutlich: „Das bin nicht ich, ich will nicht so nah dran sein und mit meinem Kollegen über Stühle und Tische springen. Das bringt mich nur von meinem eigenen Anliegen ab. Die Nähe hätte mich zu sehr verleitet, einzugreifen und direkt zu steuern. Deshalb habe ich Raum zwischen uns entstehen lassen." Der zu Begleitende äußerte sich ergänzend:" Erst als mich der Kollege, ohne mich zu bedrängen, in den Garten gehen ließ, und ich spürte, dass er innerlich immer noch 'an mir dran ist', kam mir der Gedanke, jetzt gehe ich auf ihn zu, jetzt will ich etwas von ihm erfahren."

Dieses Beispiel zeigt, dass nur wenn ich mir selbst ganz bewusst bin, wie ich wo agiere, mein Führungsverhalten auch für die anderen transparent wird. Natürlich spielt auch das Sich Einlassen des anderen eine Rolle: Ich kann niemanden begleiten, der nicht begleitet werden will. Dann greife ich besser zum Mittel der Steuerung. So weiß der andere, hier kommt eine klare Ansage, und hört dann einfach hin – das ist eine völlig andere Vorgehensweise.

Es gibt viele moralische Leitfäden, wie ein Manager sein sollte, was er tun und wen er in seine Führungsarbeit einbeziehen sollte. Vieles davon bleibt Theorie. Erst wenn ich diese Prinzipien in meinem Selbstentwicklungsweg für mich erarbeite und mich selbst an diesen Punkten reflektiere, laufe ich nicht mehr mit Worthülsen umher. Nur so finden meine Führungsprinzipien ihre Entsprechung in meinem Handeln. Die Kraft des Authentischen entspringt der Selbstreflexion und der Selbstverwandlung in Licht und Schatten unseres Lebens.

8 Qualität der Arbeit – Kunst des Handelns

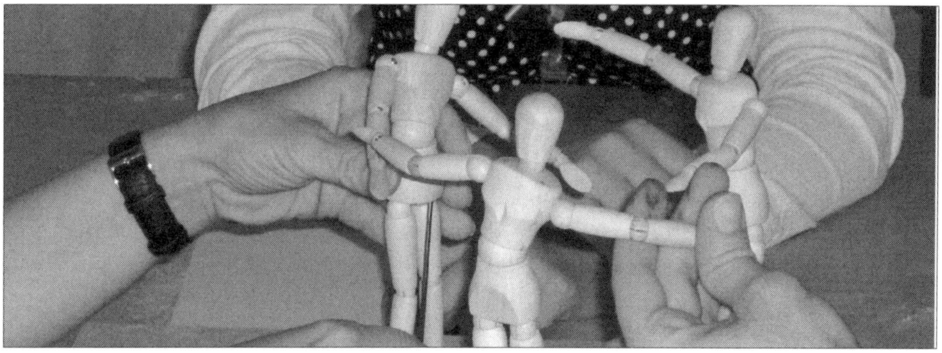

„Geist auf Zwischenraum“

Arbeit hat immer mit Geist zu tun. Nehmen wir das Beispiel eines Selbstversorgers, der das, was er zum Leben braucht, selbst produziert. Er vollbringt in seiner Tätigkeit die Bearbeitung der Natur, er verwendet, wie Rudolf Steiner es in seiner ökonomischen Theorie ausgedrückt hat, „Arbeit auf Natur“. Danach, in der Weiterverarbeitung oder Optimierung der Prozesse, kommt nun zum Tragen, was Steiner „Geist auf Arbeit“ nannte. Dieses Prinzip gilt heute in der Industrie, in der Produktion von Gütern und besonders in unserer Dienstleistungsgesellschaft. Hier benötigen wir den „Geist auf Arbeit“ in verstärktem Maße nicht nur in der Entwicklung und Herstellung von Produkten, sondern in der Entwicklung von Organisationen. Alles was mit Dienstleistung zu tun hat, erfordert ein völlig neues Bewusstsein des „Arbeitens im Zwischenraum“. Die Entwicklung dieses Bewusstseins bedarf des beständigen Hinterfragens unseres täglichen Tuns.

Wir neigen heute dazu, alles nur noch quantitativ zu messen. Es wird unaufhaltsam rationalisiert, bis die materiellen Produktionsprozesse maximal günstig und optimal geregelt sind. Tendenziell führt dieses Denken oft zur Verneinung des geistigen Potenzials der arbeitenden Menschen. Konsequent zu Ende gedacht, wird der Mensch als Lebewesen hier rationalisiert, kategorisiert und nach dem rein mechanistischen Grad seiner Nützlichkeit im Prozess bewertet.

Ich sehe Arbeit als einen Veredelungsprozess. Zwischen Produkt und Mensch wie auch zwischen Kunde und Dienstleister besteht ein kreativer Zwischenraum, in dem Gestaltungsbedarf herrscht und die Veredelungskräfte wirksam gemacht werden müssen. Hier sollte unser Fokus auf Qualität und nicht ausschließlich auf Quantität gerichtet sein. Erst ein neuer Blick, der vom Geist auf den Zwischenraum zwischen Produkt und Mensch geprägt ist und immer auch die Qualität der Dienstleistung am Kunden umfasst, öffnet die Perspektive für ein nachhaltiges Handeln, das sich seiner Wirkungen stets bewusst ist. Mit dem Prinzip des Geistes auf den Zwischenraum verschwindet die Grenze zwischen Produktion und Vermarktung. Eine solche Trennung ist grundsätzlich problematisch, denn Wertschöpfung, als Gesamtes betrachtet, wird immer bestimmt von der qualitativen Gestaltung aller Zwischenräume.

Früher sah eine Produktionslandschaft durchaus anders aus – zum Beispiel in Henry Fords Autoproduktion. Es ging um die Optimierung des Produktionsprozesses unter rein operativen Gesichtspunkten, in dem Menschen wie mechanische Komponenten organisiert wurden. Dies mündete konsequent in die Entwicklung des Fließbandes und der Roboter. Heute befinden wir uns nun auf einem so hohen Niveau der Automatisierung mechanischer Fertigungsabläufe, dass menschliche Arbeitskraft in einer ganz anderen Qualität verfügbar wird.

Je perfekter die rein mechanischen Prozesse automatisiert werden, umso stärker kann der Mensch wieder in sein eigentlich menschliches Handeln finden. Was unterscheidet Menschen von Robotern? Menschen kommunizieren miteinander und sind der qualitativen Gestaltung mächtig und nicht, wie der Roboter, nur der quantitativen Steigerung in Form einer Erhöhung von Stückzahlen. Nachhaltige qualitative Verbesserung braucht Kommunikation, gegenseitige Befragung, Dialog und Zusammenarbeit. Sich beständig die Konsequenzen des eigenen Handelns im kleinen wie im großen Zusammenhang bewusst zu machen, ist die Grundlage eines Dienstes am Menschen: intern, etwa innerhalb eines Unternehmens, wie auch extern mit allen externen Partnern und der Welt im Blick.

In einer Welt, die global vernetzt ist, ist dies ein aktuelles Thema von hoher Brisanz. Wenn das rein quantitative Denken innerhalb der globalisierten Wirtschaft bestimmend bleibt, werden die negativen Effekte sowohl in den Erzeuger- als auch in den Verbraucherländern stetig zunehmen. Nachhaltigkeit spielt in der rein am Quantitativen orientierten Form der globalisierten Wirtschaft keine Rolle. Ein in vielerlei Hinsicht schädliches Produkt, das in Ausbeutung von Mensch und Natur entstanden ist, wird durch offensives Marketing auf der anderen Seite der Welt als optimale Schöpfung ausgewiesen – und ist doch nur ein Optimum in Bezug auf den Preis.

Wir begegnen auf bestimmten Ebenen der Globalisierung einem extrem unorganischen, an kurzfristigen Ergebnissen orientierten Wirtschaftsmodell, in dem Produktion und Marketing komplett voneinander abgekoppelt sind. Die Entstehungsbedingungen eines Produkts werden in seiner Vermarktung komplett ausgeblendet. Sie sind für den Kunden nicht von Interesse. Mit Slogans wie „Geiz ist geil“ wurde beispielsweise im deutschen Markt systematisch der Preis eines Produktes als dessen vorrangiges Unterscheidungsmerkmal etabliert, und es ist erfreulich, dass dieser Slogan inzwischen wieder von der Bildfläche verschwunden ist. Das Marketing steht hier einzig im Dienste kurzfristiger eindimensionaler Gewinnoptimierung und funktioniert in Korrespondenz mit einem ebenso kurzfristig und eindimensional ausgerichteten Konsumverhalten. Wollen wir dem etwas entgegensetzen, sollte Marketing sich weniger in der „Umetikettierung“ von Produkten präsentieren. Marketing mit Blick auf die Welt heißt, Produktqualitäten ebenso klar zu kommunizieren wie die produktspezifischen Entstehungsbedingungen. Hier könnte sich im breiten Rahmen Geist auf den Zwischenraum manifestieren, mit der Konsequenz, dass die wirtschaftliche Globalisierung zu einem weltumspannenden Netzwerk transparenter Kommunikation und Entwicklung werden könnte.

Das Prinzip Dienstleistung

Produktion und Marketing stehen in einem unmittelbaren Zusammenhang und müssen eine Einheit bilden. Das Bindeglied zwischen diesen Bereichen ist das Prinzip der Dienstleistung. Dienstleistung meint hier nicht nur die klassische immaterielle Leistung im tertiären Sektor, sondern eine eigenständige Form von Arbeit, die in allen Wirtschaftssektoren relevant ist. Sie ist für mich das Resultat eines nachhaltigen Interesses am anderen, gleich wo es sich manifestiert: im Pflegerischen, im Händlerischen oder in der Produktion. Auch unsere Wissensgesellschaft ist dem Prinzip der Dienstleistung verpflichtet: Sie muss sich in ihren Inhalten an den Kriterien der Verständlichkeit und der Kommunizierbarkeit orientieren.

„Dienen“ besitzt eine tiefe Bedeutung. Ich stimme Götz Werners Definition des Dienens als eines grundsätzlich wechselseitigen und gleichberechtigten Prozesses zu, in dem jeder die Position des Gebens und des Empfangens im Wechsel innehat.

Dienstleistung in diesem Sinne ist die Quintessenz erfolgreichen Unternehmertums. Wie mache ich das? Immer wieder einmal werden in einem Seminar die negativen Wirkungen einer zentralistischen Unternehmensstruktur beispielhaft sichtbar. Eingefahrene Wege zwischen der alles lenkenden Zentrale und den in die Rolle der Befehlsempfänger gedrängten Filialen oder Unternehmensteilen wirken in höchstem Maße hemmend. In diesen Routinen geht der flexible, tagesaktuelle Austausch verloren, und der Kunde „draußen“ verkommt immer mehr zu einer statistischen Größe. Seine Wünsche, die vielleicht einen aufmerksamen Mitarbeiter in einer

Filiale erreichen, werden im weiteren Verlauf mangelhaft kommuniziert und nicht durch die Hierarchien hindurch abgefragt. Als Gegenreaktion entstand zum Beispiel im internetgestützten Handel, sei es bei Ebay oder bei Amazon, das Kundenfeedback als tragende Säule des Geschäfts, denn es ist unmittelbar allen anderen Kunden zugänglich. Um eine wirklich am Kunden orientierte Dienstleistung zu erbringen, ist Beweglichkeit nötig – Beweglichkeit auf allen Ebenen des Unternehmens.

Jeder sollte sich im Arbeitsprozess der eigenen Potenziale bewusst sein, Stärken und Schwächen kennen und ein klares Bild der eigenen Aufgaben und Ziele haben. Das ist die Grundvoraussetzung für eine neue Qualität der Arbeit. Begegne ich in dieser Bewusstheit einem Kunden, eröffnet sich mir ein wesentlich größerer Aktionsradius, ich kann eigenverantwortlich handeln.

Dafür muss natürlich in der Struktur des Unternehmens der nötige Spielraum gegeben sein. Es darf keine starre Zentrale geben, die verkündet: „Wir wissen genau, wie es geht!" Dies erzeugt eine passive, resignierende Haltung, in der Mitarbeiter/innen zum Beispiel nur noch damit beschäftigt sind, sich bei Kunden für Engpässe und mangelhafte Bedienung oder Dienstleistung zu entschuldigen: „Es tut uns leid. Wir können da auch nichts dran ändern." So gehen ganz schnell reihenweise Kunden verloren. „Kundennähe" darf sich auch nie auf punktuelle Aktionen beschränken. Wenn der Dienst am Kunden wirklich gelingen soll, braucht ein Unternehmen viele „bewegliche" Menschen: Menschen, die morgen die Arbeit von gestern gerne ganz anders machen, wenn es dem Kunden und der Qualität dient.

Ein aufmerksamer Dialog mit dem Kunden ist keineswegs nur im Handelssektor von Bedeutung. Ein Beispiel: Im Wirtschaftsmagazin „brandeins" sehe ich eine große Aufmerksamkeit für die Leserschaft optimal umgesetzt. Die Redaktion ist offensichtlich in engem Kontakt mit den Kunden und sehr hellhörig für neue, aus der Zukunft heraus kommende Entwicklungen. Hier stehen die Fragen an oberster Stelle, was die Kunden interessieren könnte und wie diese Informationen auf innovative Weise vermittelbar sind. Mit der originellen Aufmachung der Hefte, in denen visuelle Kultur und Kunst eine wichtige Rolle spielen, regt das Magazin neue Sichtweisen wirtschaftlicher Themen an und bettet sie in größere gesamt-kulturelle Zusammenhänge.

Dieses neue dienstleistungsorientierte Denken hat zwangsläufig Konsequenzen für die alten statusdefinierten Hierarchiestrukturen. Wissenskompetenz erlangt eine grundlegend neue Bedeutung. So entstehen von Projekt zu Projekt sachbezogene situative Hierarchien auf der Grundlage der jeweiligen Fähigkeiten und Kompetenzen. Mal bin ich der Spezialist in einem Projekt, mal ein Kollege. Eine Führungskraft hat in einem derartigen Team die Funktion des Managers einer zwischenmenschlichen Dienstleistungsorganisation von maximaler Beweglichkeit. Er muss vom rein Fachlichen bei weitem nicht alles wissen. Seine Aufgabe ist die eines Coaches, der die Kompetenzen seines Teams klar erkennt und die Durchführung der Projekte an die entsprechenden Personen vergibt. So wird er zum Ermöglicher. Er nimmt eine Position ein, in der er punktuell und grundsätzlich sachbezogen von seiner Führungsrolle Gebrauch macht, um gegebenenfalls Hindernisse, Blockaden oder unzureichende Kundenorientierung im Prozess durch die Anregung von Reflexion und Dialog überwinden zu helfen. Diese Führungskraft muss vom Dienstleistungsgedanken durch und durch „infiziert" sein.

Veränderungsprozesse werden vom Geist auf Zwischenraum getragen

Mir ist wohl bewusst – gerade weil ich auf allen Ebenen und in den unterschiedlichsten Tätigkeitsbereichen von Unternehmen beratend aktiv bin –, dass es immer noch viele Arbeitsbereiche gibt, in denen Eigenverantwortlichkeit nicht oder so gut wie nicht zur Entfaltung kommt. Es gibt stupide Arbeit, daran besteht kein Zweifel. Ein Großteil dieser Arbeit könnte und sollte von Maschinen verrichtet werden. Aber nachdem die Volkswirtschaft noch weit entfernt ist von grundlegend strukturellen Veränderungen, wie etwa der Einführung des von Prof. Götz W. Werner so engagiert vertretenen Bedingungslosen Grundeinkommens, werden leider viele dieser Arbeitsfelder weiterhin aufrechterhalten.

Doch auch in Bereichen großer Routine gibt es unendlich viele Verbesserungsmöglichkeiten. Arbeit kann selbst hier eine Verwandlung erfahren. Die besten Beispiele sind wohl jene Unternehmen, die in hohem Maße in die Mitarbeiter/innen/entwicklung auch in jenen Bereichen investieren, die im statischen Hierarchiedenken eher „unten" angesiedelt sind. Die Ergebnisse meiner Seminare, die auf dieser Ebene ansetzen, belegen bereits das immense Veränderungspotenzial.

Verbessern können wir hier nicht nur die logistische und ökonomische Effizienz, sondern unmittelbar die persönliche Entwicklung der Mitarbeiter/innen, die sich in gesteigerter situativer Wahrnehmungsfähigkeit und Flexibilität in direktem unternehmerischem Nutzen niederschlägt. Der „Geist auf Arbeit" kann wirklich überall nachhaltig entwickelt werden! Nachhaltige Entwicklung heißt hier nicht nur Steigerung von Motivation, also rein operative Konditionierung in gleichbleibenden Arbeitsprozessen, sondern selbstbewusste und eigenverantwortliche Reflexion und Verwandlung der Arbeitsprozesse mit Blick auf das Ganze.

Es gibt genügend Beispiele für die Innovationsmöglichkeiten in genau jenen Lücken, die durch zunehmende Automatisierung und globalisierte Rationalisierung in vielen Bereichen der traditionellen Arbeitswelt gerissen werden. Wir erleben eine zunehmende Diversifizierung des Konsumverhaltens, in dem die Menschen vermehrt preisorientierte Massenware und gleichzeitig ausgesuchte Produkte aus dem Premiumsegment kaufen. So entstehen immer mehr Nischen für innovative, zeitintensiv hergestellte Produkte, die aus einem neuen Qualitätsbewusstsein heraus gekauft werden. Die Erfolgsgeschichte von Manufactum ist ein Beispiel unter vielen. Es finden sich auch zahlreiche Beispiele für Produkte, die sehr schnell aus der Innovationsphase in den Massenbereich vorgestoßen sind. Ein allseits bekanntes Beispiel: „Bionade“, die Limonade aus ökologisch produzierten Zutaten – vom Bioladen in das Bordrestaurant der Bahn. Das hier sichtbare Qualitätsbewusstsein der Verbraucher kann auch für den Sektor der Massenproduktion Weichen stellen. Das wachsende Bedürfnis nach Individualisierung in den wohlhabenden Gesellschaften der Wirtschaftsnationen, das so viele neue Türen aufgehen lässt, macht eine gesteigerte Beweglichkeit im Markt überlebenswichtig. Der „typische“ Kunde an sich existiert nicht mehr.

Drei Kernkompetenzen und die Entdeckung des Prozesses

Wer heute erfolgreich in einem Unternehmen arbeiten will, benötigt drei Kernkompetenzen:

- kreative Kompetenz
- konzeptionelle Kompetenz
- kommunikative Kompetenz

Diese Fähigkeiten beschränken sich keineswegs auf die Abteilungen Marketing und Kommunikation, sie sind für alle Bereiche innerhalb eines Unternehmens notwendig. Arbeit beginnt mit der kreativen Kompetenz. Sie ist eine Art Unruhe-Motor, mit ihr entwickeln wir Ideen und stellen Bestehendes kontinuierlich in Frage. Mit der konzeptionellen Kompetenz fokussieren und ordnen wir das, was durch die kreative Kompetenz immer wieder an Neuem kommt, in Strukturen und Prozessabläufe. Mit der Kraft unserer kommunikativen Kompetenz öffnen wir uns nach außen und bringen die Ideen in den kreativen Austausch. Sie lassen uns wissen, mit wem wir in Kontakt treten müssen, um den Prozess in Bewegung zu halten. Die drei Kernkompetenzen sind jedoch kein einfacher linearer Dreischritt von A über B nach C, sondern stehen in permanenter Interaktion.

Diese Fähigkeit zur Interaktion, in der wir offen sind für die Gleichzeitigkeit der Prozesse, macht uns zu Gestaltern. Ein Denken, das uns die Dinge hingegen linear nacheinander präsentiert, reduziert uns zu Verwaltern. Zukunftsorientierte Führungskräfte und alle anderen „unternehmerischen" Menschen sind in einer Verfasstheit, die ich Vorahnung nennen möchte. Sie haben im kreativen Moment schon ein Gefühl, ein inneres Bild für den Weg: Wo muss ich hin, mit wem muss ich jetzt darüber reden, wen muss ich weiterhin einbeziehen, wie muss ich das Projekt dann nach außen transportieren?

Diese Bewusstseinshaltung kommt uns nicht einfach von heute auf morgen zugeflogen, und wir erreichen sie auch in keinem traditionellen Lernprozess. Wir müssen uns der Tatsache bewusst sein, dass dieses Denken viele Werte radikal in Frage stellt. Wir sind zu einem grundlegenden Bewusstseinswandel aufgerufen, wie er jeden Epochenwechsel kennzeichnet.

Ich kann mich gut in die Situation der Menschen in der Renaissance hineinversetzen. Sie sahen sich in ihren Kirchen plötzlich Bildern gegenüber, die nach den Gesetzen der Zentralperspektive konstruiert waren und einen einheitlichen, natürlichen Raum zeigten. Dieser Sog in die Tiefe muss wie ein Schock gewirkt haben. Oder denken wir an die Erfindung der Eisenbahn. Diese für die damalige Zeit radikale Erfahrung von mechanischer Kraft und Geschwindigkeit faszinierte die Menschen anfangs nicht nur, sie flößte ihnen tiefe Angst vor der scheinbaren Allmacht der Technik ein. In der zweiten Hälfte des 20. Jahrhunderts waren es dann die Atomspaltung und die von ihr ausgehenden Gefahren, die den Menschen die Frage der Nachhaltigkeit und der Folgen menschlichen Handelns in ungeahnter Radikalität ins Bewusstsein rief. Uran hat eine Halbwertszeit von unvorstellbaren 4,5 Milliarden Jahren...

Bewusstseinswandel kann nicht aus der Negation heraus geschehen – etwa aus der Überzeugung, alles Vergangene sei primitiver, schlechter, grundsätzlich falsch gewesen. Mit einer Gut-Böse-Brille auf unseren Augen verhindern wir wirklichen Wandel. Wir alle bewegen uns in einer komplexen Verwobenheit durch die Welt. Das dialektische Modell von These und Antithese lebt von seiner Linearität und ist final ergebnisorientiert. Ich bin jedoch der Überzeugung, dass wir uns von allen linearen Modellen verabschieden und das Prinzip der Gleichzeitigkeit, die sich im Dialogischen manifestiert, für uns entdecken müssen.

Im unternehmerischen Denken hat die Idee des „Fertigseins" keinen Platz. Nichts ist jemals „fertig", und weil das so ist, weil Verwandlung ein permanenter Zustand ist, ist nichts per se „falsch" oder „gut" oder „böse". Alles befindet sich in einer fortdauernden Entwicklung und verlangt zu jeder Zeit unsere Geistesgegenwart mit ihren drei Kernkompetenzen.

Das hat direkte Auswirkungen auf unseren Begriff von „Arbeit". Das Industriezeitalter, unsere Moderne, war durch die Trennung von Arbeit und Freizeit geprägt. Die Menschen standen acht Stunden in der Fabrik, arbeiteten körperlich hart und meist ohne geistige und seelische Herausforderung. Am Feierabend bestellten sie ihren Schrebergarten oder gingen in den Arbeiter-Sportverein. Hier regierte das Prinzip des „Ausgleichs“, der „Kompensation“: Die Defizite der Arbeitsphase mussten in der Freizeitphase aufgefangen werden. Diese Trennung ist fundamental und prägt noch heute die Auseinandersetzungen zwischen Gewerkschaften und „Arbeitgebern“, die um Wochenarbeitsstunden feilschen und sich über Quantitäten streiten.

Dem liegt letztendlich eine rigorose Subjekt-Objekt-Trennung zugrunde, in der sich Menschen konsequent von der Welt getrennt erleben: „Ich hier drin – die da draußen“. In dieser Situation brauche ich natürlich meine geregelte Freizeit, um wieder „zu mir selbst zu finden“. In den gegenwärtigen Entwicklungen sind in diesem „Kompensationssektor“ fundamentale Veränderungen erkennbar. Vielleicht sind das die ersten Vorboten des sogenannten sechsten Kondratieff-Zyklus, in dem Prozesse des Lebens sowie Nachhaltigkeit ins Zentrum des Bewusstseins rücken. In zarten Anfängen wird dies in der „Wellness“-Bewegung deutlich, die für viele Menschen seit ein paar Jahren wieder den Blick für eine geistig-seelisch-körperliche Ganzheitlichkeit öffnet und hinausführt über rein mechanistisch praktizierten Sport. Eigenes Handeln geistig zu fassen, ist Ausdruck eines Bewusstseins, das endlich die reine „Freizeitecke“ verlassen sollte, um Anwendung in der Arbeitswelt zu finden. Hierbei ist es nicht entscheidend, ob die konkrete Tätigkeit körperliche Schwerarbeit oder eher ein „Bürojob“ ist. Entscheidend ist die Erfahrung der geistig-seelischen Verbindung meines Ichs mit dem, was ich täglich tue.

Hierfür gilt es in allen Bereichen des Lebens den Wert des Prozesses anstelle des Kompetitiven zu entdecken. Auch Dienstleistung funktioniert nur im lebendigen Prozess, weil sie immer in einer zwischenmenschlichen Wechselbeziehung stattfindet, und gerade diese Zwischenräume sind mit Leben erfüllt. Das organische Wesen der Arbeit ernst zu nehmen, bedeutet, alle Prozesse permanent in Bewegung zu halten. Verharrt nur ein einziges Element in der Statik, so werden alle anderen Elemente unmittelbar in ihrem Prozess behindert. Im konkreten Unternehmensalltag zeigt sich das oft in folgender Form: Die Unternehmensführung fordert von ihren Mitarbeiter /innen maximale Flexibilität und Anpassungsfähigkeit und nicht zuletzt kommunikative Kompetenz im Zwischenraum. Oft unterzieht sie selbst jedoch die Strategie und Politik des Unternehmens nicht der notwendigen Reflexion, die sich aus dem Dialog mit den Mitarbeiter/innen speist und Beweglichkeit ermöglicht. In einem solchen Unternehmen kreisen die Menschen in wirrer Hektik um ein starres Zentrum – bewegen sich aber insgesamt gesehen nicht von der Stelle.

Die Prozesse zwischen Unternehmen und Endkunden sind nicht von den Prozessen innerhalb des Unternehmens zu trennen. Wenn ein Unternehmen das prozesshafte Denken nach dem Prinzip der Dienstleistung als wechselseitiges Dienen und Lernen, das nie fertig wird, sondern permanent verbesserbar ist, wirklich verinnerlicht hat, erfahren alle hier tätigen Menschen die lebendige Verwobenheit sämtlicher Arbeitsbereiche. Und damit ist ihnen klar, dass alles, was sie in diesen Prozessen tun, zu ihrer persönlichen Fähigkeitsbildung beiträgt. Jeder Moment gibt ihnen die Möglichkeit, die Entwicklung ihrer eigenen Fähigkeiten zu reflektieren. Nichts, was sie tun, ist ohne Lerneffekt. So sind sie in ihren Aktivitäten wirklich bei sich und mit ihrem Ich beteiligt. Damit löst sich die anachronistische Trennung von Arbeit und Freizeit auf.

Das Bestehende permanent zu reflektieren und sich die Möglichkeit der ständigen Verbesserung im Bewusstsein zu halten, erfordert durchaus eine gewisse Anstrengung. Die Anstrengung, das Vertraute jeden Tag aufs Neue wahrzunehmen und im Denken, Fühlen und Handeln neu zu fassen – oder die Verbindung zu ihm ganz zu lösen, das ist erst einmal keine Selbstverständlichkeit und kostet zumindest anfangs einige Überwindung und Mühe. Und dennoch ist genau das die Aufgabe des unternehmerisch denkenden Menschen. Es wird wohl nur wenige Menschen geben, die sich dafür nicht immer wieder neu überwinden müssen. In diesem Kontext hat der Begriff der „Anstrengung“ im Arbeitsalltag auch heute noch seine Berechtigung. Anstrengend wirkt es nicht zuletzt deshalb, weil uns allerorten vermittelt wird, dass es ja genauso in den gewohnten Bahnen geht. Die innere Beweglichkeit ist noch nicht als Grundwert in unserer Kultur angekommen. Doch eben das ist eine große und überlebenswichtige Aufgabe der Menschheit im globalen Zusammenhang, wie in unserem unmittelbaren Lebensfeld.

Fähigkeitenwerkstatt® – Erfahrungsräume in der Arbeitswelt

Die Frage der Bereitschaft, innere Beweglichkeit als Prinzip schätzen zu lernen, war auch Ausgangspunkt zu meinem Konzept der Fähigkeitenwerkstatt. Seit einigen Jahren führe ich mit meinem Team von Berater/innen in verschiedenen Unternehmen Fähigkeitenwerkstätten durch, deren Workshops sich an Menschen aus allen Bereichen richten. Hier arbeiten wir in verschiedensten künstlerischen Medien, von der Bildhauerei über Musik bis zur Bewegung und Performance. In der Fähigkeitenwerkstatt kommen Menschen aus verschiedenen Abteilungen beziehungsweise Arbeitsgruppen sowie aus allen Hierarchieebenen eines Unternehmens oder Unternehmensteils zusammen. Die Kurse finden im Unternehmen und während der regulären Arbeitszeiten statt. So halten wir auch strukturell einen engen Bezug des hier Gelernten zu den Arbeitsprozessen.

Abbildungen 43-47: aus verschiedenen Fähigkeitenwerkstätten

Die erste Fähigkeitenwerkstatt haben wir in einem Verteilzentrum von dm-drogerie markt durchgeführt, als dessen Prozesse sich für die Mitarbeiter/innen radikal veränderten. Der bis dahin in Papierform gelenkte Warenfluss im Kommissionierprozess wurde nun über einen rein computergestützten Informationsfluss geregelt. Es standen viele Ängste im Raum, wie sich denn diese grundlegenden Veränderungen der Tätigkeit auf ihren Arbeitsalltag auswirken würden. Genau hier setzten wir mit der Konzeption unserer Fähigkeitenwerkstatt an. Was die Menschen in dieser Situation an erster Stelle benötigten, war innere Beweglichkeit und Mut, sich auf etwas ganz Neues einzulassen.

Wie alle weiteren Fähigkeitenwerkstätten stand auch diese erste unter einem Thema, das einerseits eine klare Fokussierung lieferte und andererseits maximalen Gestaltungsraum ließ: „Ich". Unser Ziel war es, den Teilnehmer/innen, die bis dahin zum allergrößten Teil weder Vertrauen in ihr schöpferisches Potenzial noch irgendeine praktische Erfahrung mit ihm hatten, genau dieses Erlebnis zu ermöglichen. Die eigenen Fähigkeiten zu entdecken und einzusetzen: „Ich bin ganz alleine mit meinem Klumpen Ton oder meinem Ytong-Stein, es gibt nur mich und dieses Material, das von mir erforscht und verwandelt werden will. Ich bin absolut frei, mit ihm zu machen, was ich will. Diesen Prozess steuere ich mit meiner Hand und meinem Geist!"

Diese erste Werkstatt zum Thema „Ich" war also ganz konkret ein Kick-off in einen völlig neuen Arbeitsprozess und zugleich der erste Schritt einer Entdeckungsreise in das Fähigkeitenwesen, das wir alle in uns tragen. In den nächsten Jahren ging es an diesem wie auch an anderen Standorten weiter mit Fähigkeitenwerkstätten unter den Themen „Du" und „Wir", worauf eine Werkstatt folgte, die das „Gesamtkunstwerk" zum Ziel hatte – und so setzen wir diese Arbeit bis heute fort. Immer hielten wir dabei einen unmittelbaren Bezug zur Situation des Unternehmens. Konkrete Fragen stehen immer am Anfang, und so ist der Organismus jeder Fähigkeitenwerkstatt mit ihrer Vielzahl von thematisch miteinander verbundenen Kursen eng mit den gerade aktuellen Fragen des Unternehmensorganismus vernetzt.

Warum setzen wir in der Fähigkeitenwerkstatt Kunst als Methode ein? Kunst ist ein Instrument, mit dem man sehr viel verdeutlichen kann. Künstlerische Tätigkeit bedeutet permanente Reflexion des eigenen Tuns. Der Dreischritt Aktion – Reflexion – Transformation lässt sich in ihr unmittelbar erfahren. Werden nun, wie in unseren Fähigkeitenwerkstätten, starke Akzente auf Fragen der Wahrnehmung und des gemeinschaftlichen Schaffens gesetzt, so sind wir ganz nah an den „Realitäten" der Arbeit und erhalten uns dennoch einen geschützten Üb- und Erfahrungsraum. Dementsprechend leicht fällt den Teilnehmer/innen der Transfer des Gelernten in den Alltag. Im

Grunde ist die Wirkung dieses künstlerischen Arbeitens im Unternehmen mit der Wirkung eines Steins zu vergleichen, der ins Wasser geworfen wird. Wie die Ringe, die sich auf dem Wasser bilden, zieht das Erfahrene und Gelernte immer weitere Kreise im Bewusstsein. Wenn Menschen über die Kraft der Beweglichkeit verfügen, stellt der Transfer von persönlich Gelerntem auf lebendige Arbeitsprozesse keine Probleme dar. Die Teilnehmer/innen begreifen, dass sie selbst es sind, die Neues entdecken und ihre Fähigkeiten entwickeln. Die Trainer/innen leisten beim Transfer des Gelernten nur Hilfe oder geben erste Anregungen. Der Transfer wird von den Teilnehmer/innen selbstgesteuert erarbeitet. So entsteht Nachhaltigkeit.

In den Fähigkeitenwerkstätten schaffen wir einen Raum, in dem Platz für Entdeckung, Erlebnis und Reflexion ist. So brechen wir den Zwang der linearen Ergebnisorientierung. Viele unserer Teilnehmer/innen sind aus ihrer Schulzeit, ihrer Ausbildung und oft auch aus früheren Tätigkeiten noch tief in dieser reinen Ergebnisorientierung befangen. Dort wurde auf eine Note, eine Bewertung, eine quantitative Evaluierung hingearbeitet. Danach wendet man sich vom eben Geleisteten getrost wieder ab, um auf die nächste „Hürde“ zuzusteuern. In unseren Erfahrungs- und Reflexionsräumen, die in einen Unternehmensorganismus eingebettet sind, üben wir die „Entschleunigung“ des mechanistischen Arbeitsprinzips und dessen Verwandlung in eigenverantwortliche, qualitätsorientierte und geistesgegenwärtige Aktivität, welche dann wiederum das Handeln in qualitativer Hinsicht steigert.

In der Fähigkeitenwerkstatt können die Teilnehmer/innen das Potenzial des prozesshaften Wahrnehmens und Handelns im engen Kontakt mit der Arbeitswelt erkennen. Viele kommen in einen Fluss, der ihnen enormes Zutrauen in sich selbst gibt. Aus diesem neu gewonnenen Selbstvertrauen wächst das Zutrauen in die Gestaltung des eigenen Umfelds.

Der erste Schritt ist anstrengend, denn in den Prozess einzutreten fällt uns meist nicht leicht. Vielfach sehen wir uns hier erst einmal mit einer beachtlichen Blockade konfrontiert. Dieser Schwellenmoment begegnet uns nicht nur in der Situation des Arbeitens in den Workshops der Fähigkeitenwerkstatt, sondern auch in vielen anderen Seminaren. Die Entdeckung der eigenen Kreativität und der Schritt in die Improvisation, nach außen in die freie künstlerische Äußerung und, parallel dazu, die wache Reflexion unserer Gedanken und Gefühle bedürfen am Anfang einiger Überwindung. Gelingt es jedoch in den kreativen Prozess einzutreten, wird große Energie freigesetzt, die es den Teilnehmer/innen auch möglich macht, produktiv mit dem Unfertigen und Prozesshaften ihrer Leistung umzugehen.

Egal, ob direkt am Arbeitsplatz oder im Museum, ob nah am Gewohnten oder in bewusster Distanz – das künstlerische Handeln eröffnet immer einen gestalterischen Freiraum. Es hilft Menschen ihre Angst loszulassen, sie könnten sich mit dem Eingeständnis von „Schwächen“ oder „Fehlern“ im unmittelbaren Arbeitszusammenhang eine Blöße geben. Im künstlerischen Handeln erfahren sie, dass es weder „richtig oder falsch“ noch „gut oder böse“ gibt. Zugleich erwächst in diesem Raum ein breites Angebot von Anregungen und Erkenntnissen, und die Menschen erfahren ihre Entscheidungsfreiheit, wenn sie daraus auswählen und selbstständig in den Transfer gehen.

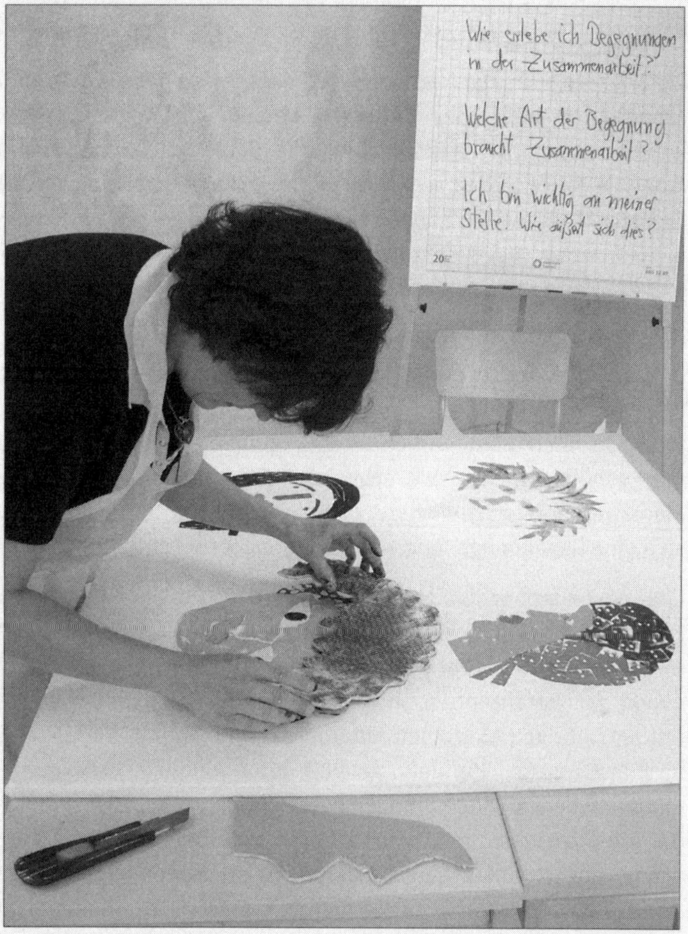

Abbildung 48: aus einer Fähigkeitenwerkstatt

Neulich sagte eine Teilnehmerin einer Fähigkeitenwerkstatt, die in ihrem Kurs skulptural arbeitete: „Ich werde in Zukunft die Dinge großzügiger angehen und nicht mehr so im Detail hängen bleiben.“ Sie arbeitete an einer Ytong-Skulptur und hatte den Kopf, den sie herausarbeiten wollte, fast nur im Relief angedeutet. Dann merkte sie, dass sie sich viel zu lange an einer Stelle aufgehalten hatte, und nun lief ihr die Zeit davon. Es war sehr schön, wie souverän und offen sie diese Erkenntnis äußern und sich vornehmen konnte, ab jetzt mit mehr Abstand an ihre Aufgaben heranzugehen, um sich nicht mehr in den Details zu verheddern. In der eindimensionalen Auseinandersetzung mit den alltäglichen Arbeitsprozessen sind dieses tief innerliche Erlebnis und sein Transfer kaum vorstellbar. Hier stünde sofort die Angst im Raum, mangelnde Leistungsfähigkeit in den täglichen Aufgaben zu offenbaren. Ein solches Gefühl würde wohl kaum offen in der Gruppe ausgesprochen, doch gerade das Erlebnis der Kommunikation ist für die tiefe Verankerung von Erkenntnis im Bewusstsein von großer Bedeutung.

Die Erfahrung des Flusses, in dem nie etwas wirklich zu einem Ende kommt, ist natürlich auch über meditative Versenkung zu erreichen. Hier fehlt jedoch das Gemeinschaftsmoment, das für die Nutzbarmachung des Erfahrenen im Arbeitsalltag zentral ist. Eine weitere Dimension gewinnt dieses Gemeinschaftsmoment, wenn die Gruppe mehrere Ebenen des Unternehmens umfasst. Der so entstehende Vertrauensraum ist sehr mächtig und legt die Basis für eine optimale Zusammenarbeit zwischen den Führungsebenen.

In der Fähigkeitenwerkstatt geht es nicht um die Perfektionierung künstlerischer Techniken, sondern darum, individuelle und gemeinschaftliche Prozesse innerhalb der Arbeitswelt zu optimieren. Diese sind für Unternehmen genauso wichtig wie etwa in einer Ausbildungseinrichtung, in der Menschen unterschiedlichster Nation und Kultur zusammenkommen und sich eine Begegnungs- und Kooperationsebene erarbeiten müssen.

Eine besonders erfreuliche Erfahrung innerhalb der Fähigkeitenwerkstatt ist, wie es mit Hilfe des A.R.T.-Prinzips gelingt, in sehr kurzer Zeit kulturelle und nationale Grenzen, wie auch Bildungsunterschiede zu überwinden. In einem der Verteilzentren, in welchen wir die Fähigkeitenwerkstatt durchführten, arbeiten Menschen mit über 40 Nationalitäten unter einem Dach. Im Künstlerischen Handeln, geleitet durch Aktion – Reflexion – Transformation, schwanden die Grenzen nach zehn Minuten. Allen wurde ummittelbar erlebbar, dass der „fremde Blick" eine Bereicherung für die jeweils eigene „beschränkte" Sicht der Dinge ist. Hinter all den individuellen Horizonten – entstammten sie nun dem arabischen, thailändischen, kongolesischen, russischen oder auch dem Voreifeler Kulturkreis – ging es nach kurzer Zeit nur noch um ein gemeinsames, qualitatives Ringen um die beste Gestaltung.

Das Prinzip on-the-job

Ein ganz wesentlicher Aspekt der Fähigkeitenwerkstatt ist die Durchführung on-the-job, am Arbeitsplatz. Unsere Teilnehmer/innen fahren hier in kein Seminarhotel, sondern wechseln während ihrer Arbeitszeit lediglich in einen anderen Raum an ihrer Arbeitsstätte. Dort tauchen sie für eine bestimmte Zeit in eine andere Welt ein, um danach ohne großen Bruch wieder zu ihrer regulären Tätigkeit zurückzukehren. Die in dieser Zeit erfahrenen Impulse breiten sich nun stetig aus und können eine nachhaltige Veränderung bewirken. Ich vergleiche dies gerne mit einem homöopathischen Wirkstoff, der in minimaler Quantität innerhalb des Körpers starke Wirkung entfaltet, weil er nach dem Prinzip der Ähnlichkeit mit den „Krankheitssymptomen" interagiert.

In anderer Form praktizieren wir das Konzept „on-the-job" in unseren „Kurzinterventionen am Arbeitsplatz". Zum ersten Mal haben wir diese in einem Logistikzentrum eingesetzt, das in seiner Struktur völlig neu ist. Die optimierten Verteil- und Kommissionierwege der Waren mussten damals auch von den dort arbeitenden Menschen erst einmal verinnerlicht werden. Unser vorrangiges Ziel war also die Schaffung eines Bewusstseins für die Gesamtheit der Arbeitsabläufe und das präzise Ineinandergreifen der verschiedenen Bereiche.

Die Menschen arbeiten hier in exakt aufeinander abgestimmten Takten, die größere Auszeiten unmöglich machen. Unser Ziel war es jedoch, mit den Menschen im Rahmen ihrer regulären Tätigkeit zusammenzukommen. So entwickelten wir zusammen mit den Verantwortlichen einen neuen Zeitplan, der es zuließ, einzelne Mitarbeiter/innen aus verschiedenen Bereichen des Zentrums in Gruppen zusammenzubringen. Wir arbeiteten mit ihnen zwischen einer halben und einer ganzen Stunde in den Hallen oder einem ruhigen Winkel eines der vielen Korridore. In den Kurzinterventionen am Arbeitsplatz unterstützen wir verstärkt die Optimierung des Produktionsprozesses in einem stark handlungsorientierten Tätigkeitsbereich, in dem die Menschen in ständigem Kontakt miteinander stehen.

Eine andere Form der Intervention am Arbeitsplatz realisieren wir in unserem Seminar „Wahrnehmung als Basis für Entwicklung und Innovation" für Führungskräfte und Mitarbeiter/innen in Einzelhandelsunternehmen. Hier arbeiten wir, wie in Kapitel 2 beschrieben, direkt am Regal an der Wahrnehmung der dort tätigen Menschen. Wir müssen auf diese Weise keine theoretische Wahrnehmungssituation schaffen. Wir nehmen den Arbeitsplatz der Menschen und machen ihn als Wahrnehmungsraum erfahrbar. Sie agieren mit uns in ihrem gewohnten Tätigkeitsfeld, das jedoch über das künstlerische Handeln in einer völlig neuen Dimension erscheint. Wahrnehmung, Reflexion und Transformation in der neuen Erfahrung des Gewohnten gewähren einen leichten Einstieg in prozessorientiertes Denken und Fühlen und besitzen hohe Transferqualität.

Kultur-Werkstatt

Der Aspekt der Verständigung und Zusammenarbeit von Menschen unterschiedlicher Herkunft in einem für sie ganz neuen Rahmen ist in einer Variante der Fähigkeitenwerkstatt von zentraler Bedeutung, die ich unter der Bezeichnung „Kultur-Werkstatt" entwickelt habe. Derzeit realisieren wir die Kultur-Werkstatt für alle Auszubildenden am Ende des ersten Ausbildungsjahres bei der Globus SB-Warenhaus Holding. Hier kommen junge Menschen mit unterschiedlichsten Bildungsgraden und sozialen Hintergründen zusammen, die am Anfang ihres Arbeitslebens stehen. Auch in der Kultur-Werkstatt ist die künstlerische Methode kein Selbstzweck. Sie eröffnet einen Vertrauensraum, in dem die Auszubildenden individuelle Ausdrucksmöglichkeiten für sich entdecken, Blockaden überwinden und auf einer neuen Ebene zueinanderfinden.

Wir erreichen in jeder Werkstatt mit jeweils circa 130 Jugendlichen ohne jede Kunsterfahrung in unserer Kultur-Werkstatt innerhalb einer Woche fantastische Ausdrucksqualitäten und sehr individuelle, konkrete Transfer-Ergebnisse. Diese Ergebnisse reichen für jeden einzelnen Jugendlichen zielorientierend weit in den Arbeitsalltag hinein. Der Mut zu selbstverantwortlichem Handeln ist nach dieser Woche so gestärkt, dass viele neue Aufgaben und Vorhaben konkret angegangen werden können.

Diese Arbeit gerade am Ausbildungsbeginn anzusetzen ist uns, meinen Team und mir persönlich, ein großes Anliegen. Gerade hier in Deutschland herrscht, mit Blick auf die allgemeine Bildungssituation, eine hohe Notwendigkeit, bei jungen Menschen Mut zu selbstverantwortlichem Handeln und Gestalten anzuregen. Allerdings werden diese Impulse nur fruchtbar, wenn Unternehmensführungen mehrheitlich das Prinzip des schöpferischen, selbstverantwortlichen Handelns befürworten. In Unternehmen, in welchen wir diese Module durchführen, ist die Bereitschaft unverzichtbar, nachhaltig und langfristig an Entwicklungen arbeiten zu wollen. Der Einsatz des A.R.T.-Prinzips, auf welchem auch die Kultur-Werkstatt basiert, ist kein „Kurzfrist-Pusher", sondern eine nachhaltige Entwicklungsinvestition.

Ausgewählte Vorsätze einiger Teilnehmer/innen für ihren Arbeitsalltag nach einer Woche Kultur-Werkstatt (im Alter zwischen 16 und 22 Jahren):

- Ich werde meine eigene Meinung sagen! Es gibt kein „Vielleicht“ mehr, sondern nur „Ja“ oder „Nein“!
- Ich werde offener und mutiger an Kunden und neue Aufgaben herangehen.
- Ich will mich mehr mit dem Team austauschen, damit weniger Missverständnisse vorkommen und die Arbeit schneller und besser geht.
- Ich traue mir mehr zu!
- Ich setze mich ein, noch mehr Engagement!
- Ich werde mehr auf die Meinung der anderen achten.
- Ich habe den Mut, meine eigene Meinung höher gestellten Personen gegenüber zu äußern.
- Ich werde mit mehr Mut auf Kunden zugehen.
- Ich werde nicht mehr nur auf das erste „Bild“ schauen, das ich von einem Menschen habe.
- Ich werde durchhalten und mich engagieren.
- Ich werde besser und selbständiger arbeiten.
- Ich werde zuerst immer probieren, nicht gleich nein sagen.
- Wenn „Blockierer und Bremser“ den Prozess verhindern, werde ich schneller und deutlicher meine Meinung sagen!
- Ich fasse den Mut, es auszusprechen, wenn mir etwas nicht passt oder wenn ich Verbesserungsvorschläge habe.
- Ich werde mehr Teamfähigkeit, Zusammenhalt, Stärke, mehr Bewusstsein entwickeln.
- Ich werde offener auf neue Menschen und Aufgaben zugehen.
- Ich werde das sagen, was ich denke, und auf eine positive Einstellung achten.
- Ich möchte mehr Vorschläge machen und meine Meinung sagen.
- Ich mache meine Flügel auf, ich stehe fest auf eigenen starken Füßen!

Denn alles, was mit diesem Prinzip erlernt und erlebt wird, beruht, wie Nietzsche sagt, auf einem Lernen aus der Zukunft, einem „Vor-denken“, und nicht aus einem Lernen aus der Vergangenheit, dem uns allen vertrauten „Nach-denken“. Vordenken ist Wagnis und unsicherer Raum und bedarf des Mutes zum ersten Schritt.

So wird auch erklärlich, dass gerade in der Kultur-Werkstatt immer eine dem Alter der Teilnehmer/innen entsprechende, starke Transformation gelingt. Große Emotionen und starke Erlebnisse prägen diese Wochen. Denn das Lernen mit dem A.R.T.-Prinzip ist ein „Lernen mit dem Herzen". Darin findet es letztlich seine individuelle Verankerung und eröffnet die Möglichkeit, mit erhöhtem Bewusstsein Gestalter/in der eigenen Biografie zu werden. Mit diesem Mut und der Erkenntnis: „Ich bin Gestalter/in meiner Welt" starten die Jugendlichen danach in ihren beruflichen Alltag.

9 Was heißt Unternehmer sein im 21. Jahrhundert?

Im Gespräch mit Prof. Götz W. Werner und Prof. Dr. Götz E. Rehn

Prof. Götz W. Werner, Gründer und Gesellschafter von dm-drogerie markt, war zum Zeitpunkt des Gesprächs Vorsitzender der Geschäftsführung. Im Mai 2008 schied er aus der Geschäftsführung aus und ist weiterhin Mitglied des Aufsichtsrats von dm-drogerie markt.

Prof. Dr. Götz E. Rehn ist Gründer und Geschäftsführer von Alnatura sowie Honorarprofessor an der Alanus Hochschule in Alfter bei Bonn.

Bedürfnisse wahrnehmen

Mariott Stollsteiner: Es ist für mich sehr wichtig und wertvoll, mit Unternehmern über den möglichen Mehrwert des Künstlerischen Handelns in der Wirtschaft zu sprechen. Ich arbeite seit nunmehr dreizehn Jahren mit dm-drogerie markt zusammen und bin seit fünf Jahren für Alnatura tätig und daher mit Ihren Unternehmen vertraut. Sie beide haben in Ihrer Arbeit als Gründer und Unternehmer gezeigt, wie ganzheitliches Denken zu nachhaltigem Erfolg führen kann. Und Ihr Engagement für den Aufbau eines Studienganges für Wirtschaft an der Alanus Hochschule in Alfter, die sich bisher künstlerischen Fächern widmete, zeigt, dass Sie Kunst für ein wichtiges Mittel zur Entwicklung unternehmerischer Fähigkeiten halten. Woher nehmen Sie dieses Zutrauen in die Kunst, wo sehen Sie deren Zukunftspotenzial?

Götz W. Werner: Es gibt viele Ausgangspunkte, aber der Punkt, der mir immer am nächsten liegt, ist folgender: Unternehmerisches Tun heißt, dass man nicht zu sehr darauf schaut, was man verdienen kann, sondern womit man dienen kann. Es geht um die Bedürfnisse von anderen Menschen. Das heißt, dass man Bedürfnisse von anderen Menschen wahrnehmen lernt.

So gesehen sind wir mit dem Begriff Wahrnehmen in einem ganz zentralen Thema, nämlich: Wie kann ich die Wahrnehmungsfähigkeit für mich und für die Gemeinschaft steigern? Wahrnehmung ist ja die Voraussetzung für Gestaltung – wenn ich nichts wahrnehme, dann kann ich auch keine Initiative ergreifen, dann kann ich auch nicht dienen. Wenn ich die Arbeit nicht sehe, kann ich sie auch nicht erledigen. Wahrnehmung ist die Grundvoraussetzung, dass überhaupt eine Wirklichkeit entsteht.

Im Unternehmerischen gelten also zwei Prinzipien, das kann man erkenntnistheoretisch begründen: Einmal muss ich meine Wahrnehmungsfähigkeit entwickeln, und zum andern muss ich mein Denken fördern.

Die Wahrnehmungsfähigkeit ist insbesondere – und das ist unsere Erfahrung – dadurch zu entwickeln, dass wir uns unsere Mitte, also das Seelische, bewusst machen, sowohl für uns alleine als auch in der Gemeinschaft. Das geht eben sehr gut mit der Kunst. Nicht mit der Kunst als Ergebnis, sondern mit der Kunst als Methode.

MS: Der Ausgangspunkt jeder Veränderung ist der Erkennensprozess.

Götz E. Rehn: Ja, gerade da kann die Kunst enorm viel leisten. Sie hilft uns, unsere Wahrnehmungsfähigkeit – ich möchte es Beobachtungsfähigkeit nennen – zu schulen. Wir müssen mitbekommen, was um uns herum ist. Wir sind ja für andere da. Erst wer die Welt erkennt, kann sie sinnvoll gestalten.

Sei es, in der Filiale zu bemerken, dass ein Kunde eine Frage hat, ohne dass er schon laut fragt, oder dass eine zusätzliche Kassiererin an die Kasse muss, oder dass ein Kunde hinter einem steht und vorbei möchte, oder dass dort drüben etwas heruntergefallen ist. Es sind die Detailfragen, die uns täglich beschäftigen. Die Frage „Warum haben Sie das nicht gesehen?", ist nicht richtig gestellt – sie muss vielmehr lauten: „Warum haben Sie das nicht gedacht?"

Das ist ja ein Phänomen, dass wir viel mehr sehen, als wir erkennen. Hier kann die Kunst ansetzen, das aufzubrechen, indem man sich damit beschäftigt, wie Farbe und Form wirken, wie sie interagieren, wie feinste Nuancen das Ganze verändern. Und ein weiterer wichtiger Punkt ist ja, dass ich als Gestalter nicht Konsument bin, sondern Produzent. Nicht nur Geschöpf, sondern Schöpfer. Das ist das wesentliche Erlebnis dabei, und das kann Kunst leisten. Wenn man das erkannt hat, dann ist das in meinen Augen ein Schlüsselerlebnis für das ganze Leben.

Radikal denken – Evolutionär handeln

MS: Wichtig ist, dass wir, wenn wir Dinge im Künstlerischen erüben, auf einem anderen Feld agieren. In dieser Transferbewegung wird schnell klar, dass es auf den Prozess an sich ankommt und nicht so sehr auf die materiellen Resultate. Ich lege den Teilnehmer/innen nach den Seminaren immer nahe: „Zerstören Sie bitte Ihre Bilder, denn die sind nicht das Wichtige!"

GER: Aber da hängen die Einzelnen sehr dran! Das ist wirklich ein Schockerlebnis, wenn Sie ihnen sagen: „Zerstören Sie die Bilder!"

MS: Das ist ja genau der Punkt. Das ist zweifellos für viele eine Provokation. Aber diese Provokation dient der Sache. Denn wenn wir die Menschen auf einer sentimentalen Hobbyebene zurücklassen würden, im Sinne von: „Das habt Ihr aber nett gemacht!", wären tiefe Veränderungsprozesse in der Folge kaum denkbar.

GWW: Das wäre so, wie wenn ich heute den ganz neuen Laden unserer dritten Generation angucken würde, und man müsste sofort umbauen oder schließen – das wäre unerträglich!

MS: Mich hat als Künstlerin dieser Prozess des Verabschiedens, der ja nicht grundsätzlich Zerstörung bedeuten muss, sowohl in der Erkenntnis der Welt als auch meiner selbst immer sehr viel weiter geführt, weil ich ja erst in dem Abschiedsprozess merke, wo meine Sentimentalität an der Tradition und an alten Bildern hängt, wo ich also nicht fähig bin, in die Zukunft zu laufen.

In der Kunst muss natürlich eine höhere Radikalität vorherrschen, als wenn ich als Beraterin Menschen mit künstlerischen Mitteln auf den Weg einer künstlerischen Lebensgestaltung bringe. Das ist für mich ein anderes Prozedere. Aber wahrscheinlich müssen auch Sie als Unternehmer in dieser Radikalität agieren, genauso wie ein Künstler im Schaffensprozess und im Verlassensprozess und im Weiterentwicklungsprozess, denn sonst kommen Sie nicht weiter und zu keinen Ergebnissen.

GWW: Als Unternehmer würde ich das nicht sagen. Ich möchte es so ausdrücken: Es kommt darauf an, dass man radikal denkt, aber evolutionär handelt. Immer evolutionär. Radikal zu handeln, kann sich nur der Künstler erlauben, der Unternehmer nicht. Der Unternehmer kann nicht irgendetwas ganz Neues machen, was die Welt nicht versteht und was erst 200 Jahre später Geltung erreicht, sondern ein Unternehmer muss hier, jetzt und heute an dem anknüpfen, was ist.

Aber er muss, damit er dann auch in die richtige Richtung wirken kann, das erst einmal radikal denken. Also das radikale Denken gibt ihm den Polarstern für die Navigation, aber in seiner Navigation muss er sich nach dem nächsten Wellental richten und nach dem nächsten Wellenberg. Und dann ist gerade im Unternehmerischen oder im Künstlerischen – und das gilt für das Soziale genauso – der kürzeste Weg, die kürzeste Verbindung zwischen zwei Punkten eben nicht die Gerade, sondern es sind verschlungene Wege, Umwege in parzivalischer Art, bevor man dann irgendwann zum Ziel kommt.

GER: Da würde ich gerne anknüpfen, denn das ist ja mit das Wichtigste überhaupt, dieses Anknüpfen. Wenn ich in der Kunst am Stoff anknüpfe, ist das nichts anderes, als wenn ich mich im Wirtschaftlichen mit meinem Kunden oder mit der Zeitlage verbinde. Wenn ich das nicht mache, dann verkaufe ich nichts. Es gibt ja viele im Wirtschaftsleben, die sich darüber beklagen, dass sie keinen Erfolg hätten, und die anderen dafür verantwortlich machen. Was in gewisser Hinsicht natürlich richtig ist, weil die Kunden sich nicht so angepasst haben, wie sie sich anpassen müssten, um das gut zu finden, was sich jemand ausgedacht hat.

Aber das ist überhaupt nicht die Frage, sondern die Aufgabe ist es, wie kann ich etwas so anbieten, dass der Kunde noch daran innerlich anknüpfen kann. Wie kann ich mir also die Bedürfnisse meiner Kunden zu eigen machen und darauf eine sinnvolle und die Kundenfragen beantwortende Leistung entwickeln? Das Spannende ist doch jetzt, um an Götz Werners Gedanken anzuknüpfen: Wie gelingt es uns, auf der Basis einer konkreten Situation, aus der Phantasie heraus – und das ist die schöpferische Phantasie, die immer wieder notwendig ist – auf die Frage des Kunden eine originelle, effiziente, alle Gesichtspunkte beachtende, überraschende Antwort zu finden?

GWW: ... eine gleichwohl überraschende Antwort zu finden!

GER: Die große Herausforderung für mich ist, dass immer mehr Menschen im Unternehmen das tun wollen und können. Dass man das nicht allein tut, denn es geht nur gemeinsam. Das Erlebnis des Kunden findet gerade in einem Filialunternehmen draußen statt, nicht in der Begegnung mit mir, sondern konkret im Laden, mit den Mitarbeitern dort, mit allem, was ihn dort umgibt. Wie gelingt es, dass das möglichst viele Menschen im Unternehmen so verstehen und dass sie das auch als Nahrung für ihre eigene Zukunft erleben?

GWW: Und dass es sie motiviert.

GER: Dass sie also nicht nur auf das unmittelbare Ergebnis des Handelns – gute Umsätze oder Erträge – blicken, sondern dass sie die Begegnung, dieses Für-andere-tätig-sein-Dürfen, wollen und können, als Freude erleben.

GWW: Je mehr es gelingt, dass andere im Unternehmen sich eine solche Zielsetzung zu eigen machen, desto unternehmerischer wird das Unternehmen, desto mehr Unternehmer gibt es im Unternehmen.

GER: Es gibt immer Menschen in Organisationen, die gar keine unternehmerische Ausbildung haben, die aber sehr unternehmerisch denken und handeln. Sie sind sozusagen der Leim in einer Arbeitsgemeinschaft, der alles zusammenhält. Gerade in großen Unternehmen würde vieles überhaupt nicht funktionieren, wenn es nicht im Mittelmanagement Mitarbeiter mit einer solchen unternehmerischen Disposition gäbe. Ich kenne Beispiele, wo eindeutig in diesem Sinne unternehmerisch gehandelt wird.

MS: Das Unternehmertum muss eigentlich von innen her gestützt und nicht von außen verordnet werden. Das ist aber ein schwieriger Punkt. Das wird ja oft als Schlagwort benutzt, die Menschen müssen unternehmerisch handeln. Aber wie sollen sie denn eigentlich in diese Haltung kommen.

GWW: Die wirkliche Veränderung geschieht dann, wenn die Menschen in die Lage kommen, selbst immer mehr sehen, wahrnehmen, erkennen zu können, was zu tun ist, worauf es ankommt. Dann schauen sie zwangsläufig auf den Kunden, und dann wird das Unternehmen immer unternehmerischer. Das ist der Weg.

Wir im Einzelhandel treten mit dem Kunden nie direkt in Kontakt. Wir sind in der Dienstleistung tätig, wir schaffen selbst kein Produkt, das sich dann trotz aller Widerwärtigkeiten dramatisch verkauft, weil das Produkt so gut ist und alles andere schlecht, sondern unsere Leistung im Handel ist die Dienstleistung. Wir können nie etwas auf dem direkten Weg erreichen. Der direkte Weg wäre, wir bringen ein tolles Produkt hervor, eine tolle Erfindung. Als Xerox damals den Photokopierer auf den Markt gebracht hat, konnten sie dreißig Jahre lang machen, was sie wollten, denn anders war Kopieren nicht möglich. Das Unternehmen konnte noch so schlecht sein, jeder wollte diese Kopiergeräte haben.

Das geht bei uns im Handel nicht. Für den Kunden ist im Handel heute praktisch alles überall zu haben. Die Kunden sind frei in ihrer Entscheidung: Sie können heute bei uns und morgen woanders kaufen. Wir verändern ja die Produkte nicht, die wir verkaufen. Das Add-on, das wir geben, ist nicht am Produkt, sondern das Add-on besteht darin, wie wir das Produkt verkaufen.

Und das leisten die Menschen im Unternehmen. Deshalb ist gerade im Einzelhandel die Frage so wichtig, wie die einzelnen Menschen im Unternehmen eigenständig unternehmerisch handeln können.

Die Rolle der Kunst

MS: Hier kommt wieder die Kunst ins Spiel. Ich finde es so wichtig, dass es da das Feld der Kunst gibt, um neues Denken, Fühlen und Handeln erproben zu können...

GWW: Ja, die Kunst ist einfach das Mittel, mit dem man das erüben kann. Und deswegen sehe ich den Zweck der Kunst im Unternehmen, also nicht der Bilder an der Wand, sondern des konsequenten Anwendens von künstlerischen Methoden, darin, zu einer Zusammenarbeit zu kommen und – ich drücke es mal ganz drastisch aus – aus einem Haufen von „Autisten" eine zusammenarbeitende Gemeinschaft zu machen, welche sich in der und durch die Aufgabe verwirklichen und motivieren kann.

GER: Ich beobachte überall ein Sehnen der Menschen nach Kunst und Künstlerischem. Ich glaube, dass das eine Sprache ist, die eigentlich alle verstehen. Wenn jemand wirklich gut Musik spielt, ein Orchester gute Musik spielt, sind doch fast alle Zuhörer davon berührt und nehmen etwas mit. Das können sie vielleicht nicht ausdrücken – aber darum geht es jetzt nicht. Es geht darum, was es seelisch bewirkt, gerade in unserer Zeit, wo alles so auf Intellektualität ausgerichtet ist, auf Nutzen, auf die Reduktion auf das Materielle als scheinbar wesentlicher Quelle der Wirklichkeit. Das liegt wie Nebel über uns allen – und da kann Kunst Licht hineinbringen.

MS: Das ist auch meine Erfahrung, die Kunst bringt den Menschen mit sich selbst in Berührung. Das würde ich als das Licht bezeichnen. Der Mensch begegnet als Betrachter oder Zuhörer seinem Ich. Der katalanische Künstler Antoni Tapies hat gesagt: „Wer ohne innere Bilder und ohne Imagination lebt, wird gar nichts sehen." Bei so vielen Menschen ist dieses Level der inneren Imagination eigentlich kurz vor dem Durchbruch. Ich erlebe oft, wie die Betrachter in eine Schwingung versetzt werden, wenn von außen das Kunstwerk kommt, ich erlebe, wie plötzlich in ihrem Ich etwas aufwacht. Wir implantieren den Menschen die Kreativität nicht, die ist schon da und muss nur geweckt werden. Dann kann ich die Menschen dazu bringen, sich selbst als Agierende, als Künstler-Creatoren, ja letztendlich als Kunstwerke zu erleben – und die Veränderungen im Alltag zu realisieren.

GWW: Wenn ich mich mit dem künstlerischen Prozess auseinandersetze, dann lerne ich dabei die Gesetzmäßigkeiten, die im Künstlerischen enthalten sind, und werde das mal besser und mal schlechter anwenden, erst einmal für meinen eigenen künstlerischen Prozess und dann für den gemeinsamen künstlerischen Prozess, der im Sozialen stattfindet. Das ist meine tägliche Arbeit, und so habe ich schon vor vielen Jahren gesagt: „Unternehmer sein ist eigentlich eine sozial-künstlerische Veranstaltung.“ Weil es immer drum geht, aus einer Gemeinschaft ein Team zu machen.

Unternehmen führen heißt heute Bewusstsein führen

GWW: Jedem Einzelnen muss es möglich sein, seine Stärken beizubehalten und zugleich seine Schwächen zu durchdringen und zu verwandeln – das ist eigentlich die Aufgabe, die man im Leben hat. Auch in den Unternehmen. Management heißt für mich grundsätzlich, dass man sich um die Schwächen kümmert, nicht dass man die Stärken immer mehr herausarbeitet.

Dieses Prinzip verfolgen wir auch mit unseren Filialen: Gebietsverantwortlichen-Management, Regionsverantwortlichen-Management heißt, dass man sich um die schwachen Filialen kümmert. Wir sind froh, dass wir starke haben, aber müssen natürlich auch aufpassen, dass wir vor lauter Sich-Kümmern um die schwachen nicht die starken verlieren. Deswegen geht es uns immer darum, Stärken zu stabilisieren und Schwächen in Entwicklung zu bringen.

MS: Das ist genau das, was ich als Künstlerin erlebe. Das, was ich ohnehin schon gut kann, muss ich beibehalten, meine eigentliche Aufgabe ist aber, auf den Schatten zu schauen und genau das anzugehen, was ich noch optimieren kann. Das meine ich auch mit dem Verabschieden.

Da stellt sich mir die Frage, wie Sie es im Unternehmen erreichen, dass die Menschen auf beide Seiten schauen? Wie läuft so etwas in Hierarchien, wie läuft so etwas in der Führung, dass ich Stärken durchaus wahrnehme und wertschätze und eben nicht missachte? Denn hier kann ja auch Unlust entstehen, und man sagt: „Der nimmt mich ja gar nicht wahr.“ Es darf nicht dazu kommen, dass Mitarbeiter/innen sich abkoppeln und sagen: „Ist eh umsonst, da kannst du machen, was du willst, du kriegst ja auch nie eine Antwort drauf.“

GWW: Im Schwäbischen sagt man: „Nix gesagt ist genug gelobt.“ Es ist schwierig, die Stärken eben nicht dadurch zu reduzieren, dass man sie zu wenig anerkennt, wenn es Aufgabe ist, an den Schwächen zu arbeiten. Im täglichen Arbeitsprozess muss das immer berücksichtigt werden.

Was heißt denn letzten Endes, einem Menschen zu helfen? Das heißt doch nichts anderes, als ihm die Augen zu öffnen für etwas, was er bisher noch nicht gesehen hat. Wenn also jemand mit einer Frage zu mir kommt, dann wäre es ein Fehler, ihm die Frage zu beantworten. Ich muss vielmehr fragen, welche Fragen er sich noch nicht gestellt hat. Und wenn jemand mit zwei Fragen zu mir kommt, dann muss mein Trachten nicht sein, die zwei Fragen jetzt zu beantworten, sondern mich eher zu fragen, welche drei oder vielleicht auch fünfzehn weiteren Fragen fehlen da. Das ist das, was ich unter „Bewusstsein führen" verstehe: Ein Unternehmen führen heißt heute nicht mehr Menschen führen, indem ich sage, wie es gemacht wird, wo es langgeht, sondern das Unternehmen führen heißt heute Bewusstsein führen. Was heißt Bewusstsein führen? Dass man nicht über die Antwort führt, das wäre Menschen über das Rezept oder die Handlungsanleitung führen, sondern dass man über die Fragestellung führt.

Der in unserem Sinne künstlerische Unternehmer ist der, der Fragen aufwirft, und der unkünstlerische, das ist der, der Fragen beantwortet. Denn immer, wenn eine Frage beantwortet wird, ist der Bewusstseinsprozess beendet. Wenn ich dem Mitarbeiter eine Frage beantworte, wäre es töricht von ihm, etwas anderes zu machen als das, was ich ihm gesagt habe. Wenn ich ihm aber die Frage nicht beantworte, sondern zusätzliche Fragen gebe, dann eröffne ich ja sozusagen sein Bewusstsein und mache ihn sensibel, zumindest suchend. Ob er dann sensibel ist, ist eine andere Frage – aber ich mache ihn suchend für die Beantwortung dieser Fragestellung.

MS: So wie ich mir als Künstlerin immer wieder „den Teppich unter den Füßen wegziehen" muss, ist eine geistige Verunsicherung im besten Sinne des Wortes nötig – nicht um Menschen zu lähmen, sondern um sie in Fragehaltungen zu bringen.

GER: Um ihnen neue Erfahrungsmöglichkeiten zu eröffnen.

GWW: Ja, und auch damit sie ihre Selbstständigkeit behalten. Wenn ich immer schön fleißig Fragen beantworte, dann erziehe ich ja die Mitarbeiter förmlich dazu, mit jedem Problem zu mir zu kommen, denn mit meiner Antwort gehen sie auf Nummer sicher. Ob das mit ihrer eigenen auch so ist, muss sich erst herausstellen.

MS: So wie das Risiko im Künstlerischen... Kein Künstler weiß am Anfang hundertprozentig, wo er herauskommen wird, wie und wo eine Resonanz entstehen wird. Richtige Kunst muss mit dem Prozesshaften leben, da bin ich erst einmal lange Zeit in einer Suchrichtung und habe noch keinerlei Sicherheit, dass es gelingen wird.

GWW: Oder ich bin so genial wie Mozart, der das ganze Symphoniekonzert im Kopf hat und es nur noch hinschreibt. Oder wie Michelangelo, der hat den Felsen gesehen und hat in ihm schon die Figur gesehen und nur noch freigelegt. Und wenn Monet ein Bild in 45 Minuten malte, dann ist in diesen 45 Minuten nicht viel Entwicklung drin, sondern das war bei ihm schon da, schon vorentwickelt. Das hat er aus sich rausgesetzt. Im eigentlichen künstlerischen Schaffen war nichts mehr da, sondern das hat er sozusagen im Gedanklichen, im Imaginativen, in einem imaginativen künstlerischen Prozess durchgestaltet, entwickelt und dann rausgesetzt.

MS: Der künstlerische Prozess beschränkt sich natürlich niemals nur auf den „reinen Malakt". Deshalb ist mir auch Joseph Beuys mit seinem Satz „Jeder Mensch ist ein Künstler" wichtig. Diese Aussage ist nicht auf ein konkretes Kunstwerk bezogen, sondern auf den Prozess – so wie auch Beuys selbst seine eigene Biografie in einer unmittelbaren Beziehung zu seinem künstlerischen Werk gesehen hat. Es hatte alles seine Bedeutung: sein Flugzeugabsturz, also „vom Himmel fallen", von den Tartaren gerettet werden und so weiter bis zum Schweigen, als er dann nicht mehr konnte. Das ist alles im künstlerischen Prozess inklusive. Genauso wie bei uns allen mit unseren Biografien, mit allen Freuden, Leiden, Schockerlebnissen und allen Entwicklungen.

GWW: So erweitern Sie das natürlich enorm.

MS: Ja, das gehört für mich absolut mit dazu. Und wenn Sie sagen, ich bringe den Mitarbeiter in eine Fragehaltung, kann dies jedes Mal ein Auslöser für genau so einen Schicksalspunkt sein.

GWW: Ja, klar.

MS: Das ist Ihr Creator-Prozess, Ihre Arbeit nicht mit einem Kunstwerk, sondern mit Menschen. Sie schaffen einen Raum, in dem sich grundlegende Fragen stellen: Welche Geschichte bringe ich mit? Wie bin ich vorbereitet?

Entscheidend ist in der Kunst wie in der Wirtschaft die Orientierung auf den Prozess. Und die Missachtung des Prozesses, die uns allerorten begegnet, brachte mich letztlich dazu, als Künstlerin in Unternehmen zu arbeiten und mich dort mit Biografien und Menschengestaltung auseinanderzusetzen. Ich erlebe die menschliche Biografie als Kunstwerk. Und da sind Sie ja im Unternehmen hoch verantwortlich, weil Sie so viele „biografische Kunstwerke" haben, die sich in Ihren Unternehmen gestalten wollen.

Wie blicke ich da nicht nur aufs Ergebnis, sondern wie schaue ich auf den Prozess? Sie machen es, indem Sie Fragen provozieren, indem Sie sagen: „Ich gebe keine Antworten, ich provoziere Fragen."

GWW: Was übrigens sehr schwierig ist.

GER: Wollte ich gerade sagen. Ich habe das mit voller Zustimmung vernommen und kann offen eingestehen, wie schwer mir das fällt, das auszuhalten. Ich habe einmal, das ist schon viele Jahre her, Götz Werner bei Filialrundfahrten begleitet, da hat er mir erzählt, dass er manchmal seine Faust in der Tasche ballen würde, um nichts zu sagen. Da hab' ich gedacht, was ist das für ein komischer Mensch, was hat der denn für Probleme. Ich konnte das überhaupt nicht nachvollziehen, weil ich keinen Erfahrungshintergrund hatte. Inzwischen kann ich aber allerbestens nachvollziehen, wie schwierig es ist, die Kraft aufzubringen, jemand anderem Luft zu lassen, nicht aufs Ergebnis zu schauen. Man sieht schon, dass das daneben geht, was er da gerade überlegt hat – wenn es auch im Moment nicht riskant ist –, und man muss sich so zusammennehmen, da nichts zu unternehmen, sondern den Mitarbeiter gewähren zu lassen, um ihn diese Erfahrung selbst machen zu lassen. Fragen stellen und auch mehr zuhören als Antworten geben, ist einfach das A und O. Aber das selbst hinzukriegen, ist für mich immer wieder eine Herausforderung. Ich ertappe mich immer wieder dabei, dass ich in diese Falle laufe. Weil es so schön bequem ist: Man kriegt die Frage und man kann schnell eine Antwort geben, aber hinterher denkt man, ach, das hättest du jetzt nicht machen sollen.

MS: Im Grunde ist das ein Schulungsweg, den Sie sich da selbst auferlegen als Unternehmer.

GER: Allerdings, ja.

GWW: Wie soll sich das Unternehmen entwickeln, wenn sich der Unternehmer nicht entwickelt?

Das Unternehmen als Gemeinschaft: Permanente Weiterentwicklung an- und miteinander

GER: Wie soll sich das Unternehmen entwickeln, wenn sich die Mitglieder der Arbeitsgemeinschaft nicht entwickeln? Der Bewusstseinszustand aller Mitglieder einer Arbeitsgemeinschaft entscheidet, wie weit wir gemeinsam kommen. Wenn ich das Unternehmen Alnatura heute an dem messe, was ich mir bei der Gründung vorgenommen hatte, dann könnte ich in tiefste Depression fallen, weil wir Lichtjahre von dem Punkt entfernt sind, den ich damals für locker erreichbar hielt. Aber da gilt dann der Grundsatz: aufgreifen und verwandeln.

Was zählt, sind die menschlichen Persönlichkeiten in unserer Arbeitsgemeinschaft – wir haben uns mehr oder minder glücklich gefunden, wir gehen unseren Weg, und wir können ihn nur zusammen gehen. Es geht nicht, dass die einen in irgendwelchen Höhen schweben und die anderen zurückbleiben. Ich habe mal ein Bild gesehen von Mitgliedern einer Arbeitsgemeinschaft anlässlich einer Festivität. Da war ein Fesselballon mit am Korb befestigten Seilen zu sehen, der Unternehmensleiter saß im Fesselballon. Die Mitarbeiter waren an den Seilen am Boden und konnten den Ballon gar nicht mehr halten. Sie rannten über den Acker, vor ihnen die Seile, und der Unternehmensleiter entfloh in den Himmel. Das zeigt sehr plastisch die andere Seite, dass man wirklich dabei sein muss, da man sich mit den Menschen schicksalsmäßig eingelassen hat. So schwer es für mich manchmal ist, mich mit dem zufriedenzugeben, was aktuell möglich ist.

GWW: Aber die Entwicklung an einem selbst? Nach dem Motto „Unternimm dich selbst, unternimm für andere“ kann ich nur in dem Maße etwas für andere unternehmen, wie ich mich selbst unternehme. Ich möchte sagen, die Wachstumsgeschwindigkeit eines Unternehmens ist determiniert durch die Entwicklungsfähigkeit – und natürlich die Entwicklungswilligkeit, das gehört immer zusammen – der dort befindlichen Menschen. Wenn die nicht mehr wollen, dann geht es nicht weiter.

MS: Das gehört ja unmittelbar zum Schulungsweg, sich selbst zu überwinden, Raum freizugeben, dem anderen die Möglichkeit zur Entwicklung zu lassen. Das tun Sie, wenn Sie keine Antwort geben, obwohl Sie den Prozess schon vorgedacht haben. Das ist ja auch die permanente Auseinandersetzung mit der Eitelkeit und dem Gefühl der eigenen Allmacht.

GER: Ja, natürlich. Der Schulungsweg ist die notwendige Voraussetzung – und das immer wieder zu praktizieren, ist ganz wichtig. Wie gerade gesagt, man kommt nur so weit in der Arbeitsgemeinschaft, wie die Einzelnen kommen, und man selbst kommt auch nur so weit, wie man bereit ist sich selbst zu entwickeln. Das ist ein Gegenentwurf zum heute immer noch vermittelten Bildungskonzept: Man hat eine Hochschulbildung, einen universitären Abschluss und meint, man hätte sonderlich viel erreicht. Im Gegenteil, die Entwicklung ist nie zu Ende. Eigentlich geht es um die ständige Weiterentwicklung an- und miteinander.

MS: Auf unserem Schulungsweg müssen wir uns immer auch mit den Schattenthemen auseinandersetzen. Unsere Ängste, unsere Eitelkeiten, die hochempfindlichen Punkte unserer Persönlichkeit: Ich mag in diesem Zusammenhang das Bild von „Licht und Schatten“, weil die meisten Menschen auf ihre Schatten nicht schauen wollen. Sie lassen diese Themen lieber im Obskuren und handeln dann trotzdem weiter. In der gängigen Managementliteratur geht es oft nur um den Pseudo-Erfolgsmechanismus, etwa nach dem Motto: „Füllen Sie hier vorne positiv ein, dann kommt hinten im Handumdrehen dreimal Erfolg raus!“ Da ist nichts von Prozess, nichts von Sterben dabei, da ist nichts von Verlassen und nichts von

Entwicklung mit dabei. Aber genau das habe ich jetzt bei Ihnen rausgehört, diesen Schmerz.

GER: Eine andere Erfahrung ist auch, dass derjenige, der in einer größeren Arbeitsorganisation tätig ist – ich war selbst sieben Jahre in einem sehr großen Unternehmen aktiv –, oft seine Eigenleistung mit dem verwechselt, was ich den „Mantel des Unternehmens" nennen möchte. Für mich war es eine sehr tief gehende Erfahrung, plötzlich aus diesem großen Zusammenhang herauszutreten und festzustellen, dass das, was ich bis dahin als Teil meines Selbst angesehen hatte, nur der Mantel des Unternehmens war, und mich das Umfeld nur deshalb so estimierte, weil ich diesen Mantel anhatte. Und dann war dieser Mantel plötzlich weg ...

Jeder, der in ein Unternehmen eintritt, bekommt diesen Mantel, und wenn er ihn geschickt ausstaffiert, kann er auch sehr viel damit bewirken. Mit dem Mantel kann man dann auch fliegen, kann also enorme Reisen unternehmen, kann für das Unternehmen sehr viel erreichen – er beflügelt einfach. Aber das hört natürlich auf in dem Moment, wo man aus dem Unternehmen heraustritt. Dann gibt man den Mantel ab und stellt fest, jetzt ist erstmal gar nichts, jetzt geht es ganz von vorne los. Ich hatte ja vorher, und da unterscheide ich mich von manch anderem, nie selbstständig gearbeitet, nie etwas aufgebaut, sondern ich bin von der Universität in ein großes Unternehmen gegangen ...

GWW: ... wo die ganze Klaviatur vorhanden war.

GER: Genau, und wenn man dann eine Anregung hatte – das war ein sehr gut geführtes Unternehmen mit qualifizierten Mitarbeitern –, wenn man gute Ideen hatte, hat man enorm was bewegt. Der Irrtum besteht aber in dem Glauben, man hätte das alles ganz allein erreicht. Die Gemeinschaftsleistung, was also die anderen für einen geleistet haben, wurde mir gar nicht bewusst. Die Gemeinschaft ist deutlich mehr als die Summe ihrer Mitglieder.

GWW: Im Prinzip wie bei einer Orgel. In so einem großen Konzern, da hat man eine Tastatur wie bei der Orgel, wenn man da drauf drückt, dann hat man ein Riesendonnerwetter. Und wenn man dann selbstständig ist, hat man auch eine Tastatur, aber wenn man dann drauf drückt, passiert gar nichts.

GER: Es ist ja oft noch schlimmer. Man drückt auf die Taste und es regnet plötzlich von oben und kein Ton ist zu hören. Da gibt es sogar noch eine negative Wirkung. Und so stellt sich die Frage, wie es gelingt, dass die Einzelnen, die – um bei dem Bild zu bleiben – den Alnatura- oder den dm-

Mantel anhaben, sich bewusst machen, was sie da nutzen, wer da eigentlich mit ihnen arbeitet, woraus dieser Mantel gewoben ist, was sie dem verdanken, und sich immer bewusst machen, dass das ein Mantel ist und nicht nur sie selbst. Und wie sie selbst einen Beitrag leisten können, um sozusagen den Mantel der Gesamtgemeinschaft farbiger und besser zu machen.

Unternimm dich selbst!

MS: Also eigentlich wieder der Ansatz, den wir auch jetzt verfolgen: die Menschen immer auf ihr eigenes Creator-Sein aufmerksam zu machen.

GWW: In dem Sinne bedeutet dann Unternehmensführung als sozialkünstlerischer Prozess Verhältnisse zu schaffen, dass Menschen sich bewegen können, dass sie sozusagen vom Schwanz des Pferdes in den Sattel kommen und die Zügel für ihr Leben in die Hand nehmen. Und so gesehen muss man auch sagen, Führung legitimiert sich nur dadurch, dass sie die Selbstführung zum Ziel hat. Führung zur Selbstführung und nicht Führung zur Abhängigkeit, zur Manipulation. Ich erlebe das jetzt gerade in einem großen Konzern, wo ich Einblick habe. Der Vorgänger dort im Vorstand hat es meisterhaft verstanden, alle Leute in irgendeiner Weise von sich abhängig zu machen, mit allen möglichen Mitteln, finanzieller Art meistens.

MS: Das beobachte auch ich in großen Unternehmen. Ich war schon einige Male in Zweigen von Großkonzernen beratend tätig und habe dort erfahren, was es für eine Wirkung hat, wenn sich die Struktur dieses Mantels ändert. Das war unglaublich – da war plötzlich Entwicklung möglich, weil da gerade im Mantel ein Freiraum entstanden war. Dann kam aber plötzlich eine absolute, bedrohliche Veränderung aus der Konzernzentrale, die ein großes Angstmoment in sich trug. Sie hatten ein Projekt vor sich, von dem im Grunde klar war, das wird erst einmal in der ganzen Bundesrepublik als nicht funktionierend dargestellt werden. Plötzlich war da alles auf Minus 20, wie ein eisiges Schweigen, und da war auch niemand mehr zu erreichen. Da habe ich gemerkt, wie der Mantel bewirken kann, dass die Menschen in eine so hohe Abhängigkeit geraten, dass sie überhaupt nicht mehr selbst gestalten können.

GWW: Solche Direktiven von oben wirken so bedrohlich oder vielleicht auch so faszinierend, dass alle von ihnen abgelenkt werden, also eine typische Blendgranate. Das ist genau das Problem. Und dadurch beschäftigt sich niemand mehr mit seiner eigenen Entwicklung, sondern alle starren jetzt nur noch auf diese Direktive.

Ich möchte aber noch mal zum Thema Führung zur Selbstführung unter dem Aspekt der Vergütung kommen: Gerade die leistungsbezogene Vergütung ist kein Mittel der Führung zur Selbstführung, sondern sie ist Mittel der Führung zu dem, was das Unternehmen als Ziele festgelegt hat, denn sonst könnte die leistungsbezogene Vergütung nicht zugestanden werden. Damit erreiche ich nur, dass die Menschen sich an ihrem Vorgesetzten orientieren, aber nicht am Kunden. Denn der Kunde setzt ja weder die leistungsbezogene Vergütung noch Rahmenbedingung dafür fest. Das macht der Vorgesetzte, mit dem kann man dann noch drüber verhandeln, wenn es nicht ganz geklappt hat und man trotzdem belohnt werden will. Aber es führt grundsätzlich zu einem am Vorgesetzten orientierten Verhalten.

GER: Ein ganz wichtiger Punkt!

MS: Ich glaube, dass dadurch ein hohes Potenzial an kreativer Leistung verhindert wird. Eigentlich handelt es sich hier ja um eine Art vorauseilender Selbstzerstörung.

GWW: Wobei aber auch die Emanzipation durch Abstoßung kritisch betrachtet werden muss. Wenn jemand sagt, das war für mich damals ein guter Moment, wo ich mich abstoßen konnte, weil beispielsweise mein Vorgesetzter sich da so und so verhalten hat, dann ist das eine nachträgliche Rationalisierung. Wenn ein Freiraum auf diese Weise eingenommen wird, dient das nicht unbedingt der Entwicklung. Besser wäre es gewesen, sich an einer Sache zu entwickeln, die man selbst verursacht hat. Das Entwicklungspotenzial ist hier noch höher.

Es ist schon ein Unterschied, ob ich mein Ziel deswegen nicht erreiche, weil auf der Autobahn Stau ist oder weil ich mich verfahren habe und zu blöd war, mich richtig vorzubereiten und deshalb eine falsche Richtung eingeschlagen habe. Das ist ein Unterschied – gerade für den Lerneffekt. Wirksam ist das, was ich aus meiner Freiheit heraus mache. Hieraus kann ich ungleich mehr lernen.

MS: Das merkt man dann in der Biografie. Ich kann den Punkt bei mir ganz deutlich benennen, wo es frei wurde und wo die Dinge plötzlich in einem ganz anderen Tempo liefen.

Ich würde gerne noch einige Eindrücke von der Umsetzung des „Unternimm dich selbst“ in der täglichen Unternehmensentwicklung bekommen. Wie kann sich das aus Ihrer Sicht wirklich manifestieren in der Gestaltung eines derartigen Organismus?

GWW: Da hatten wir ja bereits einige Punkte, aber ich kann das gerne noch ein wenig vertiefen. Das Entscheidende ist, dass es gelingt, für möglichst viele Menschen möglichst phantasievolle Rahmenbedingungen zu schaffen, dass Menschen sich ...

MS: ... ermächtigen ...

GWW: ... ja, dass Menschen Aufgaben ergreifen und die Aufgaben kundenorientiert lösen. Und dass sie ihre Aufgaben bei ihrem Kunden suchen und nicht bei ihrem Vorgesetzten. Dazu braucht es Transparenz, dazu braucht es Zutrauen, dazu braucht es immer wieder Angebote zur eigenen Befähigung, also das Stimulieren von Entwicklungsfähigkeit und Entwicklungswilligkeit – alles was man in diese Richtung macht, hat einen Wert. Und je besser das gelingt, desto dynamischer oder unternehmerischer wird das Unternehmen sein. Mehr ist es nicht. Und das prägt sich aus in vielerlei gelungenen und misslungenen Versuchen. Erfolgreich ist man dann, wenn mehr gelingt als misslingt, da gibt es kein absolutes Maß ... Und oft kommt mir die Einsicht, aber die ist ja leicht zu erringen, dass alles, was man macht, suboptimal ist. Auch das Verteilzentrum hier würden wir heute nicht mehr so bauen.

MS: Ich mache die Farbgestaltung beim nächsten Bau auch nicht mehr so wie hier.

Aber geben Sie uns doch noch ein paar signifikante Beispiele für besonderes Gelingen, besonderes Misslingen? Initiativen, die greifen, die nicht greifen?

GWW: Beispielsweise die Einführung des Dauerpreises bei dm – also die Verabschiedung der Aktionspolitik, der Sonderangebote – war sicher eine erfolgreiche Innovation. Aber es gab mehr Leute, die dafür einen großen Misserfolg vorausgesagt haben. Stand ja sogar in der Zeitung, dass das wörtlich „hirnrissig“ sei.

Ein anderes Beispiel wäre die Einführung der Regionsverantwortung ...

MS: ... also die flache Hierarchie ...

GWW: ... Ja, und damit zusammenhängend die Fokussierung auf die Aufgaben in der Filiale. Das bedeutete ein radikales Umdenken, dass man das Unternehmen von der Filiale aus denkt und nicht von der Zentrale – was ja eigentlich so nahe liegend ist.

MS: Bei der Einführung des Dauerpreises haben Sie künstlerische Radikalität bewiesen, indem Sie eine Tradition durchbrochen und dafür logischerweise keinen Applaus, sondern eher den Kommentar „Das ist Wahnsinn, damit gehst du unter" bekommen haben. Im Grunde braucht man dann als Unternehmer ja die Mitunternehmer, die so etwas mittragen...

GWW: ... na ja, wie das so ist ...

MS: ... man läuft dann als Erster voran ...

GWW: ... sie haben nicht den Mut gehabt wegzulaufen.

MS: Wussten Sie eigentlich hundertprozentig, dass das aufgehen wird?

GWW: Ich möchte mal so sagen: Zukunft gestalten kann man prinzipiell nicht aus der Empirie heraus. Immer wieder wird das versucht, da wird ein Riesengeld ausgegeben für Forschung, für die Aufbereitung von Statistiken – aber so kann man die Zukunft nicht gestalten, auch wenn es so viele versuchen.

Ich bin davon überzeugt, dass der Unternehmer aus der Evidenz heraus gestaltet, er hat diese Sicherheit, dass etwas so ist, obwohl es sich durch nichts beweisen lässt.

GER: Und dann ist die Frage, wie es gelingt, dass die Mitarbeiter mit dem Unternehmen mitgehen. Diese Aufgabe stellt sich ja laufend. Um ein weiteres Beispiel für das Prinzip „Unternimm dich selbst" beizusteuern: Wir haben in unseren Alnatura-Märkten ein anderes Sortiment als dm, wir verkaufen unter anderem frisches Bio-Obst und Bio-Gemüse. Das bedeutet einen Riesenarbeitsaufwand und hat eine große Umsatz- und eine noch viel größere Ertragsbedeutung. Nun sind aber die Obst- und Gemüsepreise von Standort zu Standort unterschiedlich. Sehr lange haben wir versucht, die Preise von der Zentrale aus vorzugeben.

Vor zwei Jahren haben wir dann die Verkaufspreisbestimmung den Filialen überlassen. Natürlich mussten die Filialleiter und die anderen Verantwortlichen geschult und unterstützt werden, damit sie das verstehen und die Produktpreise selbst kalkulieren können. Mittlerweile sind sie vollständig unternehmerisch verantwortlich. Sie kaufen ein, wo sie wollen, was sie wollen, machen die Preise, wie sie wollen, schmeißen weg, was sie wollen, und verkosten, was sie wollen, und so weiter.

Wir haben lediglich vereinbart, dass wir insgesamt für das Sortiment eine gewisse Spanne erzielen wollen. Jeden Monat wird Inventur gemacht, und es zeigt sich, dass sich die Ergebnisse dramatisch verbessert haben. Es gibt natürlich immer noch Filialen, denen man helfen muss, die das noch nicht so gut können, aber in der Gesamtleistung ist es ein sehr großer Fortschritt.

Entscheidend ist, ob man als Unternehmer das Zutrauen zu den Menschen hat und ob man dann auch Menschen findet, die das mittragen. Ich habe im Unternehmen oft die Situation, was auch Götz Werner beschreibt, dass es einige Zeit dauert, bis allgemein klar ist, was wir machen sollten – und es liegt eine Riesenarbeit darin, das erst einmal einsichtig zu machen. Das ist mit Abstand der größte Aufwand. Ich habe drei Jahre dran gearbeitet, dass wir Sojaprodukte führen, ich habe Jahre dran gearbeitet, dass wir unsere Säfte in Tetrapaks statt in Flaschen anbieten.

MS: Diese Entscheidung war richtig, oder?

GER: Wir haben über die Hälfte mehr Absatz als vorher. Und so geht das von morgens bis abends, das ist eine persönliche Erfahrung, die ich laufend mache. Dass viele Menschen nur aus der Vergangenheit leben, sich nur auf dem Materiellen, auf dem Gewordenen abstützen, das ist ja immer das gleiche Thema in Variationen. Für sie ist es eben nicht Realität, was man denkt. Das Denken, das Handeln aus dem Denken heraus scheint überhaupt keine Möglichkeit zu sein. Aber das stimmt eben nicht – es ist die Möglichkeit schlechthin. Es macht einen großen Unterschied, ob ich etwas positiv denke oder nicht. Ich sage immer: „Es kommt überhaupt nicht in die Tüte, dass ich mich mit meinen positiven Gedanken gegen Ihre negativen Gedanken durchsetzen muss. Entweder es gelingt uns jetzt, dass wir das gemeinsam verstehen und in Angriff nehmen, dann wird das auch was. Oder es geht gar nicht." Davon ist die Entwicklung eines Unternehmens stark geprägt.

Die Frage ist immer, wie gelingt es, den anderen das zu vermitteln? Da bedarf es starker Bilder, die von den Angesprochenen verstanden werden.

GWW: Der Unternehmer ist ein Realträumer. Ich finde, das ist ein wunderbarer Ausdruck, ein Realträumer, für den ist ein Traum Realität. Das ist so, als wenn das schon gebaut ist und er läuft darin herum. Für den anderen ist es aber ein unerreichbares Luftschloss. Damit komme ich zu der Frage, wie ich dieses Delta überbrücke.

GER: So wie Mozart seine ganze Symphonie schon als Achtjähriger im Kopf hat, so geht es dem Unternehmer. Wir entwickeln gerade ein neues Ladenbild, und bis ins Detail sehe ich genau, wo was steht. Ich gehe gedanklich in dem Laden spazieren, weiß praktisch, wo jedes Produkt steht – aber das rüberzubringen ist sehr schwer. Jemandem klar zu machen, dass man das jetzt so oder so macht, weil man es vorgedacht hat.

MS: Wie gehen Sie vor?

GER: Ganz unterschiedlich. Das hängt davon ab, was es ist. Meine Erfahrung ist, dass es wichtig ist, dass die Menschen etwas haben, an dem sie sich entwickeln können. Man braucht also Erfahrungssituationen, Erlebnisse. Etwas nur intellektuell darzustellen – das habe ich im Laufe der Jahre gelernt –, funktioniert nicht. Es ist ganz wichtig, in Erfahrungsprozesse einzutreten, die dem Mitarbeiter helfen, Zutrauen zum eigenen Denken zu entwickeln. Die ihm Mut machen, auf das Denken zu vertrauen. Und die ihn dazu anregen, sein Denken praktisch zu schulen.

GWW: Sie können es natürlich „per ordre de Mufti" durchziehen, aber da kann es Ihnen passieren, dass die anderen sagen: „So, jetzt werden wir mal zeigen, dass es nicht geht!"

GER: Und wenn es nur ausgeführt wird, dann ist es nicht wirklich authentisch, nicht künstlerisch. Das ist ja das Wichtige, dass die Mitarbeiter nur dann authentisch sind, wenn sie überzeugt sind, und nur dann die Kunden überraschen, wenn sie authentisch sind.

MS: Das ist dann Nach-Schaffen und nicht Mit-Gestalten.

GWW: Der Unterschied zwischen dem befangenen Menschen und dem unternehmerischen Menschen liegt eigentlich darin, dass der befangene Mensch seine Wahrnehmung mit seinen Vorstellungen verwechselt und dadurch immer wieder auf sich zurückgeworfen wird, während der unternehmerische Mensch tatsächlich neue Wahrnehmungen macht und immer neu davon ausgehend seinen Einsichten und Zielen folgt. Der Unterschied zwischen einem unternehmerischen Menschen und jemandem, der das nicht ist, besteht darin, dass der eine hartnäckig dranbleibt, während sich der andere, wie Herbert Wehner immer so schön sagte, mit der ersten Antwort zufriedengibt. Das ist eigentlich der Unterschied. Man fühlt sich als Opfer der Verhältnisse, statt die Verhältnisse zu ändern.

„Evidenz" – wie die Zukunft im Gegenwärtigen greifbar wird

MS: Bevor wir dieses Gespräch begannen, erwähnten Sie den Begriff der „Evidenz" im Zusammenhang mit zukunftsorientiertem unternehmerischem Bewusstsein. Im allgemeinen Sprachgebrauch heißt „evident" ja „augenscheinlich", „offenkundig". Kant sprach von der Evidenz als „anschaulicher Gewissheit". Ist die Evidenz etwas, das das Zukünftige schon in sich trägt?

GWW: Evidenz heißt für mich „innere Gewissheit". Das Erlebnis der Evidenz gibt mir die Sicherheit, dass es so richtig ist, auch wenn alle anderen sagen, das ist falsch! Wie der Dackel, den Sie, wenn er mal den Knochen hat, totschlagen müssen, wenn Sie ihm den Knochen wieder wegnehmen möchten. Also: ganz beharrlich das Ziel weiter verfolgen! Es ist evident, aber nicht äußerlich nachweisbar.

GER: Es ist nicht materiell begründbar, weil es ja noch nicht da ist, es ist etwas, das in der Zukunft liegt, das erst zu verwirklichen ist. Motive, Ideen, Ziele sind ja nichts anderes als in Gedanken vorweggenommene Ergebnisse. Evident kann es nur für den erkennenden Menschen sein. Er hat eine entsprechende Einsicht. Er durchschaut etwas und begreift es mit seinem Denken. Ihm zeigt sich die Idee. Sie ist offenkundig.

MS: Ich gebrauche meinen künstlerischen Ahnungsbegriff sehr ähnlich. Ich habe oft das Erlebnis, dass da innerlich eine Frage ist. Als Künstlerin habe ich dann immer das Bedürfnis, dass diese Frage in mir eine innerliche Räumlichkeit bekommt. Ich arbeite mich Schritt für Schritt durch, bis ich ganz genau weiß, jetzt komme ich immer näher. Und irgendwann ist dann definitiv klar, so muss es gebaut werden! Ich merke richtig, wie die Idee lebendig werden möchte.

GWW: Vielleicht noch ein zweites Begriffspaar: Für einen unternehmerisch veranlagten Menschen ist das, was er tut, authentisch, für einen nichtunternehmerischen ist es beliebig. „Heute so, morgen so. Nichts ist unmöglich, kann man alles machen", das sagt ein Unternehmer nicht.

MS: Hier vollziehen Sie den Rollenwechsel, der für ein in die Zukunft orientiertes Denken, Fühlen und Handeln unerlässlich ist. Immer wieder um die eigene Idee herumgehen, nicht warten, bis ein anderer sagt, hier stimmt etwas nicht. In diesem Prozess geht man selbst diese Schritte wieder und wieder durch und stellt sich selbst in Frage, dreht die Idee in sich weiter.

GWW: Man bleibt dran. Ich habe für die Ideenbildung schon auch Mitarbeiter, aber da kann es passieren, dass die sagen: „Ja klasse, Herr Werner!" Und wenn ich, sagen wir mal, das war am Freitagnachmittag, dann am Montagmorgen frage: „Haben Sie da noch mal drüber nachgedacht, war doch interessant?" – „Ja, war interessant." – „Und, haben Sie da noch mal drüber nachgedacht?" – „Ne, jetzt am Wochenende gar nicht." Das ist für mich als Unternehmer unverständlich! Wenn ich am Freitag den Eindruck habe, jemand ist von der Idee ganz ergriffen, und derselbe Mensch erzählt mir dann am Montag, er hätte nicht darüber nachgedacht – da habe ich ein Verständnisproblem. Da frage ich mich, wie kann das überhaupt gehen? Völlig unmöglich, dass der nicht weiter drüber nachdenkt! Gott sei Dank habe ich ihn am Montag wieder darauf aufmerksam gemacht, sonst hätte er das wahrscheinlich vergessen.

MS: Das ist wieder ein gemeinsamer Punkt zwischen einem künstlerischen und einem unternehmerischen Ansatz, dass es diese Trennung von Freizeit, Arbeitszeit, Denkzeit nicht gibt. Ich muss mit meinem Ich beteiligt sein, dann bleibe ich dran ...

GER: ... und man ist nie fertig. Es gibt ja diese große Sehnsucht, dass etwas fertig ist. Dabei muss man doch Freude daran haben, dass es nie fertig ist, dass es in einem ständigen Prozess ist. Ich könnte ein ganzes Buch schreiben von den Dingen, die bei uns schieflaufen. Das muss man ja auch in gewisser Hinsicht aushalten. Man ist natürlich ständig da dran, regt wieder an, fragt wieder nach, geht wieder nach. Aber wie gelingt es, dass die Menschen Freude daran haben, dass etwas nicht fertig ist? Oder dass sie es wirklich als Prozess begreifen und nicht zufrieden sind mit „Gut, das läuft jetzt". Es geht ja mehr darum, immer wieder Freude daran zu haben, es neu zu gestalten!

Wir begreifen eben die Wirtschaft fälschlicherweise als Abbild einer großen Maschine und nicht als ein sozialorganisches, sich ständig durch die individuellen Impulse der Menschen neu gestaltendes lebendes Wesen oder eine spontane Ordnung, wie immer Sie das beschreiben wollen, oder einen Organismus. Und dadurch kommen wir dann zu dem Bild: Ich mache irgendetwas und wenn das fertig ist, dann geht es zum Nächsten. Die Realität zeigt uns aber, gerade auch, weil sie so viel offener und vieldimensionaler geworden ist, dass es so nicht mehr funktioniert. Weder der Mensch noch das Ganze funktioniert so.

Was ist das Fazit? Dass man ständig einer anderen Wirklichkeit gegenübertritt. Und daran müsste man Freude haben. Aber das ist natürlich ziemlich anspruchsvoll, wenn man die Seinsschichten der Wirklichkeit mit diesem Anspruch durchgeht. Wir bewegen uns heute meistens in der Welt des Zusammenhangs von Ursache und Wirkung, der für das Materielle gilt. Schon das Lebendige macht uns Probleme, wir befinden uns im Seelischen, wir befinden uns im Individuell-Geistigen – und darüber ist dann der soziale Organismus. Von Stufe zu Stufe wächst die Komplexität. Die einzelnen Individualitäten machen etwas zusammen und gestalten etwas, von dem ich ja gar nicht weiß, was der Einzelne jetzt schon wieder alles anzettelt. Und dadurch stehe ich ständig vor einer neuen Wirklichkeit.

MS: Der Künstler kommt genauso wenig heraus aus dieser, ich nenne es Verwobenheit. Da gibt es einfach keine ordentliche Reihe von Kästchen, an der entlang ich alles nacheinander abarbeite.

GER: Das ist der mechanistische Gesichtspunkt.

MS: Genau. Wie ich übrigens auch das Prinzip des Schulungswegs verstehe, auf dem es ja, genau wie im Künstlerischen allgemein, kein Ende im Sinne von „endlich fertig" gibt. Da lässt sich auch wieder der Bogen spannen zu unserer Ausgangsfrage: Was ist denn im 21. Jahrhundert notwendig? In der Gewohnheit der Menschen herrscht immer noch stark das Nacheinander, die Segmentierung: vom alltäglichen, materiellen, physischen „Ding" den Bogen zum Geistigen zu spannen, mich in Bewegung zu bringen, genau an diesem „Ding" meine Wahrnehmung zu schulen, das in die Handlung zu bringen, mit meinen Kollegen darüber zu kommunizieren, sodass dann im Sozialen eigentlich etwas viel Größeres entsteht. Den Bogen zu spannen in das Gesamtgesellschaftliche, hin zur sozialen Skulptur im Sinne von Beuys. Das künstlerische Handeln hält die Dinge im Lebendigen! Sonst sind sie nämlich tot.

GER: Das ist sicher noch mal ein wichtiger Punkt: Ich komme aus dem mechanistischen Weltbild eher raus, wenn ich wirklich in Kunst eintauche, denn dann stelle ich fest, dass es etwas gibt, das wirklich ist – und das Wirkliche ist lebendig!

MS: Ja, und es ist auch nicht jedes Mal im Sichtbaren fassbar. Egal, ob ich ein Bild von Paul Klee nehme oder in einem Museum für moderne Kunst eine Ausstellung zeitgenössischer Kunst besuche: Da kann erst einmal nichts sein, ich kann davor stehen und sagen, hier ist Nichts. Oder ich kann sagen, hier ist Alles, hier öffnen sich mir Räume für Erkenntnis und Verwandlung.

Gerade um diese persönlichen Einstiegsmöglichkeiten geht es mir in der Auseinandersetzung mit Kunst, ganz ähnlich wie das Evidenzerlebnis, das Sie beschrieben haben: Wenn ich die Zukunft erlebe, bin ich in dem Bereich, wo die Klarheit der Dinge verschwimmt, wo ich aber trotzdem merke, da ist etwas anwesend, in Verbindung mit dem ich eine hohe Sicherheit habe, dass ich in diesem unseren Zwischenraum zu Neuem vorstoßen werde. Das hat der Seminarteilnehmer in dieser Konstellation erlebt. So funktioniert das Beuys'sche Prinzip „Jeder Mensch ist ein Künstler". Und da sind wir wieder mitten im Laden. Wenn ich den Raum und die Menschen in ihm erlebe, so eröffnet sich zwischen mir und dem Kunden und dem Produkt und der Ladengestaltung ein Zwischenraum, der klingt. Wir müssen zu dieser Assoziation im Zwischenraum, zur bewussten Verlebendigung im Zwischenraum durchdringen!

10 Get connected: Zwischenräume entdecken – Netzwerke kreieren

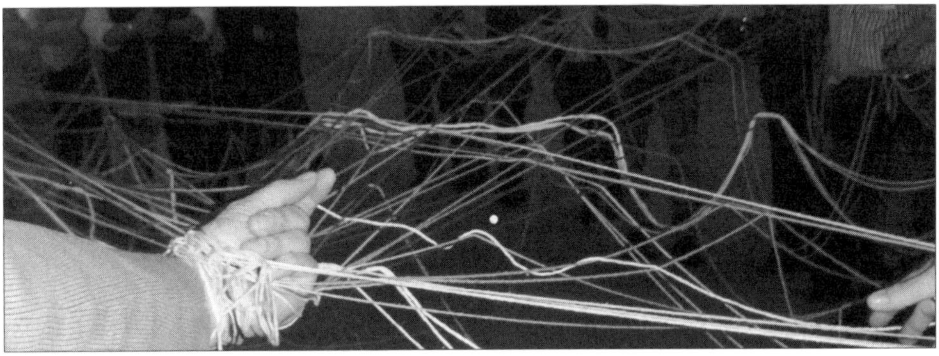

Kunst und Wirtschaft

Im vorletzten Kapitel habe ich die aktuellen Anforderungen an unternehmerisches Handeln mit dem Begriff Geist auf Zwischenraum beschrieben. Hier möchte ich noch einmal ganz grundsätzlich auf diesen Begriff des Zwischenraums und seine fundamentale Bedeutung in allen kreativen Prozessen eingehen. Der Geist auf Zwischenraum ist es, aus dem heraus wir in Kontakt mit unserer Außenwelt treten können. Er erlaubt es uns, auch auf unternehmerischer Ebene Netzwerke zu kreieren.

Der Untertitel dieses Buches lautet „Vom Nutzen der Kunst im Unternehmen“. Dies impliziert, dass künstlerisches und unternehmerisches Handeln eng wesensverwandt sind und sich gegenseitig inspirieren können. Der elementare Dreischritt Aktion – Reflexion – Transformation wirkt hier wie dort. In beiden Bereichen nehmen wir primär das Werk, die Aktion, das Ergebnis oder das Produkt wahr. Richten wir jedoch unseren Blick auf lebendige Prozesse, erkennen wir nicht nur Quantitäten, sondern Qualitäten. So bemerken wir, dass jedes Kunstwerk ebenso wie jedes Produkt oder jedes unternehmerische Handeln aus einer Transformation erwächst.

Immer geht eine Verwandlung voraus, sei es im Bewusstsein des Künstlers oder im lebendigen Organismus eines Unternehmens, der von den Bewusstseinskräften aller in ihm aktiven Menschen getragen wird. Im Gegensatz zur Kunst wird jedoch in der Wirtschaft häufig die enorme Bedeutung von Wahrnehmung und Reflexion für wirkliche Transformation übersehen. Wahrnehmung und Reflexion leben im Zwischenraum von Aktion und Transformation. Hier können die Kräfte von Liebe und Freiheit wirken und Veränderung befördern im Wechselspiel von Nähe und Distanz, aktiver Gestaltung und Betrachtung aus dem Abstand – verbunden mit der Erfahrung der eigenen Entscheidungsfreiheit.

Zwei Künstler öffneten im 20. Jahrhundert den Raum der Kunst zur Welt hin: Joseph Beuys und Andy Warhol. Beuys leistete dies wesentlich mit seinen Erkundungen und Darstellungen sozialer Prozesse in Form von Installationen, Objekten und Performances. Andy Warhol war neugierig auf die ganze Welt, vom Erhabensten bis zum Banalsten bildete er in seiner immer gleichen, alles auf eine Ebene bringenden Siebdrucktechnik ab. So wurde auf zwei sehr unterschiedliche Arten der Bezug zum sozialen Organismus hergestellt. Als Beuys seinen Begriff der „Sozialen Skulptur" prägte, stand für ihn nicht der skulpturale, abgehoben ästhetische, sondern der soziale Aspekt im Vordergrund. Seine Leitsätze „Die Mysterien finden am Hauptbahnhof statt" und „Das Atelier ist zwischen den Menschen" unterstreichen seine tiefe Absicht, eine Kunst zu schaffen, die mitten im Leben steht und substanzielle Aussagen über die zeitgenössische Welt macht.

Mittlerweile ist die Verbindung der Kunst mit sozialen und politischen Themen sehr eng. In unzähligen Ansätzen auf der ganzen Welt präsentiert sich Kunst heute als ein Medium, um die Welt besser zu verstehen und für die Zukunft aktiv zu werden. Damit stellt sie nicht nur die Aktualität ihrer Inhalte unter Beweis, sondern macht auch deutlich, dass sie ein lebendiges Werkzeug ist, das nicht abbildet, sondern Bewusstsein schafft und damit Veränderungen in der Welt auslöst.

Kunst oder künstlerisches Handeln haben ihren Platz in der Wirtschaft. Die Wirtschaft ist der Motor unserer Welt – im Globalen wie im Individuellen. Wir verbringen einen Großteil unseres Lebens an unserem Arbeitsplatz innerhalb dieser Wirtschaft, weswegen sie ein ideales Feld für Künstlerisches Handeln ist. Kommt es hier zu Entfaltung und Wirkung, verändert es nicht nur wirtschaftliche, sondern auch gesamtgesellschaftliche Prozesse.

Künstlerisches Handeln

In jedem Menschen ist ein kreatives Potenzial vorhanden. Dort setzt mein Seminar „Kreativität & Entwicklung" an. Geleitet von den Fragen „Was ist Kreativität, was ist künstlerisches Handeln?" wecken wir dieses Potenzial. Den essenziellen Bestandteilen Künstlerischen Handelns sind wir im Verlauf dieses Buches bereits begegnet: dem vorurteilsfreien Wahrnehmen, der Bereitschaft zum Standort- und Perspektivwechsel, der notwendigen Offenheit, um in „Fehlern" Schlüssel für Neues zu erkennen. Künstlerisches Handeln ist ein permanenter Prozess aus Aktion – Reflexion – Transformation. Was ergebnisorientiert betrachtet als Fehler gilt, ist in diesem Prozess einfach eine Aktion, die wir in die Reflexion bringen und so die Möglichkeiten zur Transformation erhalten.

Jedes Handeln verändert. Nach einer Aktion ist die Welt nicht mehr so, wie sie vorher war. Im künstlerischen Arbeiten wird den Menschen deutlich, dass jede ihrer Handlungen unmittelbare Konsequenzen hat. Wenn wir mit dem schweren Hammer auf einen Stein schlagen, haben wir plötzlich nur noch Brösel auf dem Tisch. Und wenn wir auf eine weiße Leinwand einen roten Punkt malen, dann steht er da einfach und leuchtet in die Welt hinaus. Gerade für Menschen in großen Unternehmen ist es enorm wichtig, wieder einmal ganz unmittelbar die Konsequenzen ihres Tuns zu erfahren. Wenn Menschen beispielsweise primär administrativ tätig sind, trauen sie häufig ihrem Tun kein großes Veränderungspotenzial zu und bemerken oft nicht die fundamentale Auswirkung eines „Klicks" auf ihrer Tastatur. Darüber hinaus wird die eigene Individualität oft aus dem Arbeitsleben herausgehalten; sie gehört in den privaten Lebensraum und hat anscheinend in der beruflichen Tätigkeit keinen wirklichen Platz.

In unserem Seminar werden die Teilnehmer/innen nun dazu eingeladen, mit künstlerischen Mitteln ein eindeutiges Statement abzugeben, für das es keine Direktiven und keine Erfahrungswerte gibt – nur die eigene Intuition. Dieses Statement ist klar sichtbar und wirkt als Kreation einer individuellen Persönlichkeit unmittelbar und unverstellt auf die Umwelt. Hier kann sich niemand „herausreden" und sagen: „Oh, das ist rein zufällig so passiert." Nein, dieser Mensch war aktiv und hat ein klares Zeichen gesetzt.

In der Kunst lernen wir die Einzigartigkeit unseres individuellen Tuns kennen. Wir lernen, dieses Tun nach außen zu vertreten und in der sozialen Begegnung mit anderen zu diesem Tun zu stehen. Erst wenn wir diesen Mut haben, können wir die eigene Aktion reflektieren und sie transformierbar machen. Reflexion und Transformation sind jene Freiheitsmomente, die Friedrich Schiller im Spiel am reinsten verwirklicht sah.

> ... Nun spricht aber die Vernunft: Das Schöne soll nicht bloßes Leben und nicht bloße Gestalt, sondern lebende Gestalt, d.i. Schönheit sein, indem sie ja dem Menschen das doppelte Gesetz der absoluten Formalität und der absoluten Realität diktiert. Mithin tut sie auch den Ausspruch: Der Mensch soll mit der Schönheit nur spielen, und er soll nur mit der Schönheit spielen. Denn, um es endlich auf einmal herauszusagen, der Mensch spielt nur, wo er in voller Bedeutung des Worts Mensch ist, und er ist nur da ganz Mensch, wo er spielt.
>
> Friedrich Schiller

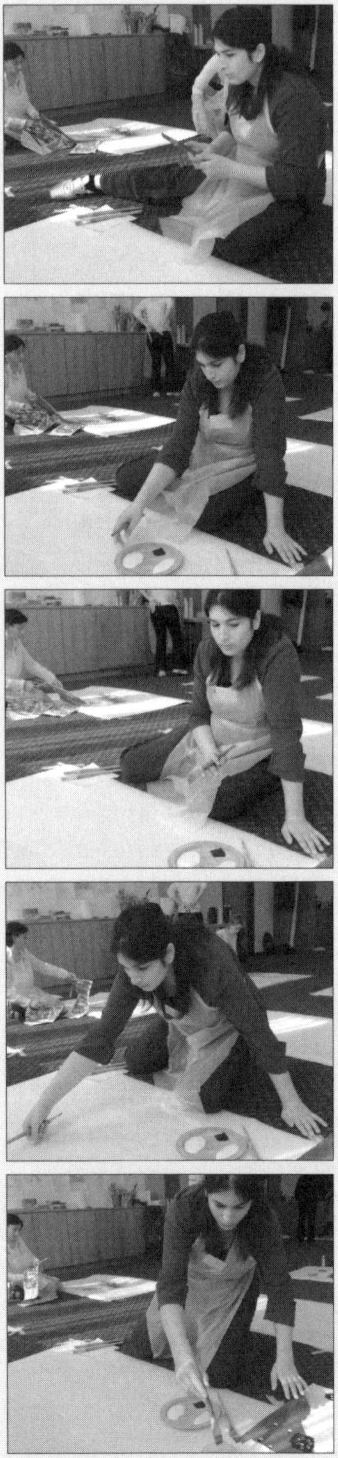

Abbildungen 49-53:
aus Kreativität & Entwicklung

Im Spiel kann sich der Mensch von erstarrten Konventionen befreien und Neues entdecken. Stofftrieb und Formtrieb, die komplementären Kräfte zwischen den Polen von Aufbruch und Verfestigung, begegnen sich und mischen die Karten neu. In der Kunst, die bereits Schiller als idealen Weg zur Werdung des „ganzen Menschen“ betrachtete, ist es uns erlaubt, in aller Eindeutigkeit Verantwortung zu übernehmen für das, was wir tun. Gleichzeitig schenkt sie uns die Freiheit, in aller Leichtigkeit die Dinge zu verändern. Joseph Beuys' Kunst atmet dieses Wechselspiel von Schwere und Leichtigkeit auf eindrückliche Weise: Dichte, intensive Materialität wird in leichter Geste verwandelt. Ihre Aussage ist in unterschiedlichster Form immer auch ein Appell an unsere eigene Wahlfreiheit: die Wahl etwas zu bewahren oder zu verändern – auch im sozialen Kontext.

Die in der Kunst und im künstlerischen Handeln gewonnenen Erfahrungen können grundsätzlich in Unternehmen und Organisationen transferiert werden. Dem künstlerischen Handeln wohnt das Bewusstsein der Individualität innerhalb eines sozialen Organismus inne. Jede/r Einzelne hat Bewusstsein für die Notwendigkeit des Ganzen und handelt dementsprechend. Ein solches Bewusstsein minimiert unmittelbar den Verwaltungsaufwand und das hierarchisch angelegte Regelsystem im Unternehmen ebenso wie in gesellschaftlichen Strukturen. Aus dem Bewusstsein für die eigene Kreativität erwächst das Vertrauen in die Kreativität der anderen. Erst wenn ich mir selbst zutraue und erlaube, permanent handlungsfähig, reflexionsfähig und transformationsfähig zu sein, gestehe ich das auch den anderen zu. In jedem Kontakt miteinander offenbart sich uns, wie wir im Raum der Wahl- und Entscheidungsfreiheit in gegenseitiger Anerkennung der Kompetenzen miteinander umgehen müssen, um aus dem kreativen Kern heraus miteinander etwas schaffen zu können. In diesen Begegnungen ist jedes Regelwerk überflüssig, da wir die Richtschnur des dem „Ganzen Zweckenden" in uns haben. Die Ethik ergibt sich im Prozess.

Wir müssen uns unserer Gestaltungskraft bewusst werden. Der Creator/die Creatorin in uns sind es, die die Grenzen überschreiten. Das meine ich durchaus in einem sehr allgemeinen Sinn. Für Schiller war es selbstverständlich, dass dem Menschen, der erst als spielendes Individuum zum „ganzen Menschen" wird, höhere Erkenntnis zuwächst, dass er also in transzendente Regionen vorstößt. In der spielerischen Gestaltungskraft manifestiert sich für ihn die Gottähnlichkeit des Menschen, wobei hier der kulturelle Kontext wichtig ist. Im Buddhismus etwa lebt die Transzendenz selbstverständlich im Individuum, in den monotheistischen Religionen hingegen ist sie ins Jenseits, in die patriarchalische Vaterfigur projiziert. Hier wird die „letzte Instanz", die integrale Verantwortlichkeit, nicht im Individuum gesehen, sondern im distanzierten Übervater, der unsere Geschicke bestimmt. Gegen dieses Denken richtet sich Beuys' Kritik im Satz von den Mysterien, die nicht mehr in den Kirchen stattfinden, sondern mitten unter uns, im „Hauptbahnhof". Im Arbeitsleben bedeutet dies als Konsequenz, nicht mehr zu warten, bis „der Chef sagt, wo es langgeht", sondern in jedem Moment sich selbst als Gestalter/in einzubringen.

Kreativität und Entwicklung

Dass sich die Mysterien menschlicher Gestaltungskraft oft mehr in der sogenannten Freizeit und in den Hobbys ereignen, ist eine der größten Bremsen im Wirtschaftsleben. Es ist zugleich auch der Grund, aus dem heraus ich ein Seminar wie „Kreativität & Entwicklung" für Menschen entwickle, die im wirtschaftlichen Kontext ihre Aufgaben haben. Das Seminar richtet sich an Führungskräfte, wobei ich diesen Begriff nicht hierarchisch gebrauche. Sobald Menschen Selbstführung ergreifen wollen, sind sie Führungskräfte und in der Lage, das Seminar zu besuchen. Egal, ob das ein neuer Mitarbeiter ist, der am Band steht, oder ein Topmanager – der Prozess ist immer der gleiche: Die Entdeckung des Creators/der Creatorin ist immer eine Entdeckung im Individuum, die dann individuell in die Arbeitssituation transferiert werden muss. Der Creator/die Creatorin, die hier als Gestalter der eigenen beruflichen Tätigkeit entdeckt werden, können aber auch problemlos „mit nach Hause genommen" und in jeder Alltagssituation aktiviert werden.

Es gibt viele Wege, die eigene Kreativität zu entdecken und freizusetzen. Manche Teilnehmer/innen können am besten mit einem Klumpen Ton in den Händen loslegen. Andere fühlen sich zu Zeichnung oder Malerei als ihrem Medium hingezogen. Viele haben aber auch das Gefühl, das alles „überhaupt nicht zu können", weil sie ja schon in der Schule „in Kunst ganz schlecht waren". Wir bieten im Ablauf unserer Seminare so viele Zugangswege über verschiedenste künstlerische Methodiken in diversen Medien, dass es für alle Teilnehmer/innen leichter wird, ihr persönliches Feld zu finden.

Über die Vielfalt der Übungen entsteht bei den Teilnehmer/innen ein neues Bild dieses anfangs oft so diffusen Phänomens „Kreativität". Es wird offensichtlich, dass es unendlich viele Möglichkeiten der Erfahrung individueller Schöpferkraft gibt, die weder Studium noch langjährige Ausbildung voraussetzen. Kreativität ist weder ein Fach noch ein Beruf. Kreativität ist eine Kraft mitten in uns. Sie durchwirkt das Leben in seiner Ganzheit. Es ist mir sehr wichtig, in den Menschen ein Bewusstsein für die Integralität des Schöpferischen zu entwickeln. Ich greife hier gerne auf Gertrude Steins Leitsatz „The world is round" zurück, um klar zu machen, dass man jeden Prozess von allen Seiten betrachten muss, um herauszufinden, wo mit dem persönlichen Impuls am besten anzusetzen ist. Von zentraler Bedeutung ist in dieser Arbeit die Erfahrung des „Sfumato" und seiner unermesslichen Produktivkräfte, wie ich sie in Kapitel 4 am Thema der Frage bereits ausführlich beschrieben habe.

In „Kreativität & Entwicklung" folgen wir dem Dreischritt Aktion – Reflexion – Transformation. Jede Sequenz, jedes Teilmodul dieses Seminars führt in die Aktion und leitet unmittelbar diesen Entwicklungsweg ein. Die Teilnehmer/innen hören keine Theorie, sondern sie erleben. Diese Erlebnisse rufen wir immer wieder systematisch ins Bewusstsein, um die Reflexion zu unterstützen. Die Reflexion öffnet das Erlebte in die Zukunft. Ob wir selbst künstlerisch schaffen oder uns in Museen aktiv mit Kunst auseinandersetzen – immer ist es Ziel unserer Übungen, die Menschen sowohl ihre schöpferische Kraft als auch ihre Kompetenz des Umgangs mit dem Unbekannten erfahren zu lassen. Wir laden ein zur Begegnung mit Fremdem, wie zum Beispiel der Kunst im Museum, und dazu, mit diesen Erlebnissen aktiv und selbstbewusst umzugehen. Sie sollen sich auf die eigenen spontanen Reaktionen, die von ihnen ausgelöst werden, einlassen und sie reflektieren. Die Kraft, welche aus diesen Reflexionsprozessen erwächst, ist tiefgreifend, da sie zu weiteren Expeditionen ins Neuland ermutigt.

Während der Entdeckung unserer Kreativität werden wir mit einer neuen Persönlichkeit in uns bekannt gemacht: dem Creator und der Creatorin, die in uns wohnen und uns als ständige Begleiter zur Seite stehen. Diese Erkenntnis ist von fundamentaler Bedeutung: Kreativität weht uns nicht nur gelegentlich, vorzugsweise am Feierabend in entspannter Atmosphäre, zu. Der Creator/die Creatorin in uns ist immer einsatzbereit. In den Seminaren arbeiten wir daran, den Menschen Zutrauen in diesen Kern ihrer Individualität zu schenken und sie zu begeistern, diesen Kern möglichst oft hervortreten zu lassen. Wir geben also keine künstlerischen „Tricks und Kniffe" mit auf den Weg, sondern arbeiten an einer neuen künstlerisch-menschlichen Grundhaltung. Wir schulen keine Techniken, sondern wecken Kräfte mit maximalem Zukunftspotenzial, deren Anwendungsmöglichkeiten die Teilnehmer/innen selbst definieren. Am Ende des Seminars steht folglich die Frage: „Wie möchte ich das Gelernte umsetzen?"

Wege der Vertiefung

Auf „Kreativität & Entwicklung" baut ein Seminar auf, das ich „Kreativität & Entfaltung" nenne. „Entwicklung" heißt, in der Zeit vorwärtszuschreiten. „Entfaltung" setzt bereits das innere Vertrauen voraus, dass Grundlagen vorhanden sind, die nun wachsen und erblühen können. In diesem Aufbauseminar richten wir unsere Beobachtung stärker nach innen, und es geht sehr viel mehr um die tiefen Qualitäten der Persönlichkeit. Wir blicken auf unser Ich, auf die eigene Biografie, auf die Verwandlungen, die wir in deren Verlauf geschafft haben, und die Beweglichkeit, die uns daraus erwachsen ist. Hier kommen viele Dinge zur Sprache, die außerhalb der gesellschaftlich akzeptierten Norm liegen und in dieser als Schwächen gelten – Dinge, die reine „Privatsache" sind.

Wir dringen wesentlich weiter in die Tiefe. Dementsprechend gibt es auch viel mehr Gespräche in Zweier- oder Kleingruppen als im großen Plenum. Der Rahmen ist ruhiger und intimer, mit starker Konzentration auf die Wahrnehmung und Reflexion der individuellen Bedürfnisse. „Was brauche ich, damit ich gut in die Zukunft komme?", das ist hier eine wichtige Frage. In diesem Zusammenhang machen wir zum Beispiel eine Übung, in der es um Entfaltung und Umgang mit der eigenen Stimme geht. Für viele Teilnehmer/innen ist es eine richtige Mutprobe, in einer Gruppe von Menschen zu ihrer eigenen Stimme zu gelangen. Creatorinnen und Creatoren brauchen ihre ureigenen Stimmen, denn sie müssen sich trauen, im wahrsten Sinne des Wortes die eigene Stimme zu erheben.

Auch hier setzen wir uns aktiv mit Kunst im Museum auseinander. Museen sind für mich wie Labore, in denen fulminante Reaktionen erzeugt werden können. Oft haben sie aber auch etwas von einem Orakel, das wir befragen können, damit es uns etwas über uns selbst offenbart. Zeitgenössische Kunst ist als Selbsterfahrungsraum hoch funktionell. Voraussetzung dafür ist jedoch, sich der Fragen, mit denen wir alle nicht nur ins Museum, sondern durch die Welt gehen, bewusst zu sein und sie frei und offen zu stellen. Antworten auf diese ureigenen Fragen können uns von überall her zuwachsen.

Am Museum schätze ich speziell die konzentrierte Atmosphäre und die faszinierende Bandbreite von persönlichen Weltentwürfen im Medium der Kunst. In unserem Seminar stellen wir eine ganz konkrete Frage an die Kunst: „Von welchem Werk erhalte ich Unterstützung auf meinem Entwick-

Kunst: „Von welchem Werk erhalte ich Unterstützung auf meinem Entwicklungsweg in die Zukunft?" Wir schauen, was uns persönlich als Kraftpol entgegentritt, uns weiterträgt und so eine Erkenntnis über unseren zukünftigen Weg vermittelt. Das ist eine ganz andere Fragestellung als im Seminar „Kreativität & Entwicklung", wo wir noch unsere Sympathien und Antipathien erkundet haben.

Jeder Mensch ist Creator/in seiner/ihrer eigenen Biografie. Mein Leben ist eine Lebensskulptur, in der es keine Trennung zwischen Berufs- und Privatleben gibt, sondern in der alle Bereiche, Seiten und Details von meiner Individualität durchdrungen sind. Die Ich-Stärkung und Akzeptanz der eigenen Individualität ist es, an der wir in unseren Seminaren mit den Menschen arbeiten. In diesem Zusammenhang stoßen wir zwangsläufig an die Frage des „Schicksals": Nehme ich das, was mir im Leben begegnet, was mir an „Schicksalsschlägen" widerfährt, passiv hin? Reflektiere ich es, um es als Impuls für meine eigene Entwicklung aktiv zu transformieren? Im ersten Fall bleibt es das äußere „Schicksal", das ganz von mir getrennt gegen mich wirkt. Im zweiten Fall nehme ich die Ereignisse an und versuche, aus ihnen Orientierung für Veränderungen zu gewinnen. Dies ist die Wahl zwischen der passiven „Opferrolle" oder dem aktiven Ergreifen und Verwandeln durch den Creator/die Creatorin.

Mit dem Creator/der Creatorin in uns rückt die Welt wesentlich näher an uns heran. Sie wird zu einem Möglichkeitsraum, den wir im Selbstbewusstsein unserer Gestaltungskraft beleben und verwandeln können. Wenn die Teilnehmer/innen nach dem Seminar wieder in ihren Arbeitsalltag zurückkehren, sind sie in ihrer Fähigkeit gestärkt, Möglichkeiten zu erkennen und Chancen zu ergreifen. In ihrem individuellen Wertesystem gewinnt Beweglichkeit und Mut zur Innovation signifikant an Bedeutung. Es gibt kaum einen Bereich in Unternehmen, in dem diese Einstellung nicht in höchstem Maße förderlich ist.

In diesen Erfahrungs- und Lernprozessen ist mir die freie spielerische Atmosphäre ebenso wichtig wie die sinnlich-haptische Qualität der Werkzeuge. Zum Thema der aktiven Gestaltung der eigenen Lebensskulptur führe ich beispielsweise folgende ganz elementare Übung durch: Jede/r Teilnehmer/in erhält 10 Kilogramm Ton. Ich fordere sie auf, aus diesem Material 12 gleichförmige Würfel zu modellieren und mit ihnen einen Platz zu gestalten. Dann sollen sie diesen Platz verwandeln, indem sie die Würfel in organische Formen verwandeln. Aus dem regelmäßig Anorganischen soll etwas Lebendiges entstehen. Mit Schiller gesprochen, gehen wir so aus dem Statuarischen des Formtriebs in die Beweglichkeit des Stofftriebs.

Soweit die Theorie. Wer jemals mit Ton gearbeitet hat, weiß: 10 Kilogramm Ton sind keine Kleinigkeit. Sie zu modellieren ist richtige Arbeit, bei der

Abbildungen 54-58: Plastiziersequenz

man alle Hände voll zu tun hat. Schon die zwölf gleichen Würfel zu formen fällt nicht leicht; es ist ein serielles Arbeiten, fast wie am Fließband, mit einer bestimmten Norm im Kopf. Mit dem Arrangement der Würfel zu einem „Platz" realisieren die Teilnehmer/innen dann eine persönliche Installation, ein Bezugssystem als Ausdruck ihrer Individualität.

Dann sollen sie in ihr Werk entschlossen eingreifen und die Würfel „zerstören", indem sie die regelmäßige Form aufbrechen und in organische Gebilde verwandeln. Hierbei sind sie frei in ihrer Entscheidung, ob sie einen Teil der Würfel so belassen oder alle umformen wollen, ob sie sie zu einem großen Ganzen modellieren oder einzelne Körper bilden. Der radikale Eingriff in das mühevoll erarbeitete Regelmaß ist ein neuer Schwellenmoment, der einiges an Überwindung kostet. Ist der Schritt aber geschafft, entwickelt sich ein offener Gestaltungsprozess: Die Teilnehmer/innen werden zu Creator/innen in der Freiheit ihrer unbegrenzten Möglichkeiten.

Vertrauensräume – Gestaltungsräume

Kreative Prozesse brauchen Raum, Raum für Reflexion und Verwandlung. Kreative Prozesse eröffnen auch selbst neue Möglichkeits- und Entfaltungsräume. In diesen Räumen bewegen wir uns nicht unbedingt allein, ganz im Gegenteil: Der Entwicklungsraum, der sich als Konsequenz meiner kreativen Entfaltung in meiner Mitte öffnet, hat seine Entsprechung in einem sozialen Raum um mich herum, der von einer völlig neuen Begegnungsqualität durchdrungen ist. Treffen sich Individuen, die mit dem Dreischritt Aktion – Reflexion – Transformation vertraut sind und ihr Denken, Fühlen und Handeln von ihm leiten lassen, sind sie sich nicht nur ihres eigenen Potenzials bewusst, sondern sie erkennen auch das der anderen an.

Ihre Begegnung hat eine andere Qualität, weil sie wissen, dass der andere so wie sie selbst aus der eigenen individuellen Kreativität heraus agiert. Der Ausgangspunkt des anderen ist von ihrem eigenen ebenso verschieden wie seine Art und Weise, die Möglichkeiten zu ergreifen und Realität werden zu lassen. Konkurrenz und Kompetenzgerangel, wie sie in Arbeitsgruppen oft bestehen, sind hier fehl am Platz. An der Art der Zusammenarbeit von Menschen lässt sich sehr schnell erkennen, wer sich hier getroffen hat: Karrieristen, die den Entfaltungsraum noch nie entdecken konnten, weil sie innerlich eng und nach außen wie auf einer Einbahnstraße auf ein großes Zieltor orientiert sind, oder Ermöglicher, die an einer gemeinsamen Entwikklung interessiert sind.

Seminare, die Zusammenarbeit verbessern sollen, sei es nun Teambildung oder die Unterstützung der gemeinsamen Arbeit am Leitbild eines Unternehmens, bieten Gestaltungsräume, in denen Menschen im Bewusstsein ihrer kreativen Kompetenz lernen, als Creator/innen in Austausch zu treten.

Auf eine einfache Formel gebracht: Jeder wird zum Berater des anderen. Das braucht in der Regel eine entsprechende Vorarbeit. Wenn die Menschen noch in ihrem alten Bewusstsein sind und den Vertrauensraum des Creators/der Creatorin in sich selbst noch nicht gefunden haben, werden sie diesen auch anderen in der Zusammenarbeit nicht zugestehen. Entscheidend für den Erfolg einer Gemeinschaft ist das Bewusstsein für die gemeinsame Sache und eine Vorstellung von deren Entstehungsbedingungen und Erfordernissen: „stimmig, zweckend dem Ganzen und notwendig", wie Goethe es ausdrückte. Dann erwacht der gemeinsame Prozess zum Leben.

Grundsätzlich durchläuft eine Gemeinschaft von Menschen im kreativen Prozess die gleichen Phasen wie ein einzelnes Individuum. Wenn nun alle mit diesen Stufen aus eigener Erfahrung vertraut sind, ist ein viel souveränerer Umgang mit „schwierigen Punkten" gerade in der Phase des Sfumato möglich. In ungeübten Arbeitsgemeinschaften ist schnell eine Situation erreicht, wo der Prozessinfarkt droht. Im schlimmsten Falle sagt ein Mitglied der Gruppe zum Beispiel: „Das Projekt ist gestorben, wir werden da nie irgendwo hinkommen." Oder: „Das geht mir jetzt viel zu langsam voran!" Hier braucht man das Wissen von den Gesetzmäßigkeiten und das Vertrauen in das tiefe Verwandlungspotenzial des Sfumato. Alle Mitglieder einer Gemeinschaft müssen in einer solchen Situation zu Beratern und zu Ermöglichern werden, die sich gegenseitig die nötige Zeit lassen und helfen, den schöpferischen Raum frei zu machen. Hier kommt dem Dialog anstelle der Diskussion mit ihren „Machtwörtern" entscheidende Bedeutung zu. Die Reflexion im Sfumato darf niemals „abgekürzt" werden. Sie muss bis zum guten Schluss begleitet und gepflegt werden, denn sie ist neben der endgültigen Realisierung der Idee – in der Begrifflichkeit der Leonardo-Prinzipien die „Corporalità " – die produktivste Phase im ganzen Prozess.

Begegnungen und Netzwerke

Wollen verschiedene Abteilungen und Arbeitsbereiche eines Unternehmens oder gar verschiedene Unternehmen in die Zusammenarbeit gehen, müssen die in diese Prozesse involvierten und sie gestaltenden Menschen miteinander in Berührung kommen und sich einen gemeinsamen Gestaltungsraum schaffen. Wir arbeiten beispielsweise für ein Unternehmen aus dem Gesundheitswesen, in dem die Chefärzt/innen mit den Geschäftsführer/innen auf neue Weise in Kontakt kommen sollen. Gerade im Gesundheitswesen ist die gute Zusammenarbeit dieser beiden Bereiche eine entscheidende Voraussetzung für eine erfolgreiche und gleichzeitig rentable Arbeit zum Wohl der Patient/innen.

Ein großes Anliegen ist mir die Vernetzung verschiedener Unternehmensbereiche sowie die Vernetzung über Unternehmensgrenzen hinweg, das sogenannte Supply Chain Management. Hier geht es um die Optimierung des Waren- oder Informationsflusses innerhalb der Wertschöpfungskette zwischen Unternehmen oder auch innerhalb eines Unternehmens. Das Supply Chain Management ist seit langer Zeit im Fokus der Forschung. Aus Logistik und IT kommen eine Vielzahl von Konzepten und Tools, die die Prozesse optimieren sollen. Von Seiten der „Hardware" scheinen also alle Probleme gelöst. Der entscheidende Faktor für das Gelingen ist offenkundig der Mensch. Die gesamte Kette stellt sich innerbetrieblich als fortlaufende Reihe von Kunden-Lieferanten-Beziehungen dar. Um dafür ein Bewusstsein zu wecken, müssen die hier arbeitenden Menschen erst einmal in direkten Kontakt miteinander gebracht werden.

Oft begleiten wir auch die Zusammenarbeit zwischen verschiedenen Unternehmen. Hier kommen ganz deutlich völlig unterschiedliche Unternehmenskulturen in engen Kontakt miteinander. Götz E. Rehn wies in unserem Gespräch im vorigen Kapitel darauf hin, dass es sich bei Unternehmen um Individualitäten mit einem unverwechselbaren Wesen und einer einzigartigen Biografie handelt, die die Arbeit jedes einzelnen Mitarbeiters bestimmen. Im Kooperationsprozess zweier Unternehmen kann es folglich nicht darum gehen, dass ein Unternehmen dem anderen seinen Stempel aufprägt oder anders herum ein Unternehmen sich dem anderen weitgehend anpasst. Stattdessen muss hier intensiv auf die bereits erwähnten drei Kernkompetenzen geschaut werden: die kommunikative, die konzeptionelle und die kreative. Dies sollte in beiden Unternehmen geschehen, um so die Voraussetzung für einen guten Zusammenschluss der Kräfte zu erreichen, ohne dass Individualität verloren geht.

Ich habe in einem Seminar darauf hin gearbeitet, durch die ganz konkrete Vernetzung derjenigen Menschen, die konkret miteinander zu tun haben, beide Unternehmenskulturen direkt miteinander zu verbinden. Damit wurden bereits in der Grundstruktur des Seminars nicht nur die Grenzen der beiden Unternehmen, sondern auch die Hierarchiegrenzen überwunden, denn es sind natürlich nicht nur die Chefetagen miteinander in Kontakt, sondern viele Menschen auf verschiedenen Ebenen des Unternehmens. Es wurde schnell offensichtlich, dass sich Zusammenarbeit immer in gemeinsamen Gestaltungsfeldern abspielt, welche sich überhaupt nicht um Hierarchieebenen kümmern. So traten im Laufe des Seminars Händler des einen Unternehmens direkt mit Produktentwicklern des anderen Unternehmens in einen Dialog und hatten die Idee, miteinander an der Kreation eines neuen Produkts zu arbeiten. Diese unternehmensübergreifenden Sequenzen wirken immer beschleunigend, sowohl für die Zusammenarbeit als auch für innovative gemeinsame Entwicklungen.

Abbildungen 59-61: Vernetzung

Das Moment der Vernetztheit wurde durch eine spezielle Übung im Seminar sinnlich erfahrbar: Die ganze Gruppe stand im Kreis. Jede der etwa dreißig Personen hatte ein Wollknäuel in der Hand und warf es genau dem zu, mit dem er oder sie in seiner täglichen Zusammenarbeit direkt zu tun hatte. So ergab sich sehr schnell ein unglaublich dichtes Geflecht, in dem schließlich jede/r mehrere Fäden in den Händen hielt. Alle waren über viele Stationen miteinander vernetzt. Als Einzelne versuchten, sich in diesem Netz zu bewegen, merkten sie sofort, welchen Einfluss ihr Impuls auf die anderen hatte.

Im zweiten Schritt machten wir uns daran, dieses Gewebe langsam wieder aufzulösen. Alle sollten ihre Knäuel wieder aufwickeln. Wer denkt, das bedürfe lediglich der Umkehrung des Entstehungsprozesses, irrt gewaltig. So ein Gewebe zu entwirren, ist ebenso schwierig wie zeitaufwändig – und es ist absolutes Teamwork. Jedes leichte Ziehen und Zerren, um einen Knoten zu lösen, blockiert andere Prozesse hoffnungslos. Lösung ist nur im Zusammenspiel möglich. Erst wenn die anderen Spannung nachlassen, können einzelne Fäden aus dem Geflecht herausgeholt werden. Schnell kam es so weit, dass Einzelne, um ihre Knäuel weiterwickeln zu können, unter dem Netz hindurchkrabbeln mussten. Die Komplexität des Prozesses wuchs dramatisch, und irgendwann war allen Teilnehmer/innen klar, dass sie nur weiterkamen, wenn sie sich gegenseitig unterstützten. So klemmten sie sich ihre eigenen Knäuel erst einmal unter die Arme und halfen den anderen beim Ausfädeln. Manchmal war es auch notwendig, dass einer einfach nur ganz ruhig dastand, damit die anderen um ihn herum weiter aufdröseln konnten. Hier half zwischenzeitlich aktives Nichtstun dem gemeinsamen Prozess. Und irgendwann hatten dann alle ihre Knäuel wieder fertig aufgerollt.

Ein solches „Happy End“ ist nicht selbstverständlich. Als wir diese Übung in einem anderen Unternehmen mit einer Gruppe von Key Accountern durchführten, verlief alles ganz anders. Die Gruppe hatte zwei Stunden lang nur über Umsatzzahlen gesprochen und in einer hoch aufgeladenen Konkurrenzsituation ihre Performances miteinander verglichen. Dann kam die Übung zum Einsatz. Die Verflechtung, das Sich-Zuwerfen der Knäuel lief noch gut, aber als es daran ging, das Geflecht wieder aufzulösen, wurde es schwierig. Es gelang diesen Teilnehmer/innen nicht, nachzugeben und achtsam miteinander umzugehen, um die Knoten zu lösen. Am Ende blieb ihnen nichts anderes übrig als ihr Geflecht unentwirrt liegen zu lassen, und ich konnte sie lediglich darauf hinweisen, dass diese Verworrenheit ein Abbild ihrer gegenwärtigen Situation ist. Für die Teilnehmer/innen war dieses Resultat durchaus beeindruckend. Da waren hoch kompetente Menschen versammelt, die sich ihre guten Zahlen in härtester Konkurrenz erarbeiteten. Sie wussten sehr wohl, wie Zusammenarbeit möglich wäre, hielten jedoch ihre/n innere/n Creator/in zurück. An diesem Beispiel wird klar, wie entscheidend jeder einzelne Mensch in der kreativen Vernetzung ist. Wer glaubt, mit der Implementierung eines einzelnen Tools in die ansonsten unveränderten Arbeitsprozesse würde es mit der guten Zusammenarbeit schon klappen, täuscht sich gewaltig.

Möglichkeitsräume

In der Vernetzung liegt unsere Zukunft. Die Globalisierung kann auf politischer wie auf wirtschaftlicher und kultureller Ebene nur gelingen, wenn Menschen direkt miteinander in Berührung kommen und sich einen gemeinsamen Gestaltungsraum erarbeiten. Gleich auf welcher Ebene – es geht immer darum, unter Wahrung der eigenen Individualität und mit Achtsamkeit für die Vielfalt miteinander in Kontakt zu treten. Menschen, die Vertrauen in ihr Potenzial haben und in ihrer Mitte gestärkt sind, können Grenzen überschreiten und sich selbstbewusst dem anderen öffnen. Diese Menschen wissen, wie sie den anderen erreichen können, welche Frage sie ihm stellen müssen. Die eigene Fragehaltung ist entscheidend in der Annäherung an das „Fremde".

Diese Annäherung braucht immer wieder wirkliche Begegnung. Das wurde für mich besonders klar in der Begleitung eines Arbeitstreffens von Vertriebsmitarbeiter/innen eines großen IT-Unternehmens, deren Arbeitsplätze über die ganze Welt verstreut sind. Mitarbeiter/innen, die eineinhalb Jahre lang nur über E-Mail, Telefon und Videokonferenzen miteinander kommuniziert hatten, kamen hier in direkte persönliche Berührung. Das Meeting habe ich mit einigen Sequenzen begleitet, in denen es um Zusammenarbeit und Vertrauensbildung ging. Wir arbeiteten mit elementaren künstlerischen Methoden an der Frage, wie man gemeinsam zu neuen Ideen kommt. Das Erstaunen war groß, dass durch diese direkte Begegnung, diesen neu eröffneten gemeinsamen Gestaltungsraum, eine völlig andere und neue Qualität des Vertrauens sichtbar wurde. Durch das konkrete Miteinander-Gestalten wurde der „Geist" der Gemeinschaft konkret erlebbar. Was die Menschen hier in sich und aneinander erfahren haben, bewirkte bleibende Veränderungen bis in ihre alltägliche virtuelle Kommunikation hinein.

Ich bin fest überzeugt von der Selbstähnlichkeit des menschlichen Begegnungsprozesses auf den unterschiedlichen Ebenen vom globalen Makrokosmos bis hinein in den Mikrokosmos des Persönlichen – es ist immer das gleiche Prinzip. Der Begegnungsprozess lebt von der Wahrnehmung des anderen als einer Individualität, und dies zu erreichen, erfordert einen grundsätzlichen Perspektivwechsel: aus der quantifizierenden Sicht auf Menschen und Dinge, die nur Kosten kalkuliert, in die qualifizierende Perspektive, die Menschen in ihrem Fähigkeits- und Möglichkeitswesen erkennt.

Die Impulskraft für diesen Perspektivwechsel sehe ich in der Wirtschaft. Nicht die Politik in ihrer administrativen und regulativen Haltung, sondern die wirtschaftlichen Prozesse stoßen Bewegungen an, da sie von elementaren Bedürfnissen initiiert sind – vom Apfel am Baum, der durch einen wirtschaftlichen Prozess zu mir auf den Teller kommt, bis zum Nationen und Kontinente überspannenden unternehmerischen Handeln. Deshalb bietet sich gerade hier die Chance, die geistigen Erkenntnisse in konkreten operativen Handlungen Wirklichkeit werden zu lassen.

In meiner Sequenz mit den Vertriebsmitarbeiter/innen des IT-Unternehmens hatte ich 30 Menschen aus 20 verschiedenen Ländern, nur vier von ihnen sprachen Englisch als Muttersprache. Hier wurden also die sprachliche Kommunikation und ihre Grenzen in internationalen beziehungsweise interkulturellen Begegnungen automatisch zum Thema. Etwas Provisorisches, Nicht-Perfektes, eine leise Verwirrung durchzog die Runde. Die Teilnehmer/innen waren in jeder Hinsicht fern ihrer Heimat, und ich arbeitete daran, einen transverbalen Begegnungsraum jenseits der sprachlichen Kommunikation zu eröffnen.

Bewegungsübungen führten die Teilnehmer/innen in eine unmittelbare körperliche Berührung, eine große gemeinsame Malaktion unter den Themen „Mein Platz im Unternehmen“ und „Mein/Unser Bild vom Unternehmen“ brachte Bilder statt Worte zum Vorschein und in den Austausch. Nicht zuletzt durch die leichte sprachliche Einschränkung, in der alle um Worte und Verständigung rangen und sich schließlich gegenseitig mit Worten aushalfen, agierten die Teilnehmer/innen in einer höheren Achtsamkeit auf die Individualität des anderen: kein schnelles Urteilen, sondern reflektiertes tastendes Wahrnehmen.

Ich habe bereits davon gesprochen, wie wichtig es für die dialogische Begegnung im Geist von Aktion – Reflexion – Transformation grundsätzlich ist, die gewohnte Form der sprachlichen Kommunikation für eine bestimmte Zeit bewusst nicht zu benutzen, welche uns schnell und unreflektiert taxieren und kategorisieren lässt und uns so von jeder wirklichen Berührung abschneidet. In der interkulturellen Begegnung sind diese Mechanismen des schnellen, unreflektierten Urteilens noch mit viel weiterreichenden Konsequenzen für die Begegnung verbunden als im „intrakulturellen“ Kontakt, in dem mehr Verbindendes für selbstverständlich angenommen wird.

Ich habe dies mit meinen Teilnehmer/innen gezielt erkundet, indem ich sie sich zu Beginn der Sequenz über Rituale, die zum Kern ihres Gewohnheitswesens gehörten, austauschen ließ, so etwa über Begrüßungsformen. Ein französischer Teilnehmer erzählte, dass es in seinem Haus selbstverständlich sei, als Manager allen Mitarbeiter/innen, denen er begegnet, natürlich auch denen in der Fertigung, die Hand zu schütteln, was einen deutschen Teilnehmer zur spontanen Äußerung „Was für ein Zeitverlust!" brachte. Den großen Gewinn an Information aus allen Bereichen des Unternehmens sowie an Kontaktqualität und Motivierung der Mitarbeiter/innen begriff er dann jedoch schnell. Ein anderes Beispiel betraf den kulturell völlig unterschiedlichen Umgang mit Mobiltelefonen: Es wurde berichtet, wie die japanische Gewohnheit, „grundsätzlich erreichbar zu sein", von deutschen Verhandlungspartnern als Zeichen der mangelnden Wertschätzung der aktuellen Verhandlung aufgefasst wurde, als der Japaner schnell einmal den Raum verließ, um ein Gespräch anzunehmen – denn für sie wäre ein derartiges Verhalten „völlig undenkbar" gewesen. In dieser Situation war der Dialog ernsthaft gefährdet, da divergente Wertesysteme unreflektiert miteinander kollidierten.

Vorschnelle Urteile in Situationen des interkulturellen Unverständnisses stehen genau wie die unreflektierten Vorurteile in enger Verbindung mit dem Thema der „Schuld". Ohne eine dialogische Begegnung im Geist von Aktion – Reflexion – Transformation bewegen sich beide Seiten an einer imaginären Frontlinie entlang und finden keine Basis für eine freie und produktive Kommunikation. Tiefe politische Konflikte bleiben am Leben, weil es zu keiner Berührung mit dem Gegenüber kommt. In tragischer Klarheit lässt sich dies etwa am israelisch-palästinensichen Konflikt verfolgen: Mauern und Zäune trennen die beiden Völker, die israelische Politik unterbindet beinahe jede freie Begegnung zwischen Menschen über die Demarkationslinien hinweg, die Politik mancher Nachbarstaaten droht mit Vernichtung des israelischen Volkes. Radikalisierung findet allerorten statt. Diese Situation ist zutiefst statisch, es fehlt jeder Raum für Bewegung und Entwicklung.

Ganz bewusst schlage ich hier in der Überzeugung von der Selbstähnlichkeit der Prozesse wieder den Bogen zurück zur Begegnung von Menschen in wirtschaftlichen Prozessen. Interaktionen zwischen Menschen, in denen jeder ein vitales Interesse am anderen hat und in denen der Gedanke der permanenten sachorientierten Verwandlung und Optimierung kräftig ist, machen das Wesen nachhaltiger wirtschaftlicher Entwicklung aus. Große Netzwerke – etwa zwischen Unternehmen im globalen Kontext – benötigen die kreativen Zwischenräume, die „Mikronetzwerke", auf der Ebene der dialogischen Begegnung zwischen Individuen.

Aktion – Reflexion – Transformation ist der Dreischritt, der Menschen in die dialogische Begegnung führt, und sie entlang von operativ-strukturellen Wertschöpfungsketten in die schöpferische Auseinandersetzung miteinander bringt. Menschen, die diesen Dreischritt als alltägliche Methode ihres eigenen Denkens, Fühlens und Handelns verinnerlicht haben, werden zu

Ermöglichern, Brückenbauern und Pionieren des Zukünftigen. Organisationen und Unternehmen, welche das Fundament und den Rahmen für den kreativen Zwischenraum bereitstellen und es damit ermöglichen, den Dreischritt des A.R.T.-Prinzips in den täglichen Prozessen anzuwenden, werden die Gegenwart stilbildend und aus den Anforderungen aus der Zukunft heraus prägen und gestalten.

> Hinter den Himmeln,
> die wir erstrebten,
> warten schon andre,
> die wir nie lebten.
>
> Jean Gebser

Dank

Zum Ende jedes Jahres gönne ich mir mein ganz persönliches Ritual der Jahresrückschau und der Jahresvorschau. Vor meinem inneren Auge lasse ich das vergangene Jahr mit all seinen mir geschenkten ‚Lernmöglichkeiten' vorbeiziehen und begrüße das neue Jahr mit all seinen Möglichkeiten.

Ein zentraler Bestandteil ist hierbei mein geistiges ‚Dankeschön' an all die Menschen, welchen ich im vergangenen Jahr begegnen durfte, die mich inspirierten, die mich in meiner Arbeit und auch im persönlichen Bereich zu neuen Schritten herausforderten, die an mich Fragen herantrugen, mit denen ich zusammen arbeiten und leben durfte. Jedes Jahr fühle ich in diesen Stunden ein tiefes Gefühl der Dankbarkeit und die Gewissheit, dass jede Begegnung mit einem anderen Menschen meine Biografie inspiriert und erweitert.

So ähnlich ging es mir am Ende dieses Buches: Gut und gerne könnte noch ein Buch geschrieben werden mit den Namen all jener, dank derer auch dieses Buch ein Stück mehr wachsen konnte.

In erster Linie sind dies die vielen hunderte Menschen, mit denen ich bei unseren Kunden in Workshops und Seminaren in den letzten zwanzig Jahren zusammenarbeiten durfte. Diese Arbeit ist der Nährboden für viele neue Ideen und Inspirationen. Dafür jedem Einzelnen von ihnen meinen herzlichsten Dank!

Und doch möchte ich ein paar Namen im Zusammenhang mit diesem Buch besonders erwähnen:

Dies sind an erster Stelle meine Gesprächspartner aus den Kapiteln 5 und 9: Udo Kittelmann, Michael J. Kolodziej, Prof. Dr. Götz E. Rehn und Prof. Götz W. Werner. Ihnen an dieser Stelle meinen allerherzlichsten Dank! Mir waren diese Gespräche eine große Bereicherung. Unsere „zufällig" vereinbarten Gesprächsorte waren ein Warenverteilzentrum von dm-drogerie markt und das Museum für Moderne Kunst in Frankfurt. Die wertvolle und leidenschaftliche Spannbreite zwischen konkret Operativem und avantgardistischer Zeitgenossenschaft wohnt nicht nur diesen Orten inne, sondern auch allen vier Gesprächspartnern.

Thomas Bruch, Inhaber und Sprecher der Geschäftsführung der Globus-SB Warenhäuser, danke ich für sein Vertrauen und die kurzfristige „Freigabe" zum Thema Kultur-Werkstatt. Auch Joachim Lück, Koordinator der Verteilzentren von dm-drogerie markt, gilt mein herzlicher Dank für seinen sehr persönlichen Textbeitrag.

Des Weiteren gilt mein Dank Thomas R. Huber, der den Mut hatte, mit mir dieses Abenteuer einzugehen, und die Geduld, (arbeitsbedingte) Pausen durchzutragen. Die Zusammenarbeit an diesem Buchprojekt war unter anderem so produktiv, weil Thomas in allen Bereichen seiner Arbeit Kunst als Medium der Kommunikation und der Verwandlung erfahrbar zu machen sucht. Dies verbindet und führte im Laufe der Arbeit zu vielen formgebenden Gesprächen, die auch zur Basis dieses Buches wurden.

Ein besonderer Dank geht auch an Régine Goueffon, mit welcher mich eine langjährige Freundschaft und viele Jahre der wunderbaren Zusammenarbeit und gegenseitigen Inspiration verbinden. Sie gab immer wieder entscheidende und wertvolle Hinweise zu diesem Projekt.

Dr. Elke Jansen gilt ebenso ein besonderer Dank. Sie war an einer turbulenten Stelle des Projekts sehr wichtig durch ihr kompetentes und geduldiges Feedback.

Außerdem ist vieles auch deshalb Realität geworden, weil es mit jedem Einzelnen und jeder Einzelnen meines Teams möglich ist, freudig, vorausschauend und vertrauensvoll zu arbeiten und vorzudenken. Euch von Herzen meinen Dank dafür!

Danke ebenso den vielen Freund/innen die, auch wenn wir uns nicht häufig sehen, doch die nötige Geduld aufbringen, immer wieder den roten Faden aufzugreifen und direkt weiter zu spinnen, und mir an vielen Stellen Gedanken und Inspirationen schenken.

Besonderen Dank auch an jene von euch, die in der Endphase des Projekts plötzlich ein paar Seiten per E-Mail bekamen und alle mit wertvollen Hinweisen antworteten. Dagmar Börsch gehört mein tiefer Dank ganz im Sinne des Zitats von Marilyn, besonders für ihren Langmut und dauernden Zuspruch während dieses Projekts. Sehr herzlich bedanke ich mich auch bei meinem Verlag und hier vor allem bei Ulrike M. Vetter, Cheflektorin Management bei Gabler, die von Beginn an Vertrauen in diese Arbeit hatte und wertvolle Hinweise gab.

... all jenen, die ich vielleicht vergessen haben sollte – ich treffe sie ja wieder, am Jahresende ...!

Mariott Stollsteiner

Über die Autorin

Mariott Stollsteiner (Jahrgang 1957) ist Künstlerin und Unternehmensberaterin. Seit 20 Jahren berät sie namhafte Wirtschaftsunternehmen in Deutschland und im europäischen Raum.

Sie ist die Gründerin und Geschäftsführerin von STOLLSTEINERart&business, einem Netzwerk frei kooperierender Berater/innen und Trainer/innen – www.stollsteiner.com. Nach dem Studium der Kunstgeschichte und Eurythmie, nach mehrjähriger pädagogischer Arbeit und Auslandsaufenthalten in Spanien und Russland entwickelte sie parallel zu ihrer künstlerisch-bildnerischen Tätigkeit die ersten Ansätze des A.R.T.-Prinzips.

Mit ihrem Team berät sie Unternehmen und Organisationen erfolgreich nach dem A.R.T.-Prinzip, welches mit künstlerischen Methoden und dem Einsatz zeitgenössischer Kunst im Dreischritt Aktion – Reflexion – Transformation wirkt.

In vielen Bereichen des Human Resource Development sowie der Innovations- und Organisationsentwicklung kreiert Mariott Stollsteiner nachhaltige und innovative Konzepte. Immer an der Kernfrage des jeweiligen Kunden orientiert, entwickeln sich daraus oft langjährige und kreative Partnerschaften. Schwerpunkte ihrer Arbeit liegen in der Verbindung von art & business – von Wirtschaftskultur & Kunst –, der Steigerung und Wiederentdeckung der eigenen Kreativität (Leadership-Lab: Jeder Mensch ist Creator/in), der Förderung und Begleitung von Veränderungs- und Zusammenarbeitsprozessen (Fähigkeitenwerkstatt®), der Zwischenraumgestaltung zwischen ‚Kulturen' – von einzelnen Abteilungen bis zu firmenübergreifenden und kulturübergreifenden Projekten – und der Förderung junger Menschen in Ausbildungsprojekten (Kultur-Werkstatt).

Ihre Leidenschaft in Kunst wie Beratung liegt in der Wahrnehmung und Gestaltung von Zwischenräumen sowie der Überwindung von starren Ordnungen und realen Begrenztheiten und Grenzen, um so Möglichkeitsräume für wirklichkeitsnahe Entwicklung und bewegliche Organismen zu schaffen.

Thomas R. Huber ist Kunst- und Kulturwissenschaftler, freier Kurator und Publizist. In den 1990er Jahren war er als Kunstkritiker für zahlreiche nationale und internationale Zeitungen und Kunstmagazine tätig. Gleichzeitig setzte er sich intensiv mit der jungen russischen Kunstszene in Form mehrerer umfangreicher Ausstellungen auseinander. Nach dem Aufbau und der Leitung einer Galerie für zeitgenössische Kunst in München bis 2003 stehen heute Projekte mit internationaler zeitgenössischer Kunst außerhalb der traditionellen Institutionen im Mittelpunkt seiner Arbeit. So realisierte er etwa eine umfangreiche Ausstellung von freier Kunst im öffentlichen Raum des Münchener Olympiaparks und eine unkonventionelle künstlerische Investigation des Europäischen Parlaments.

Der Kunst als kulturellem Impuls in gesellschaftlichen, politischen und wirtschaftlichen Prozessen gilt sein Interesse, diese Kraft in verschiedensten Bereichen des Lebens sichtbar zu machen, ist das Ziel seiner Arbeit.

Literatur

Hier finden Sie die Schriften, aus denen ich zitiert habe. Als Ergänzung dazu noch eine sehr persönliche, unvollständige Auswahl von Werken, Epochen übergreifend und Genre übergreifend, die mich begeistert haben, mich teilweise schon viele Jahre begleiten und auch zu diesem Buch ermutigten.

Kwame Anthony Appiah: Der Kosmopolit, C.H. Beck, München 2007

Roberto Assagioli: Die Schulung des Willens, Junfermann, Paderborn 2003

Ingeborg Bachmann: Die gestundete Zeit – Aufrufung des Großen Bären, Piper, München 1974

Robert Bartlett Haas: Lesebuch zum allmählichen Kennenlernen von Gertrude Stein, Suhrkamp, Frankfurt/Main 1994

Joseph Beuys: Natur Materie Form, Schirmer/Mosel, München 1991

Joseph Beuys: Zeige Deine Wunde, Schellmann & Klüser, München 1980

Joseph Beuys, Anselm Kiefer, Jannis Kounellis, Enzo Cucchi: Ein Gespräch, Parkett, Zürich 1986

Joseph Beuys, Johann Philipp von Bethmann, Hans Binswanger, Werner Ehrlicher, Rainer Willert: Was ist Geld?, FIU, Wangen/Allgäu 1991

Kornelia Blasberg: Handout zum Seminar „Einführung in die Transaktionsanalyse“, Köln 2004

Paul Celan: Gedichte, Erster Band, Suhrkamp, Frankfurt/Main 1977

Paul Celan: Gedichte, Zweiter Band, Suhrkamp, Frankfurt/Main 1975

Anna Crummernerl: Zwischenwelten, Eigenverlag Anna Crummernerl 2003

Leonardo da Vinci: Sämtliche Gemälde und die Schriften zur Malerei, Schirmer/Mosel, München 1990

Karl-Martin Dietz, Thomas Kracht: Dialogische Führung, Campus, Frankfurt/Main 2002

Ralph Waldo Emerson: Von der Schönheit des Guten, Diogenes, Zürich 1992

Piero Ferrucci: Nur die Freundlichen überleben, Allegria/Ullstein, Berlin 2005

Piero Ferrucci: Werde was du bist, Rowohlt, Reinbek bei Hamburg 1996

Jean Gebser: Gesamtausgabe Band I-VII, Novalis, Schaffhausen 1980

Michael J. Gelb: Das Leonardo-Prinzip, vgs, Köln 1998

Friedrich Glasl, Bernard Lievegoed: Dynamische Unternehmensentwicklung, Freies Geistesleben, Stuttgart 1996

Johann Wolfgang Goethe: Gedichte in zeitlicher Folge, Insel, Frankfurt/Main 1995

Johann Wolfgang Goethe: Faust – Der Tragödie erster Teil, Reclam, Stuttgart 1971

Johann Wolfgang Goethe: Das Märchen, Freies Geistesleben, Stuttgart 1993

Kenneth Goldsmith: I'll be your Mirror. The selected Andy Warhol Interviews, Carrol & Graf, New York City 2004

Thomas Huber, Régine Goueffon, Olympiapark München GmbH (Hrsg.): impark[1]. Aktuelle Kunst im Olympiapark München, Revolver, Frankfurt/Main 2003

Gerald Hüther: Die Macht der inneren Bilder, Vandenhoeck & Ruprecht, Göttingen 2006

Sayed Kashua: Da ward es Morgen, BvT, Berlin 2006

Ruth Klüger: weiter leben, dtv, München 1999

F. Garcia Lorca: Poesia 1, akal edifor, Madrid 1982

F. Garcia Lorca: Poesia 2, akal edifor, Madrid 1982

Ossip Mandelstam: Ein Lesebuch, Fischer, Frankfurt/Main 1992

Irshad Manjii: Der Aufbruch Eichborn, Frankfurt/Main 2003

Novalis: Gesammelte Werke, Rowohlt, Reinbek bei Hamburg 1976

Novalis: Fragmente, Wolfgang Jess Verlag, Dresden o.J.

Sari Nusseibeh: Once Upon a Country, Farrar, Strauss and Giroux, New York 2007

Joyce Carol Oates: Blond, S. Fischer, Frankfurt/Main 2000

Octavio Paz: Árbol Adentro, Editoral Seix Barral, S. A. 1987

Octavio Paz: Suche nach einer Mitte, Suhrkamp, Frankfurt/Main 1980

Nossrat Peseschkian: Der Kaufmann und der Papagei, Fischer, Frankfurt/Main 1979

Pablo Picasso: Über Kunst, Diogenes, Zürich 1988

Clarissa Pinkola Estés: Die Wolfsfrau, Heyne, München 1993

Platon: Phaidon, Reclam, Stuttgart 1978

Diether Rudloff: Freiheit und Liebe, Freies Geistesleben, Stuttgart 1986

Diether Rudloff: Die Parabel der sieben Künste,
Novalis, Schaffhausen 1987

Friedrich Schiller: Über die ästhetische Erziehung des Menschen,
Reclam, Stuttgart 1979

Peter M. Senge: Die fünfte Disziplin, Klett-Cotta, Stuttgart 1997

Peter M. Senge, C. Otto Scharmer, Joseph Jaworski, Betty Sue Flowers:
Presence, Currency Doubleday, New York 2005

Albert Soesman: Die zwölf Sinne, Freies Geistesleben, Stuttgart 1998

Susan Sontag: Das Leiden anderer betrachten,
Hanser, München/Wien 2003

Reinhard K. Sprenger: Das Prinzip Selbstverantwortung,
Campus, Frankfurt/Main 1995

Reinhard K. Sprenger: Aufstand des Individuums,
Campus, Frankfurt/Main 2000

Gertrude Stein: Writings 1932-1946, The Library of America, New York 1998

Gertrude Stein: Jedermanns Autobiographie,
Suhrkamp, Frankfurt/Main 1996

Rudolf Steiner: Eurythmie als sichtbare Sprache,
Rudolf Steiner Verlag, Dornach 1979

Rudolf Steiner: Wie erlangt man Erkenntnisse der höheren Welten?,
Rudolf Steiner Verlag, Dornach 1961

Rudolf Steiner: Die Philosophie der Freiheit,
Rudolf Steiner Verlag, Dornach 1962

Mariott Stollsteiner: space....between,
Mariott Stollsteiner und Galerie Schüppenhauer, Köln 2003

Mariott Stollsteiner: between,
ISART Galerie München und Galerie Schüppenhauer, Köln 2001

Andy Warhol: The Philosphy of Andy Warhol,
A Harvest/HBJ Book, Harcourt Brace Jovanovich, New York 1975

Götz W. Werner: Einkommen für alle, Kiepenheuer & Witsch, Köln 2007

Marina Zwetajewa: Auf eigenen Wegen, Suhrkamp, Frankfurt/Main 1989

Quellenangaben

Zitate

S.9	Novalis: Fragmente
S.9	taz, 05. August 1987 zitiert mit freundlicher Genehmigung von Marilyn Monroe LLC Marilyn Monroe™ is a trademark of Marilyn Monroe LLC.
S.32	Mariott Stollsteiner: between, 2001, S. 20
S.33	Albert Soesman: Die zwölf Sinne, Verlag Freies Geistesleben, Stuttgart 1995, S. 280 f. zitiert mit freundlicher Genehmigung des Verlags
S.37	Federico Garcia Lorca: Das Schweigen, in der Übersetzung von Jean Gebser, in: Jean Gebser: Gesamtausgabe Bd.VII, Novalis Verlag, Schaffhausen 1980, S. 205 zitiert mit freundlicher Genehmigung des Verlags
S.42	Joseph Beuys in: Friedhelm Mennekes: Joseph Beuys, Christus denken – thinking Christ, Verlag Katholisches Bibelwerk GmbH, Stuttgart 1996, S. 75 © VG Bild-Kunst, Bonn 2008 zitiert mit freundlicher Genehmigung des Verlags
S.43	Johann Wolfgang Goethe: West-östlicher Divan
S.45f.	Johann Wolfgang von Goethe: Von deutscher Baukunst
S.59f.	Kornelia Blasberg: Handout zum Seminar Einführung in die Transaktionsanalyse, Köln 2004
S.63	Rudolf Steiner: Eurythmie als sichtbare Sprache, 1. Vortrag 1924, Rudolf Steiner Verlag, Dornach 1979, S. 57
S.64	Mariott Stollsteiner: between, 2001, S. 33
S.73f.	Piero Ferrucci: Nur die Freundlichen überleben, aus dem Italienischen von Jochen Winter Ullstein, Berlin 2005, S. 157 © Ullstein Buchverlage GmbH, Berlin zitiert mit freundlicher Genehmigung des Verlags
S.107f.	Diether Rudloff: Freiheit und Liebe. Grundlagen für eine Ästhetik der Zukunft, Verlag Freies Geistesleben, Stuttgart 1986, Umschlagtext zitiert mit freundlicher Genehmigung des Verlags
S.110ff.	Das Märchen von der Skelettfrau wird hier zitiert nach: Clarissa Pinkola Estés: Die Wolfsfrau. Die Kraft der weiblichen Urinstinkte, Wilhelm Heyne Verlag, München 1993, S. 142 ff. © Wilhelm Heyne Verlag, München, in der Verlagsgruppe Random House GmbH zitiert mit freundlicher Genehmigung des Verlags
S.123	Andy Warhol: The Philosophy of Andy Warhol, A Harvest/HBJ Book, Harcourt Brace Jovanovich, New York 1975, S. 92 © 1975, Andy Warhol, All rights reserved.

S.125	Andy Warhol: The Philosophy of Andy Warhol, A Harvest/HBJ Book, Harcourt Brace Jovanovich, New York 1975, S. 111 © 1975, Andy Warhol, All rights reserved.
S.128	The Hevajra Tantra
S.130	Joseph Beuys, aus seiner Rede anlässlich der Verleihung des Lehmbruck-Preises, 12. Januar 1986
S.146	Sari Nusseibeh: Murder on the Via Dolorosa, in: Once upon a country. A Palestinian Life, Farrar Straus and Giroux, New York 2007, S. 216 © 2007 by Sari Nusseibeh. Reprinted by permission of Farrar, Straus and Giroux, LLC.
S.149	Jean Gebser: Gesamtausgabe Bd.VII, Novalis Verlag, Schaffhausen 1980, S. 90 zitiert mit freundlicher Genehmigung des Verlags
S.195	Friedrich Schiller: Über die ästhetische Erziehung des Menschen, Fünfzehnter Brief
S.210	Jean Gebser: Gesamtausgabe Bd.VII, Novalis Verlag, Schaffhausen 1980, S. 81 zitiert mit freundlicher Genehmigung des Verlags

Abbildungen

STOLLSTEINERart&business:
Sämtliche Flipchartzeichnungen; Coverfoto vorne und hinten; Frontispiz Kapitel 1, 2, 3, 6, 8, 9, 10; Abb.1 -9, 11-19, 25, 26, 43-44, 47, 48, 59-61

Dagmar Börsch:
Frontispiz Kapitel 4, 5, 7; Abb.10, 20-23, 54-58, Porträt Mariott Stollsteiner S.215

Jörg Koopmann:
Abb.24

Städtische Galerie im Lenbachhaus, München:
Abb.27-29

Staatsgalerie Stuttgart:
Abb.30, 31

Rheinisches Bildarchiv der Stadt Köln:
Abb.32-34

Walter Klein, Düsseldorf:
Abb.35, 36

Staatliche Museen zu Berlin, Stiftung Preußischer Kulturbesitz:
Abb.37-40

Franz Wamhof:
Abb.41

Zentrum für Kunst und Medientechnologie Karlsruhe:
Abb.42

Michael Ippendorf:
Abb.45, 46

Wolfgang Schmidt:
Abb.49-53

Trotz intensiver Nachforschungen konnten eventuell nicht alle Urheberrechte endgültig geklärt werden. Eventuell bestehende Rechtsansprüche bleiben erhalten.